JN210084

基礎から学ぶ
人工知能の教科書

小高 知宏 著

はじめに

人工知能（Artificial Intelligence, AI）という言葉が誕生してから、すでに60年以上が経過しました。誕生当時は夢物語のようなものであった人工知能は、今日では社会を支える工学的基礎技術としての地位を築くまでになりました。現代社会に生きる私たちは、生活や仕事のさまざまな局面で、日常的に人工知能技術を利用しています。

本書では、人工知能の諸領域について、その基礎技術と具体的応用を体系的に扱います。そもそも人工知能とはなにか、なにが人工知能なのかということから始めて、人工知能の諸領域、すなわち、機械学習・知識表現・推論・ニューラルネットワーク・深層学習・進化的計算・群知能・自然言語処理・画像認識・エージェント・ゲームへの応用など、さまざまな切り口から人工知能を概説します。

人工知能はコンピュータソフトウェアの技術です。したがって、コンピュータプログラムで表現できない技術は人工知能技術には成り得ません。そこで本書では、必要に応じて、アルゴリズム表現や数式を用いて、具体的な処理過程を説明します。また、各章の章末には、Python言語を用いたAIプログラミングの練習問題を配置しました。こうしたことで、人工知能が単なるお話ではなく、役に立つ工学技術であることがご理解いただけると思います。

本書の実現にあたっては、著者の所属する福井大学での教育研究活動を通じて得た経験がきわめて重要でした。この機会を与えてくださった福井大学の教職員と学生の皆さまに感謝いたします。また、本書実現の機会を与えてくださったオーム社書籍編集局の皆さまにも改めて感謝いたします。最後に、執筆を支えてくれた家族（洋子、研太郎、桃子、優）にも感謝したいと思います。

2019年8月

著者しるす

目次

はじめに iii

第1章 人工知能とは 1

1.1 人工知能の概要 2
1.1.1 人工知能の位置づけ 2
1.1.2 人工知能とその隣接学問分野 3
1.2 人工知能分野内の諸領域 4
1.2.1 機械学習 4
1.2.2 進化的計算 6
1.2.3 群知能 7
1.2.4 自然言語処理 8
1.2.5 画像認識 9
1.2.6 エージェント 9
1.3 生活の基盤技術としての人工知能 10
1.4 人工知能の産業応用 15
1.5 人工知能の定義 17
1.5.1 人工知能に対するふたつの立場 17
1.5.2 なぜ人工知能技術は注目されるのか 19

第2章 人工知能研究の歴史 21

2.1 【1940s～】コンピュータ科学のはじまり 22
2.1.1 フォン・ノイマンとセル・オートマトン 22
2.1.2 チューリングテスト 24
2.2 【1956】ダートマス会議による人工知能分野の確立 25

2.3 【1960s〜】自然言語処理システム 26
2.3.1 1965年：ワイゼンバウムのELIZA 26
2.3.2 1971年：ウィノグラードの積み木の世界（SHRDLU） 27
2.4 【1970s〜】エキスパートシステム 28
2.5 【1960s〜】パーセプトロンとバックプロパゲーション 29
2.5.1 人工ニューラルネットの誕生 29
2.5.2 パーセプトロン 30
2.5.3 バックプロパゲーション 31
2.6 【1950s〜】チェス、チェッカー、囲碁の対戦プログラム 33
2.6.1 1950s〜：チェッカープログラム 33
2.6.2 1990s〜：チェスプログラム 34
2.6.3 2010s〜：囲碁プログラム 35
2.7 【2010s〜】深層学習の発見、ビッグデータ時代の到来 37
2.7.1 画像認識における深層学習によるブレークスルー 37
2.7.2 深層学習とビッグデータ 38
2.8 かつて人工知能だったシステム
—コンパイラ、かな漢字変換 40
2.8.1 コンパイラ 40
2.8.2 かな漢字変換 41
2.9 人工知能向けプログラミング言語の変遷 42
2.9.1 LISP 42
2.9.2 Prolog 43
2.9.3 Python 43
章末問題 45
章末問題　解答 46
第3章 機械学習 49
3.1 機械学習の原理 50
3.1.1 機械学習とは 50

3.1.2 オッカムの剃刀とノーフリーランチ定理 52
3.1.3 さまざまな機械学習 55

3.2 機械学習の方法 55
3.2.1 教師あり学習、教師なし学習および強化学習 55
3.2.2 学習データセットと検査データセット 60
3.2.3 汎化と過学習 65
3.2.4 アンサンブル学習 68

3.3 *k* 近傍法 69

3.4 決定木とランダムフォレスト 72
3.4.1 決定木 72
3.4.2 ランダムフォレスト 76

3.5 サポートベクターマシン（SVM） 77

章末問題 79

章末問題　解答 80

第4章　知識表現と推論　81

4.1 知識表現 82
4.1.1 知識表現とは 82
4.1.2 意味ネットワーク 82
4.1.3 フレーム 85
4.1.4 プロダクションルールとプロダクションシステム 86
4.1.5 述語による知識表現 89
4.1.6 開世界仮説と閉世界仮説 92

4.2 エキスパートシステム 93
4.2.1 エキスパートシステムの構成 93
4.2.2 エキスパートシステムの実装 94

章末問題 95

章末問題　解答 96

第5章　ニューラルネットワーク　99

5.1 階層型ニューラルネットワーク......100
5.1.1 人工ニューラルネットワークとは......100
5.1.2 人工ニューロン......102
5.1.3 パーセプトロン......105
5.1.4 階層型ニューラルネットワークとバックプロパゲーション......108
5.1.5 リカレントニューラルネット......111
5.2 さまざまなニューラルネットワーク......114
5.2.1 ホップフィールドネットワークとボルツマンマシン......114
5.2.2 自己組織化マップ......115
章末問題......116
章末問題　解答......118

第6章　深層学習　121

6.1 深層学習とは......122
6.2 畳み込みニューラルネット......123
6.3 自己符号化器......127
6.4 LSTM......130
6.5 敵対的生成ネットワーク（GAN）......132
章末問題......135
章末問題　解答......136

第7章　進化的計算と群知能　141

7.1 進化的計算......142
7.1.1 生物進化と進化的計算......142
7.1.2 遺伝的アルゴリズムと遺伝的プログラミング......145

7.2 群知能 152
7.2.1 粒子群最適化法 152
7.2.2 蟻コロニー最適化法 157
7.2.3 人工魚群アルゴリズム 158
章末問題 159
章末問題　解答 160

第8章 自然言語処理 165

8.1 従来型の自然言語処理 166
8.1.1 自然言語処理の階層 166
8.1.2 形態素解析 167
8.1.3 構文解析 169
8.1.4 意味解析 176
8.1.5 統計的自然言語処理 176
8.1.6 機械翻訳 179
8.2 機械学習による自然言語処理 181
8.2.1 機械学習と自然言語処理 181
8.2.2 Word2vec 183
8.3 音声認識 186
8.3.1 音声の認識 186
8.3.2 音声応答システム 187
章末問題 188
章末問題　解答 189

第9章 画像認識 191

9.1 画像の認識 192
9.1.1 画像認識の基礎 192
9.1.2 画像の特徴抽出 196
9.1.3 テンプレートマッチング 197

9.2 画像認識技術の応用 198
9.2.1 文字認識 198
9.2.2 顔認証 200
9.2.3 類似画像の検索 201
章末問題 203
章末問題　解答 206

第10章 エージェントと強化学習 211

10.1 ソフトウェアエージェント 212
10.1.1 エージェントとセル・オートマトン 212
10.1.2 ソフトウェアエージェント 219
10.2 実体を持ったエージェント 221
10.2.1 ロボティックス 221
10.2.2 ロボットの身体性（身体性認知科学） 222
10.3 エージェントと強化学習 224
10.3.1 エージェントと機械学習 224
10.3.2 Q 学習 226
章末問題 228
章末問題　解答 231

第11章 人工知能とゲーム 235

11.1 チェスとチェッカー 236
11.1.1 初期のゲーム研究の成果
—探索とヒューリスティックに基づく方法— 236
11.1.2 DeepBlue 243
11.2 囲碁と将棋 244
11.2.1 AlphaGo 以前の AI 囲碁プレーヤー 245
11.2.2 AlphaGo、AlphaGoZero、AlphaZero 247
11.2.3 将棋と深層学習 249

11.3 さまざまなAIゲームプレーヤー......249
11.3.1 Watsonプロジェクト......249
11.3.2 人工知能のコンピュータゲームへの応用......251
章末問題......251
章末問題　解答......256

第12章 人工知能はどこに向かうのか 259

12.1 中国語の部屋——強いAIと弱いAI......260
12.2 フレーム問題......262
12.3 記号着地問題......264
12.4 シンギュラリティ......265

参考文献......267
索引......272

第1章

人工知能とは

本章では、人工知能の概要と人工知能技術の具体的成果を概観したうえで、人工知能とはなんなのかを考察します。

人工知能に対する立場にはさまざまなものがありますが、本書では、人工知能技術とは生物のしくみや知的行動にヒントを得たソフトウェア技術であるという立場を取ります。

1.1 人工知能の概要

ここでは、人工知能という学問分野の概要を示します。

人工知能は計算機科学の一分野であり、認知科学・心理学・言語学といった学問分野と隣接しています。

1.1.1 人工知能の位置づけ

人工知能（Artificial Intelligence, AI）は、計算機科学におけるソフトウェア技術の一分野です。計算機科学は、コンピュータを用いた情報処理全般にわたる領域を対象とした学問であり、コンピュータが計算することの原理を数学的に扱う**計算基礎理論**や、電気電子工学とも関連の深い**ハードウェア技術**、それにプログラムやデータを扱う**ソフトウェア技術**などから成り立っています。

このうちソフトウェア技術には、オペレーティングシステムやデータベース、ソフトウェア工学、プログラミング言語、あるいはコンピュータグラフィックスや、ヒューマンコンピュータインタラクションなど、さまざまな技術が含まれます。人工知能は、ソフトウェア技術の一種であり、とくに、生物のしくみや知的行動にヒントを得ています（**図 1.1**）。

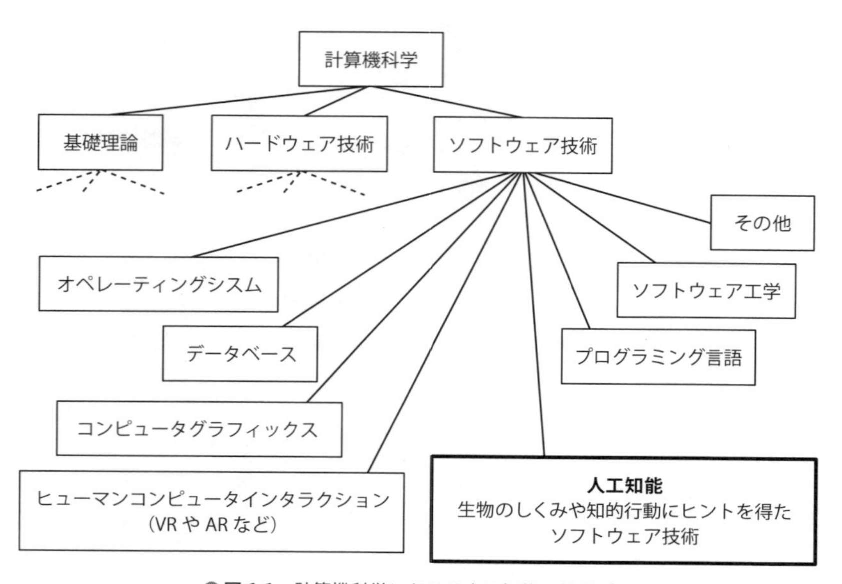

●**図 1.1**　計算機科学における人工知能の位置づけ

1.1.2　人工知能とその隣接学問分野

人工知能はある種のソフトウェア技術ですが、とくに、生物の知能にヒントを得る点に特徴があります。このため人工知能は、人間や生物の知性・知能を扱うような、他のさまざまな学問領域と隣接しています。

図 1.2 で、**認知科学**（cognitive science）は、認知のプロセスを追求することで知能や知性について考える学問分野です。認知科学では、知能や知性の理解が直接的な目標となっており、この点は、ソフトウェア技術である人工知能とは立場が異なります。しかし、生物の知能に着目するという点は両者共通のものであり、とくに両者の境界領域では、区別なく分野を超えて研究が進められています。

心理学（psychology）は、計算機科学が成立する以前から、人間や生物の知的挙動を対象として研究が進められた学問分野です。人工知能分野では、心理学の知見を応用した技術が多数利用されています。

言語の使用は、人間や一部の生物が示す顕著な知的活動です。近年では、**言語学**（linguistics）と人工知能のそれぞれの分野では、互いに影響を及ぼし合いながら言語の研究を進めています。

哲学（philosophy）の領域では、古来、人間の知能や知性について考察を深めてきました。人工知能と哲学の関係も深く、とくに“知性とはなにか”といった原理的な問いについては、哲学と人工知能の協調的研究が進められています。

脳やその機能を追求する**脳科学**（brain science）、また、脳や神経全般を扱う**神経科学**（neuroscience）も、人工知能分野と隣接した学問領域を構成しています。

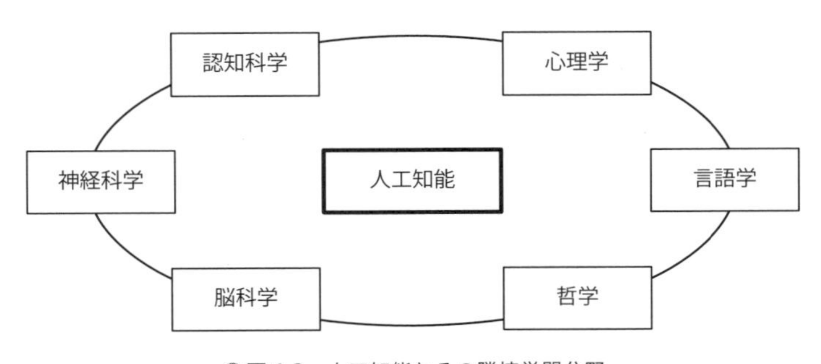

●図 1.2　人工知能とその隣接学問分野

1.2 人工知能分野内の諸領域

人工知能研究はさまざまな領域で成果を上げています。その結果、人工知能分野の内部には、多くの領域が構成されています。

人工知能を構成する、人工知能分野内の諸領域を**図 1.3** に例示します。同図に示した各領域は、互いに密接に関係しつつ、人工知能分野を構成しています。

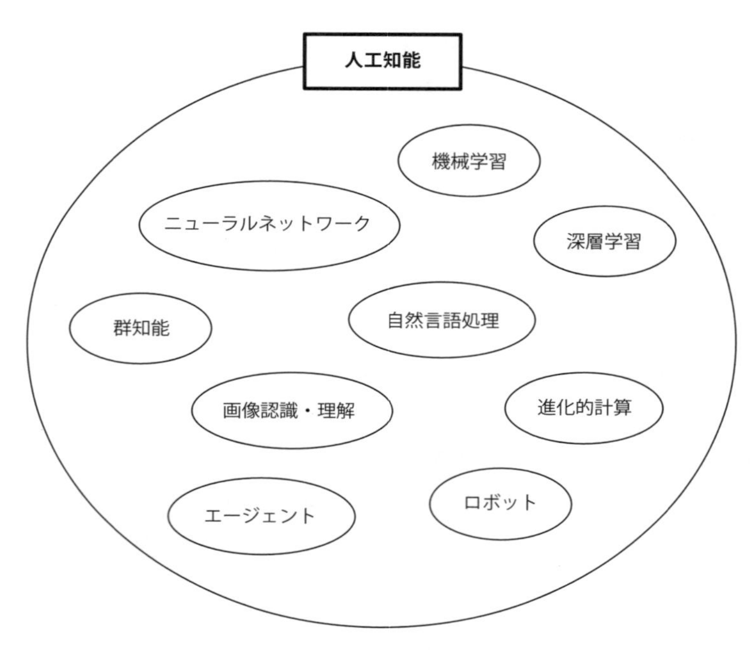

●図 1.3　人工知能分野内の諸領域

1.2.1　機械学習

機械学習（machine learning）は、機械、すなわちコンピュータプログラムが学習を行うしくみを与える技術です（**図 1.4**）。一般に機械学習では、学習対象となる**学習データセット**が必要です。機械学習システムに学習データセットが与えられると、システムはデータに内在する傾向や特徴を自動的に抽出します。こうしてシステムが学習した結果である知識を利用して、未知のデータの分類をしたり、将来発生するであろうデータを予測したりすることができます。

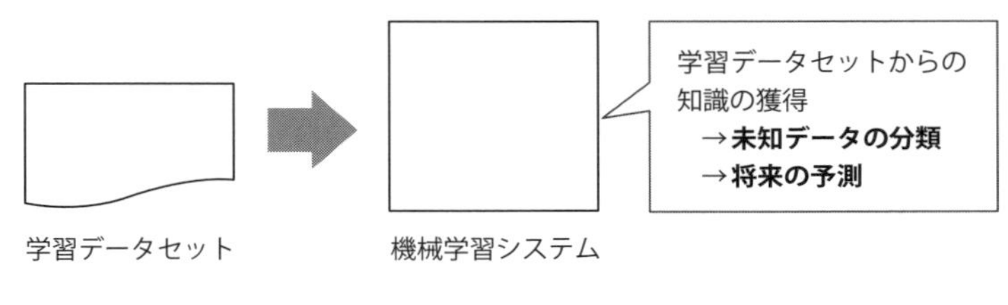

●図 1.4　機械学習

機械学習にはさまざまな手法がありますが、**ニューラルネットワーク**（**neural network**）はそのひとつです。ニューラルネットワークは、生物の神経細胞や神経組織にヒントを得た情報処理機構であり、機械学習によって必要な機能を自動的に獲得することができます。ニューラルネットワークは、生物の神経細胞をモデル化した人工ニューロンを複数結合して作成します。ニューラルネットワークは機械学習システムの一種ですから、ニューラルネットワークに学習データセットを与えることで、データセットの特徴を自動的に学習することができます。

ニューラルネットワークのなかでも、近年、**深層学習**（**deep learning**）の手法がとくに注目されています（**図 1.5**）。深層学習は、ニューラルネットワークの一種であり、大規模かつ複雑なデータ処理が可能であるという特徴があります。深層学習で利用するニューラルネットワークは、多数の人工ニューロンを巧妙に接続した、**ディープニューラルネットワーク**です。

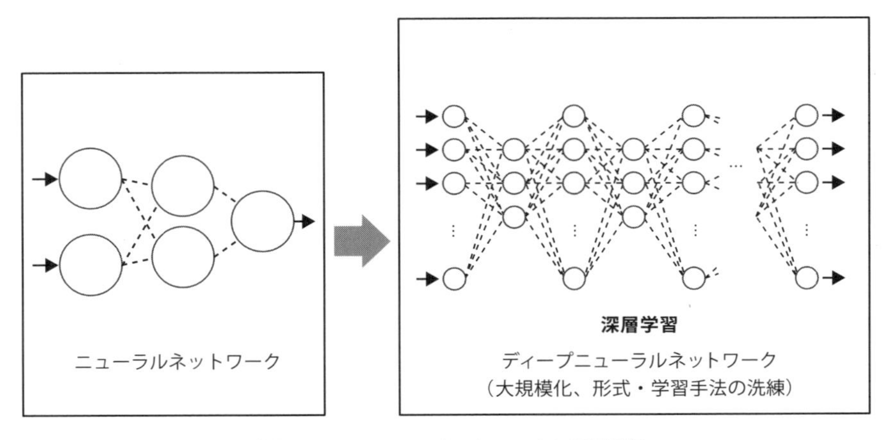

●図 1.5　ニューラルネットワークと深層学習

1.2.2　進化的計算

進化的計算（evolutionary computation）や次項で解説する**群知能**（swarm intelligence）は、生物の進化や、群れの挙動にヒントを得た人工知能技術です。

進化的計算は、生物集団が世代を経るとともに環境との相互作用をよりよく行えるようになるという、進化の特徴を情報処理に適用した技術です。進化的計算の典型例である**遺伝的アルゴリズム**（genetic algorithm）では、扱う問題領域における解に当たる情報を、遺伝情報として染色体にコーディングします。最初に染色体をランダムに複数作成し、これらの染色体に対して交叉や突然変異、選択といった遺伝的操作を加えて世代交代を行います。遺伝的操作の結果、新たに作られた子どもの世代は、親の世代よりも平均として優れた形式を有することが期待されます。そこで、さらに世代交代を進めることで、よりよい解を作り出します。

①解の情報を染色体にコーディングする

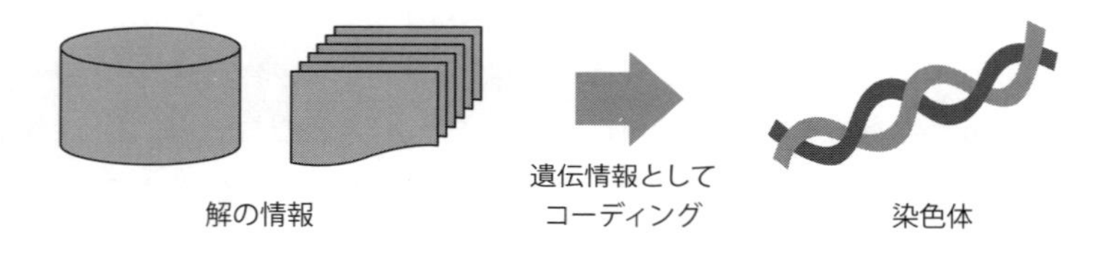

②複数の染色体をランダムに生成し、初期世代とする

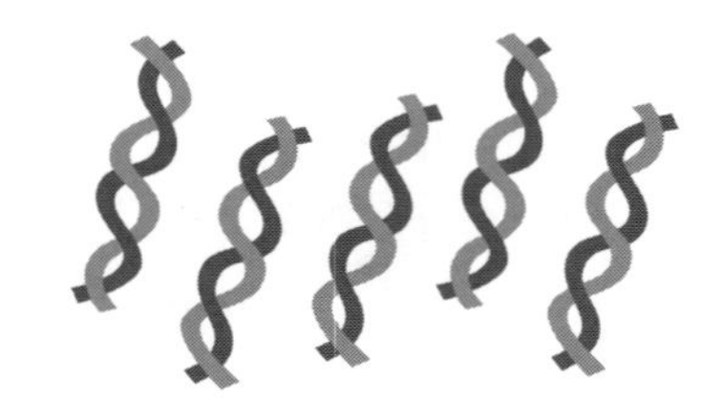

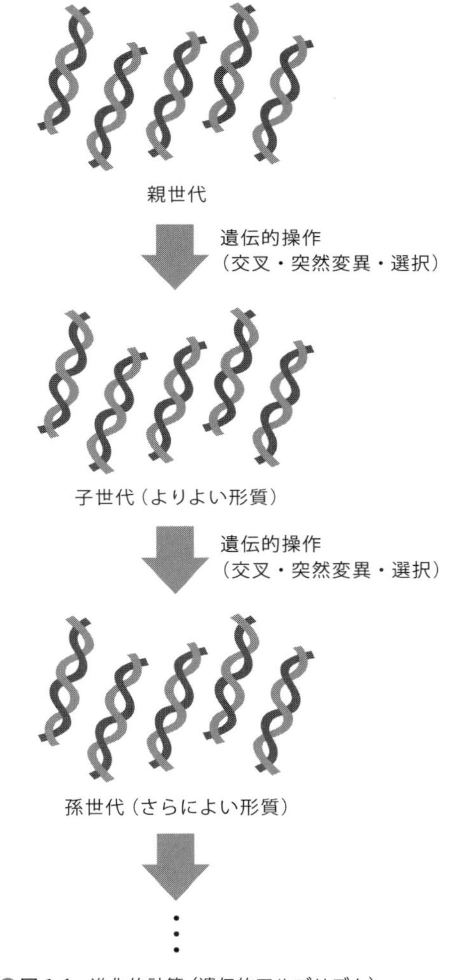

●図 1.6　進化的計算（遺伝的アルゴリズム）

1.2.3　群知能

群知能は、魚や鳥の群れが示す知的な行動にヒントを得たソフトウェア技術です。群知能のそれぞれのカテゴリには、さらに細分化されたさまざまな手法が含まれています。たとえば**粒子群最適化法**（**particle swarm optimization**）と呼ばれる群知能手法では、空間のなかを飛び回る粒子のシミュレーションを通して、関数の最適値を探し出すことが可能です。

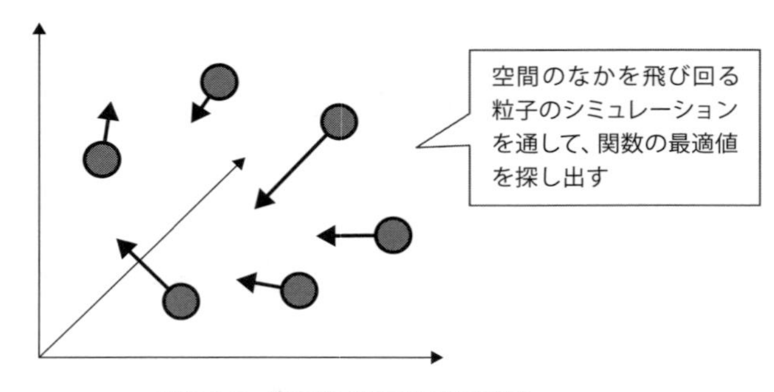

●図 1.7　群知能（粒子群最適化法）

1.2.4　自然言語処理

自然言語処理（**natural language processing**）は、自然言語*1、すなわち我々が普段情報交換や思考の手段として用いている日本語や英語などの言語を扱うための人工知能技術です（**図 1.8**）。自然言語処理には、文書検索・文書自動校正・文書要約・文書の自動生成・機械翻訳など、さまざまな技術が含まれます。また、1.3 節で解説する音声認識や音声合成も、自然言語処理の範疇に含まれます。

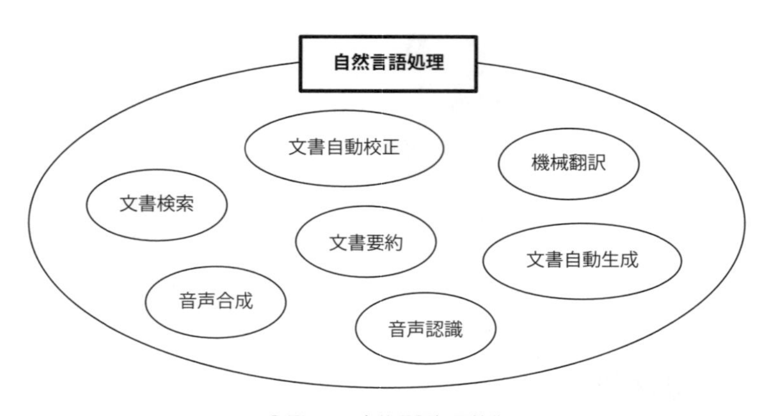

●図 1.8　自然言語処理技術

*1　自然言語という言葉は、プログラミング言語に代表される人工言語との対比で用いられる表現です。人工知能の世界では、自然言語と人工言語をそれぞれ区別して扱う場合があるため、日本語や英語など一般には単に言語と呼ぶ対象を、あえて自然言語と呼びます。

1.2.5　画像認識

画像認識（image recognition）は、人間の視覚系が果たす役割を模擬する人工知能技術です（**図 1.9**）。文字や数値を読み取ったり、与えられた画像の特徴を抽出してその画像がなにかを判断するなどの機能が基本となります。そのうえで、画像の意味を捉えて把握し、得られた画像の意味を利用して具体的な情報処理を進めるという、**画像理解**が行われます。

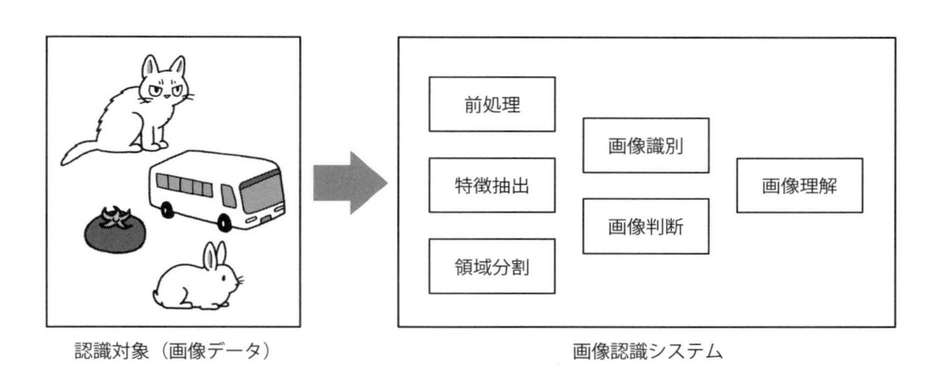

●図 1.9　画像認識

1.2.6　エージェント

エージェント（agent）による情報処理モデルは、内部状態を有し、環境などと相互作用することのできるエージェントを中心としたモデルです（**図 1.10**）。エージェントは、ソフトウェアだけで構成されるソフトウェアエージェントと、実体を持ったエージェントであるロボットに大別されます。

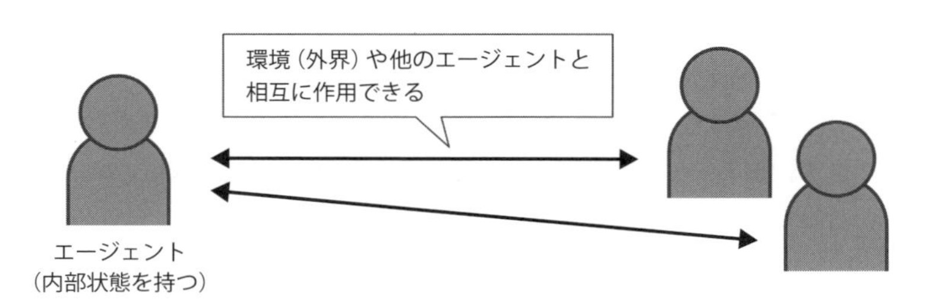

●図 1.10　エージェントによる情報処理モデル

人工知能分野では、図1.3に示した領域以外にもさまざまな領域が対象とされています。そのいずれもが、生物の知能や知性にヒントを得たソフトウェア技術であるという点において共通しています。

1.3 生活の基盤技術としての人工知能

ここでは、人工知能技術の具体的な成果事例を概観します。現代社会では、人工知能を応用した工業技術が、社会のさまざまな局面で基盤技術として利用されています。そのため、我々の身近な生活場面においても、人工知能の技術は広く応用されています。その典型的な例として、Apple社のSiriに代表される、スマートフォンの音声応答システムを挙げることができます（**図1.11**）。

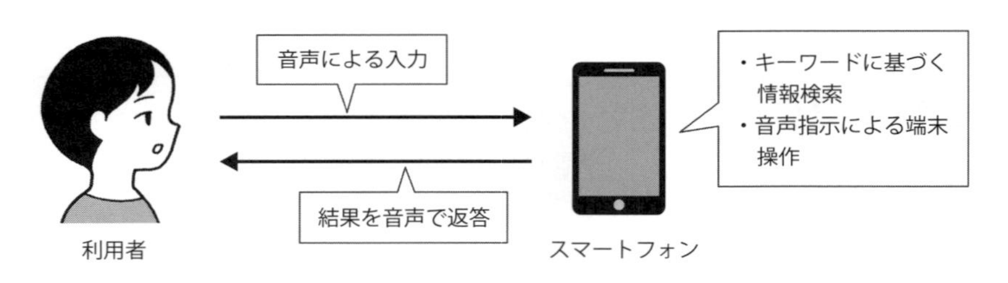

●図1.11　スマートフォンの音声応答システム

スマートフォンの音声応答システムでは、自然言語による音声入力によって、キーワードによる情報検索や、スマートフォンの操作を行うことが可能です。

自然言語とは、日本語や英語のような、我々が日ごろから会話や思考の手段として用いている言語を意味します。音声応答システムでは、検索結果や端末操作の結果は、文字だけでなく音声で利用者に戻すことも可能です。

この処理を実現するためには、音声を言葉として認識する**音声認識**（**speech recognition**）の技術や、与えられた指示の意味を解釈する自然言語処理の技術が必要になります。また、音声で返答する場合には、**音声合成**（**speech synthesis**）の技術が用いられます。これらは、人工知能技術の典型例です。

図1.11に示した処理は、典型的には次のような手順で実施されます。

① スマートフォン上で音声応答システムのプログラムが起動されると、音声応答システムプログラムはユーザからの音声入力を待ち受けます。
② 音声が入力されると、スマートフォン上のプログラムはネットワークを経由して、サーバコンピュータに入力されたデータを転送します。
③ サーバコンピュータでは、音声認識や自然言語処理の技術に基づく処理プログラムが与えられた音声データを解析して、なにを実行すべきかを決定します。
④ その結果はスマートフォンに戻されて、スマートフォン側では端末操作や情報検索の処理が実行されます。
⑤ それらの結果は、必要であれば音声合成によって音声としてユーザに戻されます（**図 1.12**）。

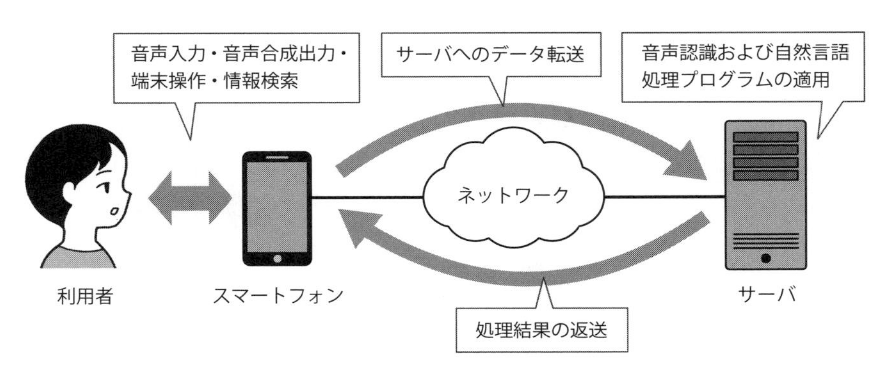

●**図 1.12**　音声応答システムの構成

この枠組みは、スマートフォンだけではなく、**スマートスピーカー**などの**ネットワーク接続型ヒューマンインタフェースシステム**で用いられています。スマートスピーカーには、Amazon Echo や Google Home などの実現例があります。

図 1.12 において、音声認識とは、スマートフォンのマイクから入力された音声情報を、自然言語の文字列に変換する操作を意味します。この技術は、人工知能技術の一分野として古くから研究されてきた技術です。また、同図の自然言語処理とは、ここでは与えられた自然言語文字列を解釈し、その意味を取り出す処理のことを言います。この技術も、人工知能の研究分野では 20 世紀のなかごろから継続的に研究開発が進められてきた技術です。

さらに、キーワードによる情報検索では、該当する情報を大規模なデータから効率的に探し出す**探索**（**search**）の技術が利用されています。探索も、人工知能研究の歴史では、初期から研究が進められた技術のひとつです。さらに、検索対象となるデータをインターネットから集めてくるためには、**ソフトウェアエージェント**（**software agent**）と呼ばれるプログラム技術が利用されています。インターネット上の Web サーバを自動的にアクセスして、Web サーバの保有するデータを収集するプログラムを**クローラー**と呼びます。クローラーは、ソフトウェアエージェントの一種であり、これも人工知能技術の研究成果のひとつです（**図 1.13**）。クローラーは、Google や Yahoo! などの検索エンジンにおいて、情報収集に利用されています。

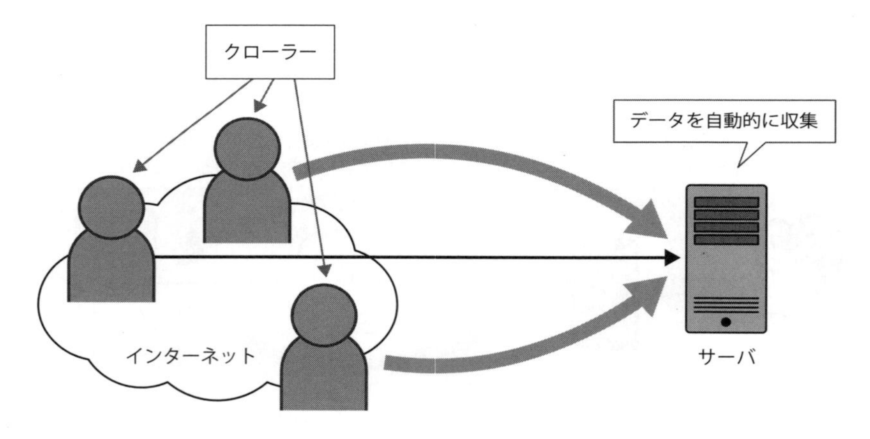

●図 1.13　クローラー（ソフトウェアエージェントの一種）

スマートフォンで利用することのできる人工知能技術の他の例として、言語翻訳システムがあります。たとえば、情報検索の結果見つけた外国語の Web ページを読む際に、Web ブラウザの翻訳機能を使うと、一括して日本語に翻訳することが可能です（**図 1.14**）。ここで用いられる**機械翻訳**（**machine translation**）の技術は、人工知能の一分野である自然言語処理技術の応用技術です。さらに、機械翻訳と音声認識および音声合成の技術を融合すれば、音声による自動翻訳システムを構成することが可能です。スマートフォンにこの機能を搭載すれば、自動翻訳電話を実現できます。

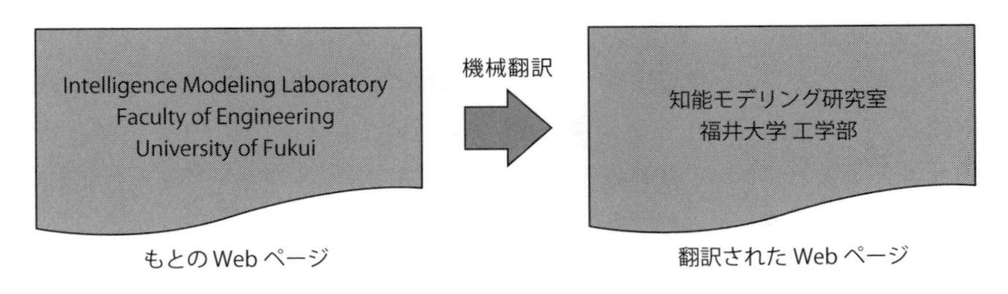

●図 1.14　Web ブラウザの自動翻訳機能

ここまで、音声認識や自然言語処理に基づく人工知能応用技術を見てきましたが、人工知能の適用事例はそれだけではありません。近年、1.2.1 項で説明した機械学習が飛躍的な発展を遂げ、それにつれて機械学習の応用分野が拡大しています。そのひとつに、オンラインショッピングサイトにおける「おすすめ」表示の技術があります（**図 1.15**）。

スマートフォンやパーソナルコンピュータ（PC）を使ったオンラインショッピングは、現代の生活では欠かせないものとなっています。一般にオンラインショッピングでは、ある顧客の商品検索履歴や注文履歴は、顧客の特徴を表現した重要な顧客情報としてサーバ上に保存されています。こうした情報を機械学習の手法によって学習・解析することで、ある顧客の特徴を表す利用者モデルを作成します。オンラインショッピングサイトでは、この利用者モデルを利用して、過去の利用履歴から顧客が探しているであろう商品を予測してさりげなく提案したり、類似の利用者モデルを持つ別の顧客の購買行動からおすすめ商品の広告を提示したりするサービスが実現されています。この結果、同じショッピングサイトを表示しても、それぞれの顧客向けの表示がなされるので、顧客ごとに表示される内容が異なることになります。

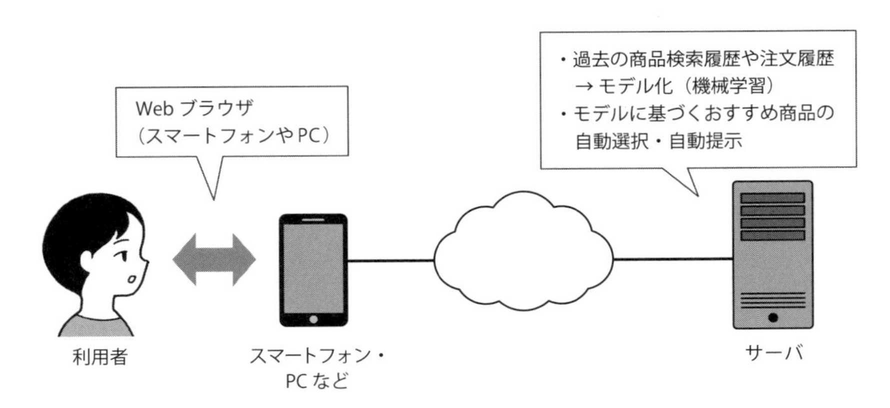

●図 1.15　オンラインショッピングサイトにおける「おすすめ」表示の技術

画像認識の技術は、人工知能技術の重要な一分野を構成しています。スマートフォンやPCなどにおける**顔認証技術**は、画像認識技術の応用例です。顔認証技術の応用例として、顔画像による認証システムが実現されています（**図1.16**）。顔認証システムを用いると、デバイスの利用開始時に、パスコードやパターンを入力せずに、カメラで顔画像を撮影するだけで認証を得ることが可能です。

●**図1.16**　スマートフォンにおける顔認証

画像認識技術の応用として、自動車などの自動運転技術が実用化されつつあります。自動運転技術では、レーダー・光計測デバイス・GPSなどからの情報とともに、カメラからの画像情報を用いて状況を判断し、自動車を運転します（**図1.17**）。画像認識技術は、すでに実用化されている自動ブレーキや縦列駐車のアシストシステムでも利用されています。

●**図1.17**　自動運転技術

身近な人工知能技術として忘れてはならないものに、ゲームの世界における人工知能技術があります。ゲームへの人工知能技術の適用例として、囲碁や将棋のゲームプレーヤーソフトが挙げられます（**図1.18**）。これらのゲームプレーヤーソフトの一部では、機械学習の一分野である深層学習（1.2.1項）が利用されています。囲碁や将棋の世界では、最先端のAIゲームプレーヤーの実力は人間の世界チャンピオン以上であるとされています*2。

●図1.18 ゲームプレーヤーソフトにおける機械学習・深層学習の利用

1.4 人工知能の産業応用

人工知能技術は、私たちの身近な場面だけでなく、社会のさまざまな局面で利用されています。たとえば、株式や証券の売買には**エキスパートシステム**（**expert system**）が利用されています。エキスパートシステムは、システムの持つ知識を使ってシステムが自律的に推論を行うことで、人間の専門家（エキスパート）が行うのと同じような知的処理を行う人工知能システムです。

株式や証券の売買においては、市場の動向や社会情勢に関する情報を入力データとして受け取り、システムに備えた専門知識を使って推論を自動的に行うことで、株式や証券の売買を自動的に行います（**図1.19**）。こうしたシステムによる売買は、人間の手作業では絶対に真似できないスピードで高速に実施されています。エキスパートシステムは、人工知能分野における知識表現や探索・推論・機械学習といった要素技術を組み合わせた応用技術です。エキスパートシステムは、医療分野における投薬・診断の補助や、衛星写真からの資源探査など、さまざまな局面で利用されています。

＊2 囲碁や将棋のAIゲームプレーヤーについては、第2章および第11章で改めて取り上げます。

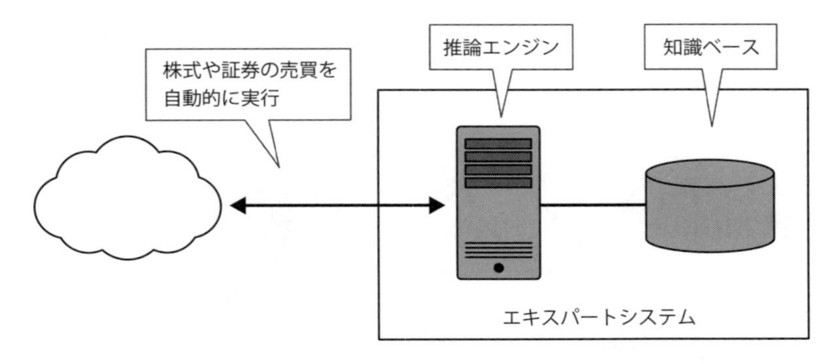

●図 1.19　エキスパートシステムによる株式や証券の売買

近年、**ビッグデータ**（**big data**）の利用がさまざまな分野で行われています。ビッグデータとは、インターネットを介して収集される大規模なデータの総称であり、その発生源は多数のセンサや各種のアプリケーションシステム、分散データベースシステムなど、多種多様です。

ビッグデータを販売予測や在庫管理に用いる際、人工知能技術を用いる場合があります。たとえば、ある商品を小売店が仕入れる際に、ビッグデータに対する機械学習によって得た知見をもとに販売予測を行います。その結果をもとに仕入れを行うことで、在庫の最適な管理を行うことが可能です（**図 1.20**）。この場合の販売予測には、過去の販売動向に関するデータだけでなく、たとえば気温や天候といったデータも含めることができ、翌日の最高気温が 1℃高くなれば清涼飲料水の売り上げ数が 1.2 倍になる、といった細かな予測を得ることが可能です。

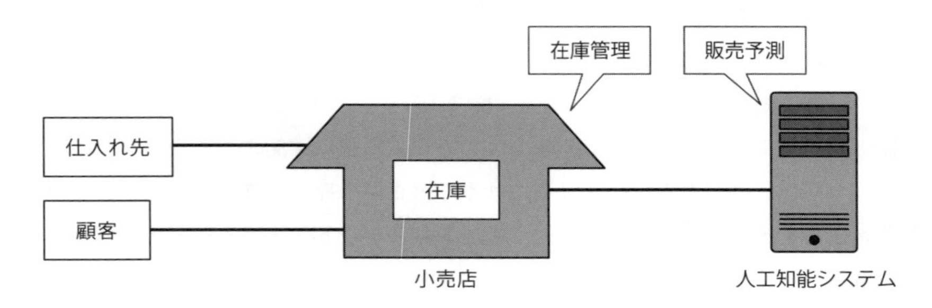

●図 1.20　機械学習によるビッグデータ解析の応用

製造現場では、ロボットが活躍しています。ロボットには、さまざまな人工知能技術が盛り込まれています。ロボットの視覚系である**ロボットビジョン**（**robot vision**）

や、ロボットの**運動制御**（**motion control**）および**運動計画**（**motion planning**）は、さまざまなロボットの構成技術として応用されています。近年では、ロボットの制御において機械学習、とくに**強化学習**（**reinforcement learning**）の成果が活用されています。

強化学習は、一連の動作の最終結果から、個々の動作の良し悪しを学習することのできる機械学習技術です。強化学習をロボット制御の学習に適用することで、たとえば、二足歩行のような複雑な制御知識を自動的・自律的に獲得することが可能です。この場合、歩行の試行を何度も繰り返すうちに、だんだんと正しい二足歩行制御知識を獲得するような学習を行わせることができます（**図 1.21**）。

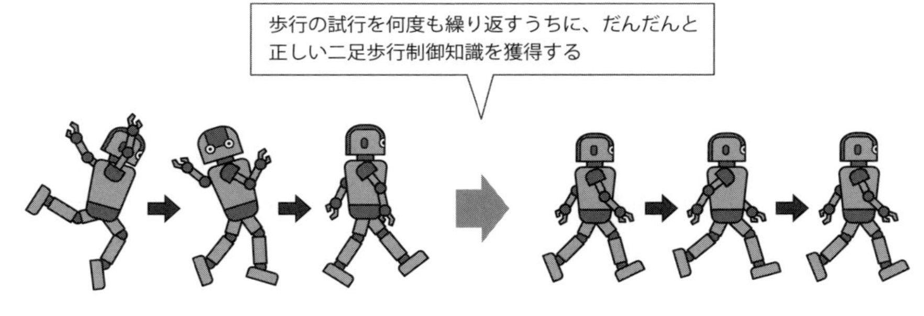

●**図 1.21**　強化学習によるロボットの制御知識獲得

1.5　人工知能の定義

前節では、身近な生活空間から産業応用に至るまで、人工知能の技術が広く我々の社会に浸透しているようすを概観しました。ここでは、人工知能の技術とはなにか、また、なぜ近年、人工知能技術が注目されるのかを考察します。

1.5.1　人工知能に対するふたつの立場

前節で概観したように、人工知能の技術はいずれも、コンピュータソフトウェアの技術と深い関係にあります。機械学習や言語処理など、どの人工知能技術でも、人間やその他の生物の知的な振る舞いをコンピュータソフトウェアによって模擬することで、高度な処理を実現しています。

こうしたことから、人工知能は、ソフトウェアを巧妙に作成することを目的として生物や人間の示す知的挙動を観察し、その結果をソフトウェア作成に役立てる技術であると言うことができます（**図1.22**）。このような捉えかたによる人工知能を、**弱いAI**（**weak AI**）と呼ぶことがあります。本書では、一貫して弱いAIの立場を取ります。

●**図1.22**　ソフトウェア技術としての人工知能（弱いAI）

一方、人工知能は単なるソフトウェア技術ではなく、より生物の知能と直結した技術であると捉える立場もあります。この立場では、人工知能の目的は、生物や人間の持つ知能・知性を人工的に創り出すことにあるとします。この立場の捉えかたによる人工知能を、**強いAI**（**strong AI**）と呼ぶことがあります（**図1.23**）。

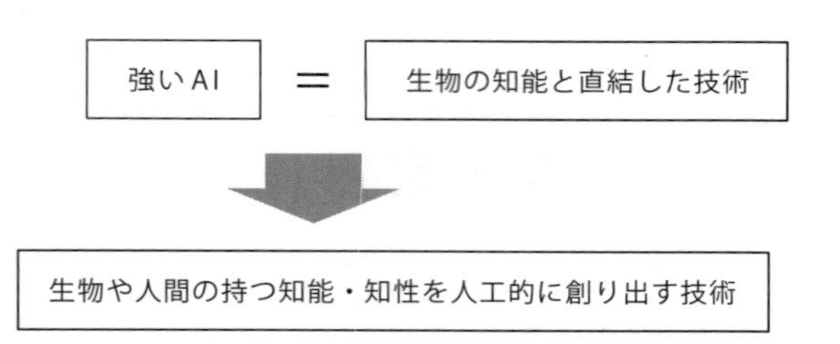

●**図1.23**　生物や人間の持つ知能・知性を人工的に創り出す技術としての人工知能（強いAI）

弱いAIと強いAIの立場は、どちらが正しいといったものではありません。しかし、私たちの暮らしをよりよいものへと導く工学技術としての人工知能技術は、弱いAIの立場により関連するものと考えられます。

弱いAIと強いAIに関する議論は、第2章以降でさまざまな人工知能技術を概観したのち、第12章（終章）で改めて扱うことにします。

1.5.2　なぜ人工知能技術は注目されるのか

近年、人工知能技術、とくに機械学習や深層学習の技術が注目を集めています。第2章で述べるように、人工知能の研究自体は、すでに1950年代には始められています。今、改めて人工知能技術が注目されているのには、いくつかの要因があると考えられます（**図1.24**）。

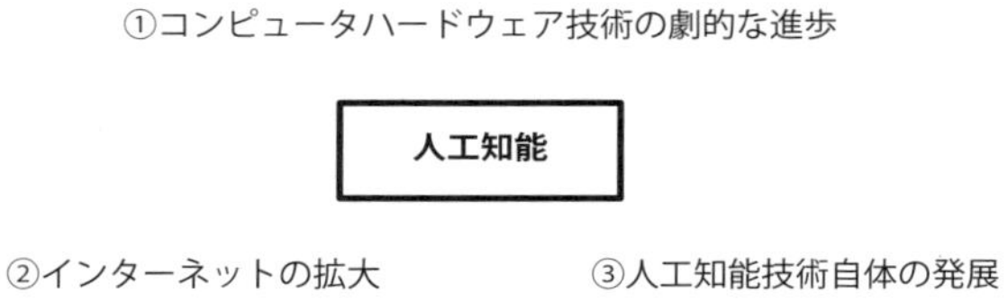

①コンピュータハードウェア技術の劇的な進歩

人工知能

②インターネットの拡大　③人工知能技術自体の発展

●**図1.24**　なぜ、今、人工知能技術が注目されるのか

第一に、コンピュータハードウェア技術の劇的な進歩が挙げられます。現代的な電子式コンピュータが発明されたのは1940年代でしたが、その当時のコンピュータは現在のコンピュータとは比較にならないほど低速で、かつ、データ容量もごく小規模なものでした。その後、コンピュータハードウェア技術は急速に進歩し、現在では、スマートフォンの計算能力が一昔前のスーパーコンピュータに匹敵するほどになっています。これにより、少し前までは不可能であったような大規模な計算が可能となり、人工知能のソフトウェアにおいても、その能力が大きな進歩を遂げる結果となりました。

第二に、インターネットの拡大が大きな影響を与えていると考えられます。人工知能の扱う問題領域では、良質なデータを大量に集める必要があります。現在のインターネットは、多種多様なデータを大量に流通・蓄積させています。こうしたデータを人工知能技術によって処理することで、従来は不可能であった大規模かつ複雑な現実的問題に対処することが可能となりつつあります。

最後に、人工知能技術自体の発展も当然ながら重要な要因として挙げられます。20世紀なかごろから始まった人工知能研究は現在も発展途上であり、最近でも機械学習における深層学習の発展など、人工知能技術の能力向上が続いています。

以上のように、現代は、人工知能技術が急速に実を結びつつあるときだと言えるでしょう。第2章以降では、さまざまな人工知能技術を概観することで、その本質に迫りたいと思います。

第2章

人工知能研究の歴史

人工知能研究は、1940年代のコンピュータの発明と前後して始まりました。

本章では、人工知能研究のはじまりから、現代における人工知能研究までを概観します。

2.1 【1940s～】コンピュータ科学のはじまり

本書の立場である“ソフトウェア技術としての人工知能”の概念が誕生したのは、電子式の計算機械であるコンピュータが発明された直後です。ここでは、コンピュータ科学のはじまりと、人工知能のはじまりを概観します。

2.1.1 フォン・ノイマンとセル・オートマトン

世界初の電子式コンピュータが開発されたのは、1940 年代～50 年代ごろとされています。世界初のコンピュータが具体的にどのコンピュータであったかには諸説ありますが、**表 2.1** に示すようなコンピュータがこの時代に開発・発表されています。

表 2.1 で、最も早い時期に稼働したコンピュータは **ABC**（**Atanasoff-Berry Computer**）です。ABC は、電子式の自動計算装置が実際に構成可能であることを示したものであり、1942 年に稼働したことから、最初期のコンピュータであると言えます。

ENIAC は、コンピュータを工学的に応用することを可能にした、世界初の電子計算機です。1940 年代という時代背景もあり、ENIAC は大砲の弾道計算や、一部では原子爆弾の開発に関係する計算などにも利用されました。真空管を論理素子として利用した ENIAC は、それまで使われていた電気機械式の計算機よりはるかに高速であり、コンピュータの実用的価値を示したものでした。

1949 年に稼働した **EDSAC** は、現在我々が利用しているコンピュータの原型となる構成を有したコンピュータです。この意味で、EDSAC は、現在のコンピュータの先祖であると言えます。

●**表 2.1**　1940～50 年代に初稼働したコンピュータ

稼働年	名　称	説　明
1942	ABC	アイオワ州立大学のアタナソフとベリーによる、実験的な電子式コンピュータ
1946	ENIAC	ペンシルバニア大学のモークリーとエッカートによる、実用的な電子式コンピュータ。大砲の弾道計算など、実用的問題の計算に利用された
1949	EDSAC	ケンブリッジ大学のウィルクスによる電子式コンピュータ。現在のコンピュータと基本構成が同様であることから、現在のコンピュータの直接の先祖であると考えられる
1951	EDVAC	EINIAC の後継機として、モークリーとエッカートらによって作成された電子式コンピュータ

これらのコンピュータの開発には多くの人々が参画していましたが、そのなかでも、**フォン・ノイマン**（**John von Neumann**）は、現在のコンピュータアーキテクチャの名称である「ノイマン型コンピュータ」にも名前を残すなど、大きな役割を果たしました。ノイマン型という名称は、表 2.1 の **EDVAC** に関連する技術レポートをノイマンが刊行したことに由来しています。

フォン・ノイマンはコンピュータの開発に大きな影響を与えただけでなく、さまざまな科学技術分野に多大な貢献を果たしました。その影響範囲は非常に広く、たとえば数学の基礎分野・物理学・気象学・経済学など、さまざまな分野で新しい領域を開拓しました。計算機科学の分野でも、コンピュータの成立に貢献するにとどまらず、**セル・オートマトン**（**cellular automaton**）の概念を提唱することで、のちに成立する人工知能や人工生命の研究に大きな影響を与えています。

セル・オートマトンは、互いに情報を交換し合うセルが複数集まり、あるルールに従って情報交換と状態遷移を繰り返すことで、時間の進展とともに状態が変化していくというシステムです（**図 2.1**）。個々の要素が時間とともに相互作用する現象を、単純化してモデル化した数理システムである、と言えます。セル・オートマトンは生命現象との関連が深く、フォン・ノイマンの研究は人工知能分野に影響を与えただけでなく、のちに成立した人工生命分野の研究のさきがけとしての役割も果たしました。

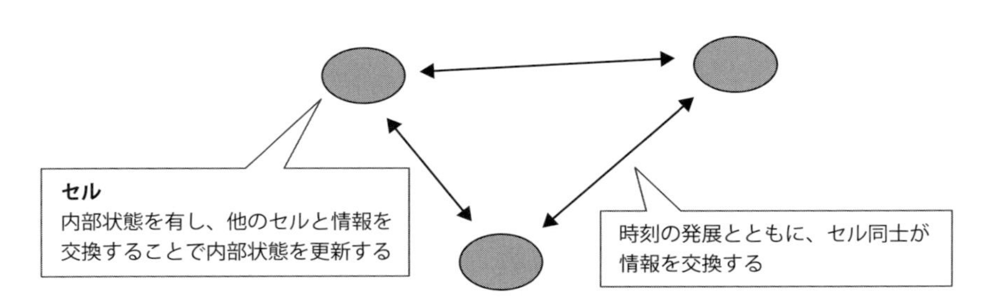

●**図 2.1**　セル・オートマトン

セル・オートマトンを用いると、さまざまな物理現象や生物の挙動をモデル化してシミュレートすることが可能です。さらに、交通の流れや雑踏のなかの人の動きをセル・オートマトンを用いてモデル化するなど、社会現象への適用も研究されています。

以上のように、フォン・ノイマンの提唱したセル・オートマトンの概念は、生物の挙動に学ぶソフトウェア技術である人工知能技術の成立に大きな影響を与えました。

2.1.2　チューリングテスト

この時代に人工知能研究に大きな貢献があった人物に、**アラン・チューリング**（**A.M.Turing**）がいます。チューリングは数学者であり、第二次世界大戦中にはドイツ軍の暗号解読に貢献したことでも有名です。

計算機科学に対してチューリングは、**チューリングマシン**（**Turing machine**）の提唱による計算理論の成立に大きな貢献があっただけでなく、人工知能分野では**チューリングテスト**（**Turing test**）の提案によってのちの人工知能研究に大きな影響を与えています。

チューリングテストは、1950年にMIND誌に掲載された論文「Computing machinery and intelligence」においてチューリングが提案した、知能や知性の定義に関連した実験手続きです。

チューリングテストは、**図2.2**のような設定下で行われます。図2.2で、質問者は人間です。質問者は、回答者との間でチャットを行うことができます（1950年の原論文では、チャットではなく、テレタイプライターによる通信でした）。回答者は、人間またはコンピュータです。この設定下で、もし回答者が人間かコンピュータかを質問者が見抜けなかったら「回答者となったコンピュータには人間と同等の知能が備わっている、とみなしてよい」とするのが、チューリングの主張です。

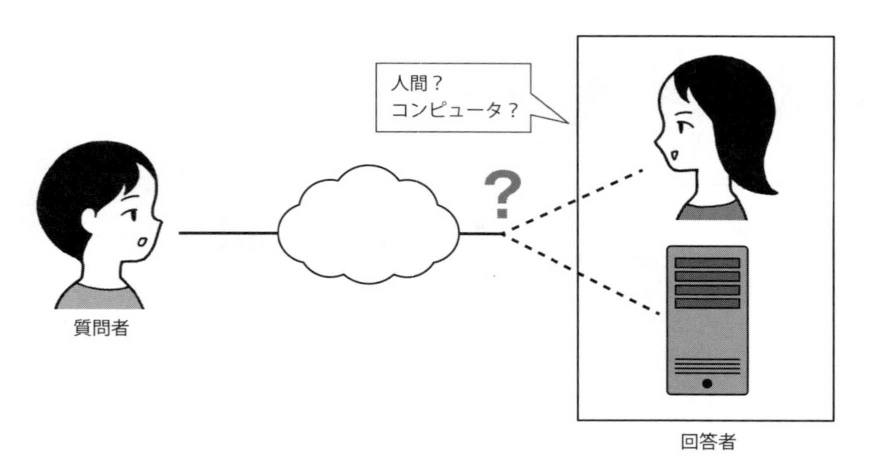

●**図2.2**　チューリングテスト

チューリングテストには、さまざまな批判があります。現代社会に生きる我々からすれば、SNS 上で人間のように振る舞うチャットボットも、実は単なる条件反射的なプログラムであり、知性とは無縁であることはよくわかっています。したがって、人間のように会話するプログラムが必ずしも知的であるとは言えないことは明らかです。そもそも、チューリング自身が、論文の多くの部分を割いてチューリングテストに対する批判とその考察を展開しています。しかし、知性を客観的に捉え、その実現について歴史上はじめて公式な議論を展開した点から、チューリングの人工知能に対する寄与は極めて大きいと言うべきでしょう。

2.2 【1956】ダートマス会議による人工知能分野の確立

1956 年の夏に、当時の若手研究者らが主体となって、人工知能についての学術セミナーがダートマス大学で開催されました。このセミナーの発起人には、のちに人工知能界の重鎮となる**ジョン・マッカーシー（John McCarthy）**や**マーヴィン・ミンスキー（Marvin Minsky）**などが含まれています。セミナーの趣意書には、「学習やその他の知能の特徴は、コンピュータによってシミュレート可能な形式で記述可能である」、という主張が記載されています。これは言い換えれば、プログラミングによって人工的な知能が実現可能である、という意味です。

学習やその他の知能の特徴は、コンピュータによって
シミュレート可能な形式で記述可能である。
（「A PROPOSAL FOR THE DARTMOUTH SUMMER RESEARCH PROJECT ON ARTIFICIAL INTELLIGENCE」より引用）

●図 2.3　ダートマス会議

人工知能（AI）という言葉がはじめて使われたのは、マッカーシーによってダートマス会議においてである、と言われています。ダートマス会議以降、人工知能研究はさらに盛んに進められることとなります。

2.3 【1960s〜】自然言語処理システム

2.3.1 1965 年：ワイゼンバウムの ELIZA

1965 年、ACM（Association for Computing Machinery, 国際計算機学会）の学会誌である CACM（Communications of the ACM）に、**ワイゼンバウム（Joseph Weizenbaum）**の論文が掲載されました。この論文でワイゼンバウムは、**ELIZA（イライザ）**という名称のプログラムを発表しています。

ELIZA は、MAD-SLIP というプログラミング言語によって記述された自然言語処理プログラムです。ELIZA は利用者と英語を使って対話しますが、この際に、非指示的カウンセリングを行う心理カウンセラーの挙動を模擬するように作成されています。つまり、利用者の入力した単語などをヒントに、ルールに従ってオウム返しのように返答文を作成することで、あたかもカウンセリングを行っているかのように動作するのです。

ELIZA は、かんたんな構文解析とパターンマッチによる応答システムであり、利用者の発言の意味を処理する機能はありません。ちょうど、チャットボットを簡略化したようなシステムです。それにもかかわらず、利用者の受け答えによっては、意味のある会話が成立しているように見えてしまうことがあります。この点は、チューリングテストとも関連して、人工の知能とはなにか、あるいは生物の知能とはなにかを考える手がかりになりそうです。

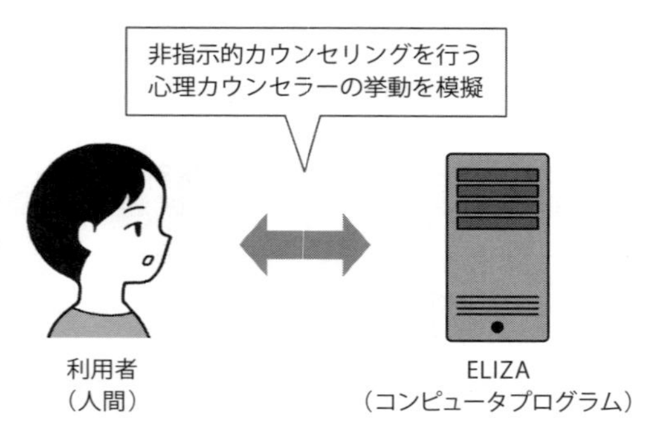

●図 2.4　ワイゼンバウムの ELIZA

2.3.2 1971年：ウィノグラードの積み木の世界（SHRDLU）

SHRDLUは、**ウィノグラード**（**Terry Winograd**）が1970年代に開発した、自然言語理解に関する人工知能システムです。利用者は、SHRDLUと自然言語（英語）で対話することで、SHRDLUの管理する仮想環境のなかにある積み木に対する操作を命令することができます。

SHRDLUでは、システムに対して英語で指示を与えます。指示の内容は、システムに用意されたロボットアームによる、これもまたシステム内に用意されている積み木の操作です。利用者は仮想環境のなかにある積み木を英語で指定し、システムに対して操作を英語で指示することで、その積み木をロボットアームでつかんで別の場所に移動させることができます。

操作対象となる積み木の指定は、たとえば、「赤い立方体の積み木」とか、「小さくて青い積み木」などといった表現方法で行います。積み木に対する操作は、「指定した積み木をロボットアームでつかんで床に置け」とか、「他の積み木の上に積み重ねろ」といった具合に指示します。こうした利用者からの操作指示に対して、SHRDLUシステムは、自然言語（英語）で与えられた指示の意味を解析し、指示に沿って操作を加えます。

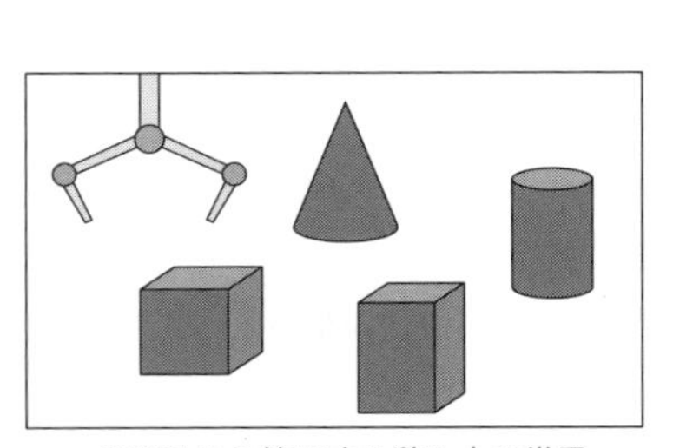

SHRDLUの管理する積み木の世界

自然言語で操作を指示

●図2.5　SHRDLU

ELIZAと違い、SHRDLUは、利用者の入力した自然言語による指示の意味を解釈します。また、曖昧な指示で情報が不足している場合には、推論によって合理的な指示内容を決定することができます。こうしたことから、積み木の世界というごく限られた世界のなかだけのことではありますが、SHRDLUは意味を解釈しつつ人間と対話のできるシステムであると言えます。

では、人工知能は、積み木の世界のような限定された世界を抜け出して、一般の世界でその力を発揮することはできるのでしょうか。問題を特定せずに適用可能な人工知能を、**汎用人工知能**（**Artificial General Intelligence, AGI**）と呼ぶことがあります。これまでにも、さまざまなアプローチにより汎用人工知能を追及する試みがなされてきましたが、今のところ実現されていないように思われます。SHRDLU 以降、これまでの人工知能は、適用分野を特定することでその能力を発揮してきたというのが実情です。

2.4 【1970s～】エキスパートシステム

1970 年代には、**エキスパートシステム**（**expert system**）と呼ばれる人工知能システムが盛んに研究・開発されました。エキスパートシステムは、人間の専門家、すなわちエキスパートが行うような専門的知識に基づく推論を、コンピュータプログラムがシミュレートする人工知能システムです。

この時代に開発されたエキスパートシステムの典型例として、**MYCIN** が知られています。MYCIN はスタンフォード大学で 1970 年代に開発されたエキスパートシステムであり、医学的診断、とくに感染症の治療についての支援を目的としたシステムです。MYCIN は、患者の状態や医学的検査の結果を入力として受け取り、あらかじめ用意されている知識ベースを用いて推論を進めます。その結果の出力として、診断結果と治療方法を出力します（**図 2.6**）。

MYCIN は医療分野のエキスパートシステムですが、知識ベースをもとに推論を進めるという考えかたは、他の分野にも適用が可能です。たとえば、MYCIN よりも先行して開発されたエキスパートシステムである **DENDRAL** は、MYCIN と同様の枠組みで、化学分野における質量分析を支援するエキスパートシステムとして構成されました。

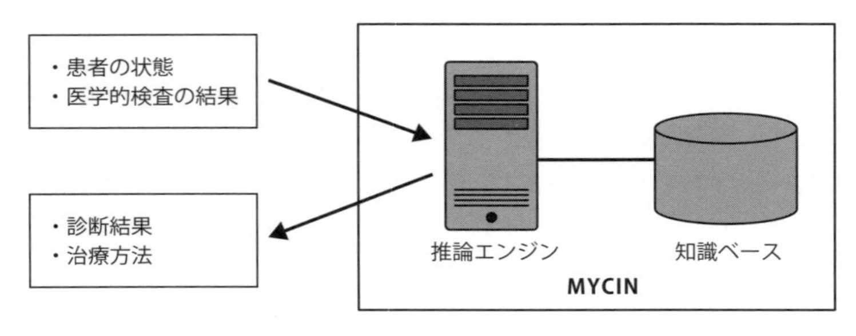

●**図 2.6**　MYCIN（エキスパートシステム）

エキスパートシステムはさまざまな分野に適用され、実用的な成果を多数挙げています。第1章でも述べたように、たとえばリモートセンシング分野における資源探査への応用や、証券取引におけるリアルタイムエキスパートシステムの適用など、実際的な局面においてエキスパートシステムが活用されています。

2.5 【1960s～】パーセプトロンとバックプロパゲーション

2.5.1 人工ニューラルネットの誕生

人工ニューラルネット（**artificial neural network**）は、生物の神経細胞が構成する回路網をモデル化し、数学的に模擬した計算機構です。神経細胞を模擬した**人工ニューロン**（**artificial neuron**）を構成要素として、複数の人工ニューロンを結合して人工ニューラルネットを構成します。**図 2.7** で、丸で示したのが人工ニューロンです。同図では、複数の人工ニューロンの入出力が多層状に接続されています。

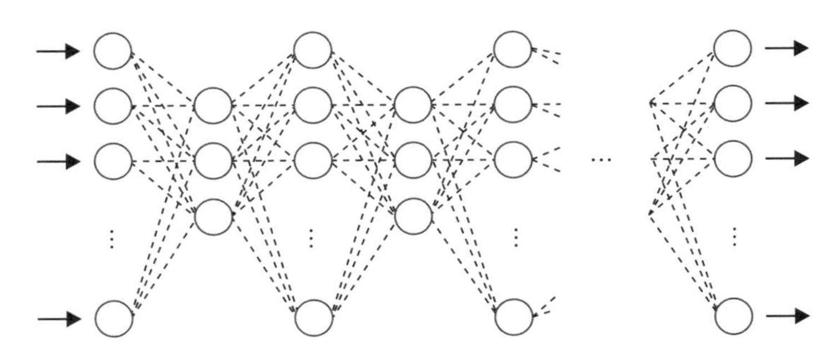

複数の人工ニューロン（構成要素）を相互結合

●**図 2.7**　人工ニューラルネットの構成例

人工ニューラルネットの概念を最初に提唱したのは、**ウォーレン・マカロック**（**Warren S. McCulloch**）と**ウォルター・ピッツ**（**Walter J. Pitts**）です。彼らは1943年の論文で、人工ニューロンの数学的モデルを発表しました。このモデルは、現在使われている人工ニューラルネットにおける人工ニューロンの原型となっています。

人工ニューロンの構成を**図 2.8** に示します。同図のように、人工ニューロンは、多入力 1 出力の計算素子とみなすことができます。入力信号に対して、それぞれの入力に対応した係数との積を計算し、その結果の総和を求めます。この係数を、**重み**あるいは**結合荷重**と呼びます。次に、求めた総和に対して、適当な非線形関数を適用します。この非線形関数を、**伝達関数**と呼びます。伝達関数は、**出力関数**あるいは**活性化関数**と呼ぶ場合もあります。伝達関数の種類など人工ニューロンの詳しい構成方法については、第 5 章で改めて説明します。

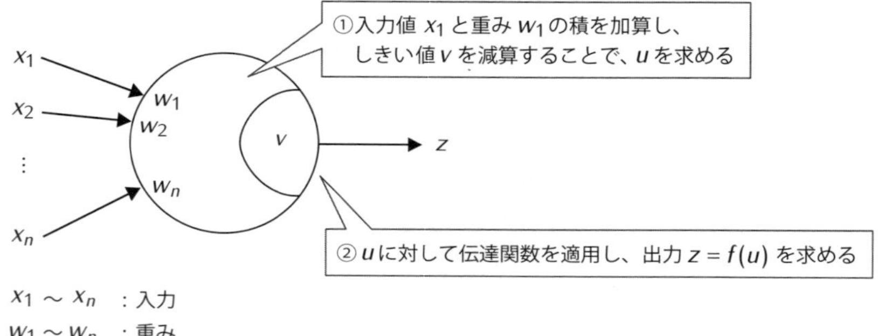

●図 2.8　人工ニューロン

以下、混同の恐れのない限り、人工ニューラルネットを単にニューラルネットと呼ぶことにします。

2.5.2　パーセプトロン

1958 年に、**フランク・ローゼンブラット**（**Frank Rosenblatt**）は、**パーセプトロン**（**perceptron**）と呼ばれるニューラルネットを発表しました。パーセプトロンは、ニューロンを層状に並べた、階層型ニューラルネットの一種です（**図 2.9**）。ローゼンブラットらの研究したパーセプトロンは、図 2.7 の入力層から中間層への結合が乱数で決定されるランダム結合であり、出力値は 0 または 1 の 2 値です。この設定で、入出力の組として与えられた学習データを使って、中間層から出力層への結合を調節することで入出力関係を学習します。パーセプトロンの学習については、第 5 章で改めて説明します。

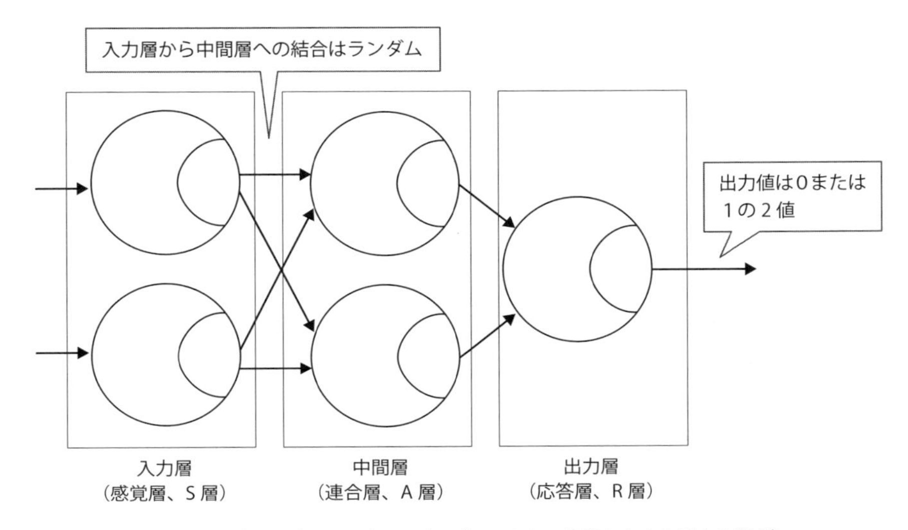

●図 2.9 パーセプトロン（ローゼンブラットらの提案したオリジナル構成）

この時代、パーセプトロンは熱心に研究され、その能力と限界についても明らかになっていきました。その結果、パーセプトロンが適用可能な問題の範囲も明確にされました。それとともに、いわばブームとなっていたニューラルネット研究も、徐々に沈静化の方向に移り始めます。

2.5.3 バックプロパゲーション

パーセプトロンのブーム以降、しばらくニューラルネット研究は沈静化します。しかし、1986年にニューラルネットの学習に関する**デビッド・ラメルハート**（**David E. Rumelhart**）らの論文が発表されたことをきっかけに、ニューラルネットの研究に再びブームが到来します。

この論文では、パーセプトロンのような階層型ニューラルネットについての学習手法として利用可能である**バックプロパゲーション**（**backpropagation**）を定式化しています。一般にニューラルネットの学習とは、お手本となる入出力関係を記述した複数の学習データを用いて、ある入力データに対して期待する出力値が出力されるようにニューラルネットのパラメタを調節する操作のことを言います。バックプロパゲーションは、階層型ニューラルネットの学習を効率的に進めることができるアルゴリズムです。

バックプロパゲーションによる階層型ニューラルネットの学習においては、はじめに、入力データをネットワークに与えて、ネットワークの出力値を計算します。このとき、学習が完成していないネットワークでは、出力値には期待する値とは異なるものが表れます。ここで、期待する値とネットワークの出力との差を、誤差であると考えます。そこでバックプロパゲーションでは、誤差が改善されるように、ネットワークのパラメタを調整します（**図 2.10**）。調整の方法など、バックプロバゲーションの詳細については、第 5 章で説明します。

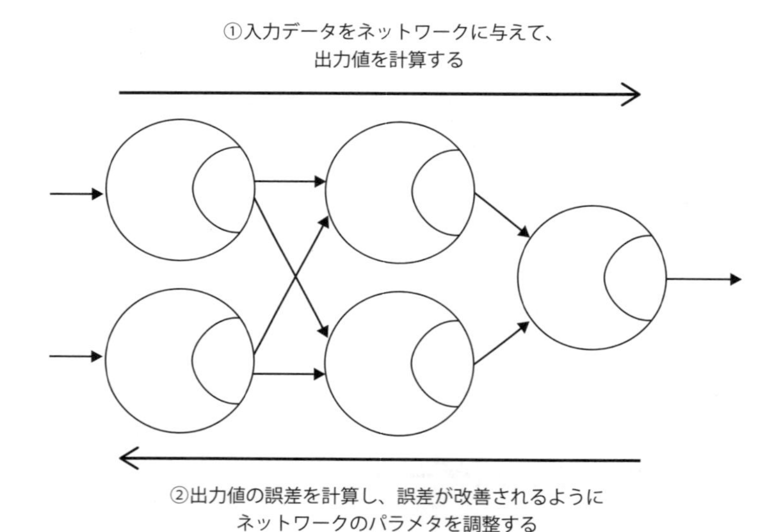

●**図 2.10**　ニューラルネットの学習

バックプロパゲーションを用いると、初期のパーセプトロンの抱えていた限界を突破して、より広い問題領域に対して階層型ニューラルネットを適用できるようになります。このため、階層型ニューラルネットの利用範囲が拡大し、ニューラルネットの研究が再び活性化しました。

しかしその後、歴史が繰り返されます。バックプロパゲーションを利用したニューラルネット構築についての研究が進むと、今度は、この形式のニューラルネットで処理可能な問題領域が見極められるようになります。とくに、大規模で現実的なデータの処理に対しては、当時のコンピュータの能力が十分ではなかったことに加えて、ニューラルネットの構造設計や学習に関する問題が多く、適用が難しい状況でした。

これが解決されるのは、21 世紀に入って深層学習の技術が出現するのを待たなければなりませんでした。

2.6 【1950s～】チェス、チェッカー、囲碁の対戦プログラム

2.6.1 1950s～：チェッカープログラム

1950 年代に人工知能の研究が始まると、その当初から、チェッカーやチェスといったボードゲームへの人工知能技術の応用が試みられました。こうしたボードゲームをプレイすることは知的な行動であるうえに、ゲームの世界は大きさの限られた小さな世界なので、人工知能技術の対象としやすかったことがその理由です。

初期のゲーム研究の例として、**アーサー・サミュエル**（**Arthur L. Samuel**）によるチェッカープログラムを挙げることができます。チェッカーは、2 人で対戦するボードゲームであり、互いに駒を動かして相手の駒を取り合います。相手の駒を全部取るか、相手の駒が動けない状態にしたほうが勝者となります。

サミュエルは、1950～70 年代にかけて、チェッカーをプレイするプログラムの研究を進めます。この過程でサミュエルは、プログラムにゲームの知識を与えるために、**知識表現**や**探索**などの人工知能の基礎的な技術について検討します。ここで知識表現とは、事実や事実間の関係、あるいは規則などを、人工知能システムが利用できる形式で記述する方法を意味します。また探索は、知識表現として与えられたデータ構造から、条件に合致するデータを探し出すアルゴリズムです。知識表現や探索の技術は、人工知能システムを構成するための基礎技術です。

さらにサミュエルは、戦略知識を手作業でチェッカープログラムに埋め込むだけではなく、プログラムが学習を通して、よりよい戦略を獲得する枠組みを導入しました。これは、**機械学習**と呼ばれる手法です。機械学習は、現在では人工知能の中心的な技術となっています。このように、チェッカープログラムの開発を通して、人工知能の基礎技術が発展していきました。

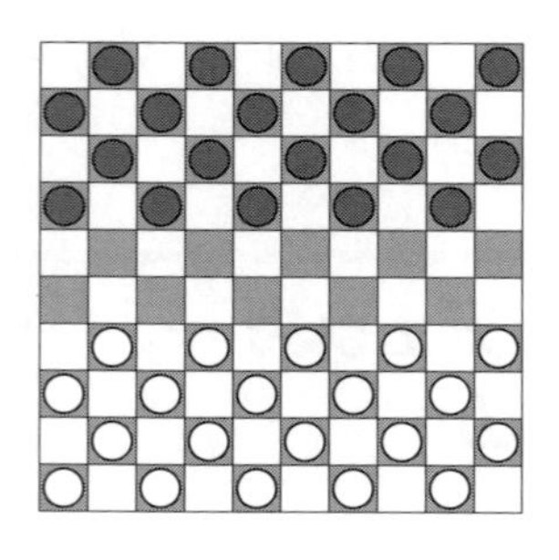

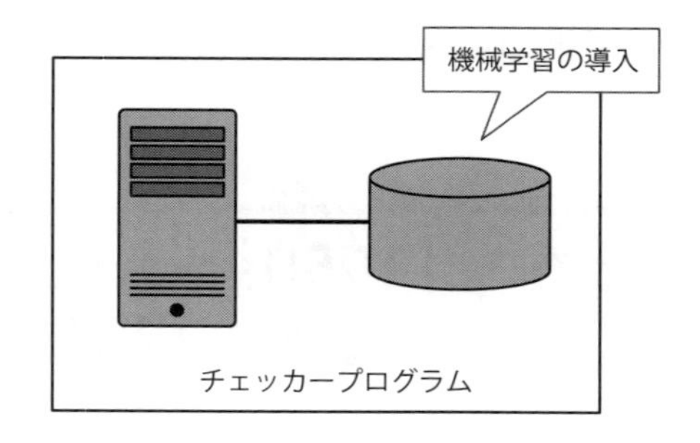

戦略知識を手作業でチェッカープログラムに埋め込むだけではなく、プログラムが機械学習を通して、よりよい戦略を獲得する枠組みを導入

●図 2.11　チェッカープログラムと機械学習

2.6.2　1990s～：チェスプログラム

チェッカーは比較的単純な内容のゲームです。これに対して、同じボードゲームでも、チェスはより複雑なゲームです。ここで「ゲームが複雑である」とは、初期配置からルールに従って盤面が変化する際に、変化しうる盤面の数がより多いことを意味します。ゲームが複雑だと、プレーヤープログラムが処理すべきデータ量が大きくなり、ゲームの盤面変化を細かく調べることが困難になります。したがって、複雑なゲームを扱うためには、より高速のコンピュータを用いて、より高度な処理アルゴリズムによるプレーヤープログラムを稼働させせなければなりません。こうした意味から、チェスプログラムの構成はチェッカープログラムのそれよりも困難な問題です。

それにもかかわらず、人工知能分野でのチェス研究は、チェッカーと同じぐらい古くから行われています。しかし、おもにコンピュータハードウェアの性能の限界から、1990 年代に至るまで人間のチャンピオンの実力に匹敵するようなコンピュータプレーヤーは出現しませんでした。

人間のチェスチャンピオンとコンピュータプレーヤーとの対戦は、1980 年代後半から始まっています。当初は人間に対して劣勢だったコンピュータプレーヤーは、1990 年代後半に入ると互角の実力を示し始めます。そして 1997 年、コンピュータプレーヤーである **DeepBlue** は、当時のチェス世界チャンピオンであるガルリ・カスパロフ（G. Kasparov）に対して、人間同士の対局と同等のルールで戦って勝利を収めました。

DeepBlueは、並列コンピュータにチェス専用探索ハードウェアを追加した、チェス専用コンピュータです。専用ハードウェアを追加することで、ソフトウェアだけでは計算スピードが不足する点を補って、大規模かつ高速な処理を実現しています。このような力ずくの探索による指し手の導出は、人間のチェスプレーヤーが行う着手決定方法とは大分異なるものだと思われます。しかし、人間の知的挙動を観察して真似るという人工知能の立場からは、チェスのよりよい手順を求めることができさえすれば、その過程が人間と似ていなくても問題にはなりません。

DeepBlueは1997年の対局後解体されたため、その後のカスパロフとの再戦はありませんでした。しかし、チェスのコンピュータプレーヤーの研究は続けられ、その後もより効率的なチェスプレーヤープログラムが開発されています。

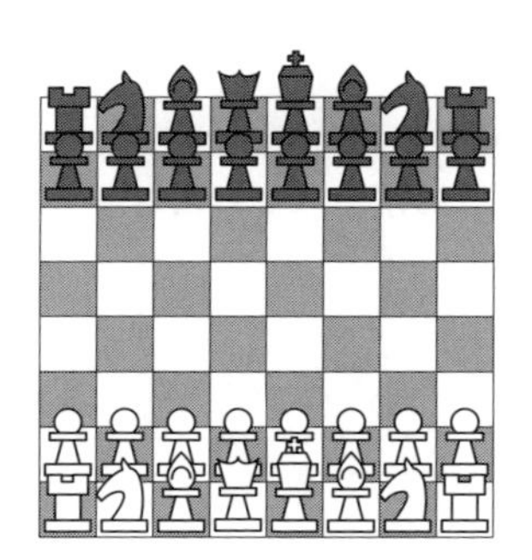

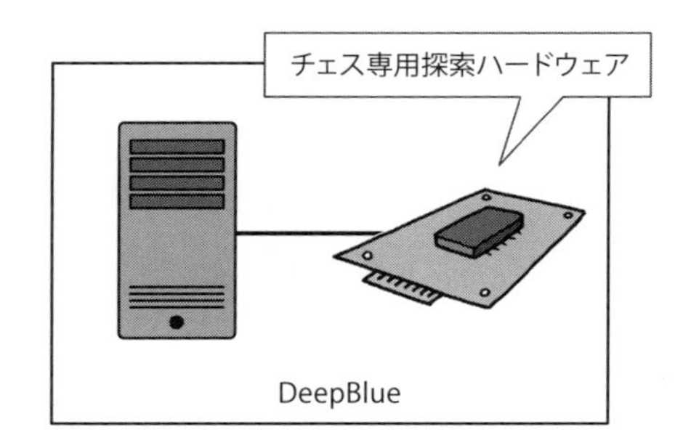

並列コンピュータにチェス専用探索ハードウェアを追加した、チェス専用コンピュータ（力ずくの探索による指し手の導出）

●図2.12　DeepBlue

2.6.3　2010s～：囲碁プログラム

ここまで、チェッカーとチェスを取り上げて、人工知能におけるゲームの研究の流れを紹介しました。次に、囲碁を取り上げます。

ここで取り上げたボードゲームのうち、ゲームの複雑さが最も著しいのは囲碁です。囲碁はチェスと比べてゲーム盤が広く、かつ、選択できる着手点がとても多いという特徴があります。このため囲碁は、チェッカーやチェス、あるいは将棋などのゲームと比べて、ゲームの複雑さが著しいという特徴があります。結果として、可能な場面展開を力ずくに探索することで解を求めるというチェッカーやチェスで有効であった手法だけでは、人間の熟練者に匹敵するような囲碁プレーヤーを構成するのは困難でした。実際、人工知能における囲碁の研究は、他のゲームの研究と比べて、成果が出るまでに時間がかかりました。

歴史的には、囲碁のコンピュータプレーヤーが人間のチャンピオンレベルとなったのは、チェスの場合の約 20 年後です。その先頭となったのは **AlphaGo** という囲碁プレーヤーソフトです。AlphaGo は 2015 年に、ヨーロッパチャンピオンである人間の二段のプロ棋士に打ち勝ちました。翌年 2016 年には、世界トップレベルの棋士の 1 人であるイ・セドルに勝利し、そして 2017 年には、その時点で世界最強の棋士と目されたカケツを破りました。

AlphaGo は機械学習、とくに深層学習の技術を用いて構成されています。AlphaGo が人間のチャンピオンに打ち勝つことができたのは、深層学習によって盤面評価システムをトレーニングし、その結果を従来の探索技術と融合した結果であると考えられます。その後 AlphaGo は、より深層学習に重点を置いた **AlphaGoZero** システムへと発展し、さらに、囲碁以外のボードゲームも学習対象とすることができる **AlphaZero** へと発展しました。

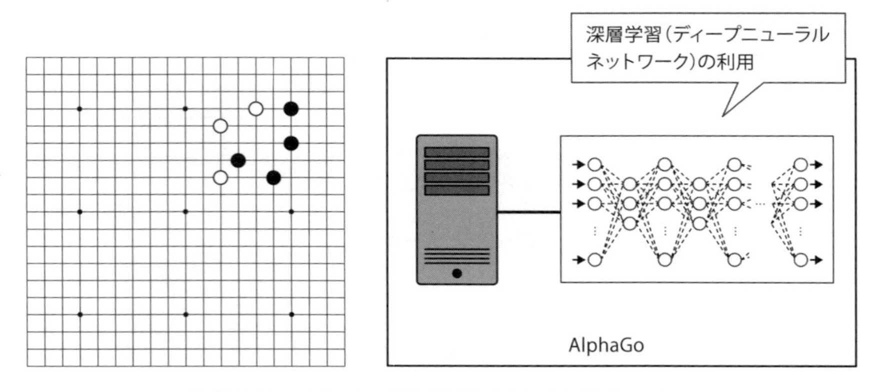

●図 2.13　AlphaGo　深層学習を応用した囲碁プレーヤー

2.7 【2010s～】深層学習の発見、ビッグデータ時代の到来

2.7.1 画像認識における深層学習によるブレークスルー

画像認識、すなわち画像になにが映っているのかを判断する技術は、画像処理の中心的課題として古くから研究されてきました。20世紀にはさまざまな手法が提案され、標準的なベンチマーク問題に対する認識正解率も徐々に向上していきます。

世界的な画像認識に関する学術的なコンテストに、**Large Scale Visual Recognition Challenge**（**ILSVRC**）という世界大会があります。ILSVRCにおいて、ある画像データセットに含まれる画像がなにかを分類する課題については、優勝システムの正解率が2010年ごろまでに7割程度となりました。精度向上の努力は継続されましたが、ある程度の正解率で頭打ちになり、数ポイントの精度向上を競い合う時期がしばらく続きます。

その硬直した状況を破ったのが、深層学習による画像認識システムです。2012年のILSVRCにおいて、**AlexNet**というシステムが、前年の優勝システムの認識率を10ポイントも改善して優勝しました。AlexNetは、**畳み込みニューラルネット**（**Convolutional Neural Network**）という種類のニューラルネットワークを利用したシステムです。

畳み込みニューラルネットは、生物の視覚神経系の構成にヒントを得たニューラルネットです。パーセプトロンのような全結合型の階層型ニューラルネットと異なり、畳み込みニューラルネットは**図2.14**に示すような特徴的な構造を有します。

同図で、畳み込み層では、小さなサイズの画像フィルタを入力画像の全域にわたって適用します。これにより、画像の特徴を強調します。続いてプーリング層において、画像を局所的に平均化することでぼかします。プーリング層を用いることで、画像の移動や回転の影響を小さくすることができます。畳み込みニューラルネットでは、畳み込み層とプーリング層を何層も重ねることで、画像の特徴を抽出します。

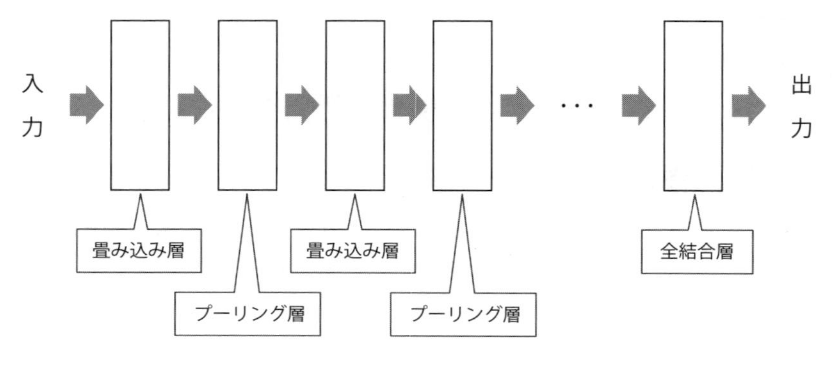

●図 2.14　畳み込みニューラルネット

同図の畳み込みニューラルネットのような多階層ニューラルネットは、**ディープニューラルネットワーク**（**deep neural network**）と呼ばれます。また、ディープニューラルネットワークを用いた機械学習を、深層学習あるいは**ディープラーニング**（**deep learning**）と呼びます。2012 年のブレークスルーは、深層学習の有効性を示したものとして、画像認識および人工知能の研究者たちに受け入れられました。その後、ILSVRC では深層学習を応用した手法が次々と発表されます。その結果として、人工知能システムの画像分類能力は、人間と同程度あるいはそれを上回るほどのレベルとなりました。

2.7.2　深層学習とビッグデータ

AlexNet の成功により、画像認識の世界では深層学習による画像認識の研究が進められ、結果として深層学習自体の研究も発展しました。深層学習は画像認識専用の手法ではなく、たとえば畳み込みニューラルネットは、さまざまな分野に対して適用可能です。

ちょうどこのころ、インターネットを前提とした**ビッグデータ**（**big data**）の処理技術が求められていました。そこで、深層学習を、画像認識以外のさまざまなビッグデータ解析に役立てようという動きが生じました。

ビッグデータとは、インターネット上の数多くの端末やセンサからのデータを集積した巨大なデータのことです。インターネットの発展と、**IoT**（**Internet of Things**）によるセンサネットワークの発展により、さまざまな種類のビッグデータが蓄積されつつあります。一般に、ビッグデータはその規模が大きく内容も複雑であるため、従来の解析手法では解析が難しいとされています。

ビッグデータは大規模で複雑なデータですから、それを表現するモデルも大規模で複雑である必要があります。そこで、深層学習を用いてビッグデータを扱うことで、ディープニューラルネットワークを用いたモデル化を行おうとするトレンドが生まれました（**図 2.15**）

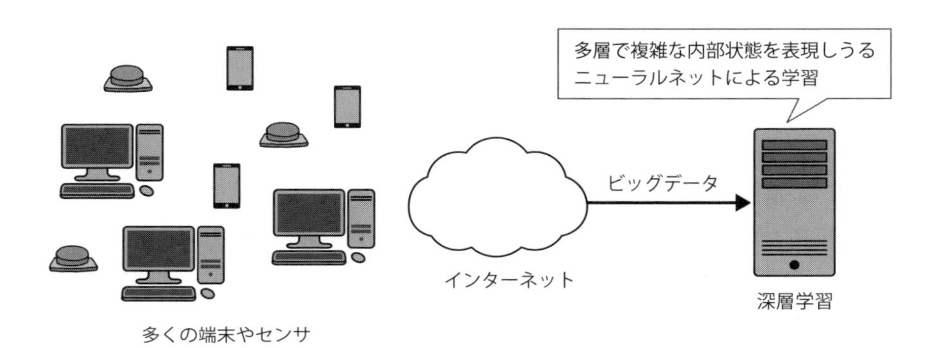

●図 2.15　ビッグデータと深層学習

現在、深層学習は画像認識だけでなく、さまざまな領域に対して応用されています。たとえば、自然言語処理では、文の解析や生成において深層学習を用いる手法が開発されています。筆記された文に対する適用だけでなく、音声データを入力とした音声認識に深層学習を応用する事例も報告されています。

また、制御に深層学習を適用することで、従来は不可能であったレベルの制御能力を発揮することが可能な制御システムを構築した例や、先に示したAlphaGoのようにゲームに深層学習を適用した例など、さまざまな事例が報告されています。

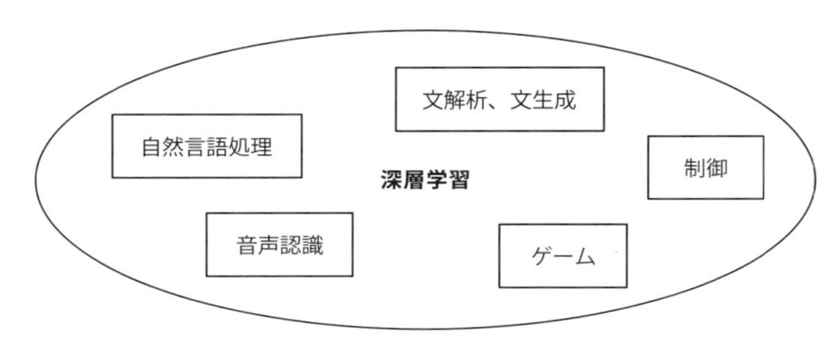

●図 2.16　深層学習の応用

2.8 かつて人工知能だったシステム — コンパイラ、かな漢字変換

人工知能研究の世界には、ある分野の研究が成熟すると、その分野の研究が人工知能から独立して、新たな分野を構成するという伝統があります。ここではそうしたもののうちから、コンパイラと、かな漢字変換を取り上げて説明します。

2.8.1 コンパイラ

コンパイラ（compiler）は、プログラミング言語で記述されたソースコードを、機械語プログラムに自動変換するプログラムです（**図 2.17**）。要するに、人間が書いたプログラムをコンピュータに理解してもらうための翻訳機のようなもの、と考えてください。コンピュータが発明された 1940 年代には、プログラムは機械語で記述するのが当然でした。その後、ソフトウェア開発の生産性を高めるために、**FORTRAN** や **COBOL** といったプログラミング言語が開発され、それらの言語を処理するコンパイラが実装されました。

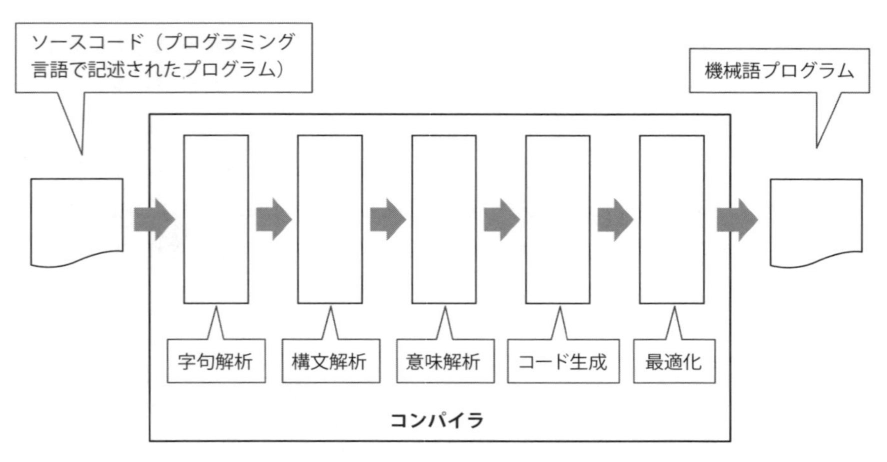

●図 2.17　コンパイラのしくみ

コンパイラがソースコードを機械語プログラムに変換する過程では、ソースコードの表層的な記号表現から意味を読み取り、その意味に対応する機械語プログラムを生成する必要があります。この過程は、自然言語処理とよく似ています。このため、

自然言語処理の枠組みをプログラミング言語の処理に導入することができるので、字句解析や構文解析などの自然言語処理技術を用いてコンパイラが作成されました。

自然言語処理とコンパイラによる処理で異なる点は、自然言語の曖昧さとプログラミング言語の厳密さの違いにあります。プログラミング言語は人工言語であり、その表現と意味の対応関係は厳密に定義することが可能です。この結果、自然言語の持つ曖昧性がなくなり、プログラミング言語を曖昧性なく機械語に変換することが可能です。

コンパイラは、自然言語処理や記号処理に関する人工知能研究の知見を活かすことで構築されていますが、現在ではコンパイラの構築技法はそれ自体でひとつの分野を形成しています。言い換えれば、コンパイラ技術は人工知能から卒業して独立した技術分野を構成していると言えるでしょう。

2.8.2　かな漢字変換

かな漢字変換は、ローマ字やかなで入力された文字列を、かな漢字混じりの文字列に変換する技術です。かな漢字変換は、1970 年代後半に、日本語ワードプロセッサーの開発において実用化されました。

かな漢字変換を実現するためには、日本語の文節がどのように構成されているかという文法的知識や、自立語や付属語についての辞書的な知識が必要となります。これらを前提として、自然言語処理、とくに日本語処理の技術を用いて、入力文字列をかな漢字混じりの文字列に変換します。

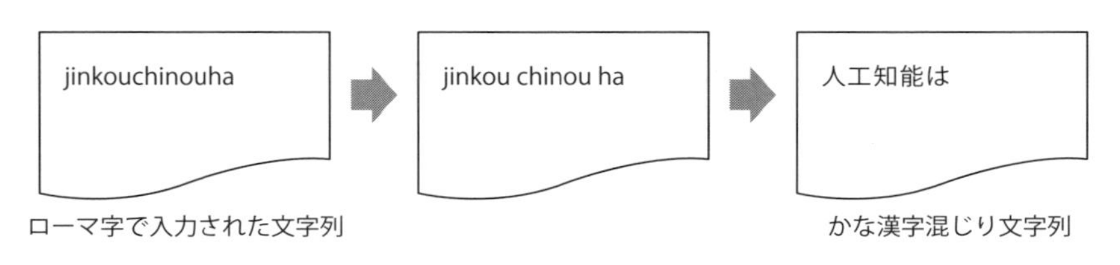

●図 2.18　かな漢字変換

当初、かな漢字変換は自然言語処理技術の一環として研究されました。現在では、かな漢字変換の技術は確立した技術として、パーソナルコンピュータだけでなくスマートフォンなどでも用いられています。こうして、かな漢字変換も人工知能から独立した技術となりました。

2.9 人工知能向けプログラミング言語の変遷

人工知能はソフトウェアの技術ですから、人工知能システムの構築にはプログラミング言語が必須です。ここでは、人工知能研究でよく用いられる言語をいくつか取り上げて紹介します。

2.9.1 LISP

人工知能研究で広く用いられた言語のうち、最も歴史が古いのは**LISP**です。LISPは、1958年、マッカーシーによって設計されました。元来LISPは、計算科学に関する理論上の記述を行うための言語として設計されましたが、のちにコンピュータ上のインタプリタ（人間が書いたプログラムを、逐次機械語に翻訳しながら実行するプログラムのこと）として実装されました。言語名は、List Processor、すなわちリスト処理器に由来します。

LISPの特徴は、記号処理の容易さにあります。LISPが開発されたのと同時期に開発されたプログラミング言語に、FORTRANとCOBOLがあります。FORTRANは科学技術計算向けのプログラミング言語であり、COBOLは事務処理向けプログラミング言語です。これらの言語は、文字や記号の処理よりも、数値の計算を主眼においた言語です。人工知能関連のプログラムでは、数値的処理だけでなく記号処理も多用するので、LISPが好んで利用されました。

LISPが人工知能プログラミングで利用された背景には、LISPがインタプリタで対話的に実行される点も挙げられます。人工知能のプログラミングでは、試行錯誤によるアルゴリズム開発がよく行われます。この場合、FORTRANやCOBOLなどコンパイラ方式の言語を用いるよりも、テレタイプ端末を介して対話的にインタプリタを操作するLISPを用いるほうが効率的です。そこで、人工知能プログラミングではLISPがよく利用されたのです。

```
1 (defun yoko ()  ;関数定義
2 ;大域変数の設定（リスト構造）
3 (setq tree '(("S[]"  "A[S]" "B[S]" "D[S]")
4              ("A[S]" "C[A]")
5              ("B[S]" "E[B]" "F[B]")
```

LISPの特徴
- 記号処理が容易
- インタプリタによる対話的プログラミングが可能

```
 6                ("D[S]" "C[D]" "H[D]")
 7                ("H[D]" "F[H]" "G[H]")
 8               )
 9  )
10
11  ;#0  初期設定
12  (let ((openlist) (closedlist) (A) (Pa))) ;リストの代入
    ・・・
```

●図 2.19 LISP の記述例

2.9.2 Prolog

Prolog は、論理学における一階述語論理をベースとしたプログラミング言語です。このため、Prolog は論理型言語に分類されます。言語名の Prolog は、Programming in Logic に由来します。

Prolog が開発されたのは 1970 年代です。用途として、数理論理学での利用や、データベースシステムの構築、そして人工知能分野における論理に基づくプログラミングなどが挙げられます。論理型言語は、1980 年代に日本で進められた第五世代コンピュータプロジェクトにおいても取り上げられ、同プロジェクトの成果物として論理型言語 **ESP** が開発されました。

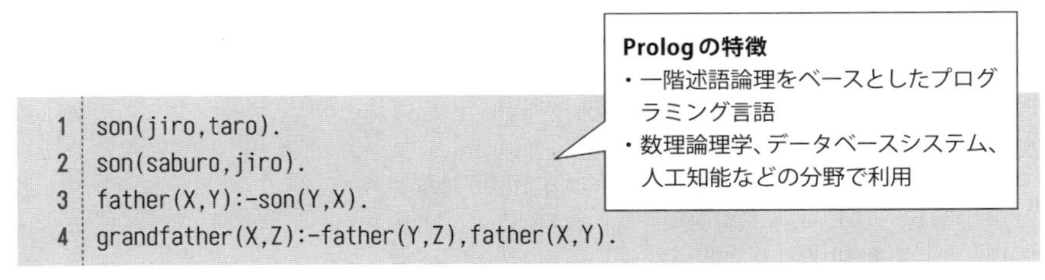


```
1  son(jiro,taro).
2  son(saburo,jiro).
3  father(X,Y):-son(Y,X).
4  grandfather(X,Z):-father(Y,Z),father(X,Y).
```

●図 2.20 Prolog の記述例

2.9.3 Python

Python は 1990 年代に登場した、比較的新しいプログラミング言語です。LISP や Prolog と異なり、C や C++、Java などの**手続き型言語**[*1] の流れを汲んだプログラミング言語です。プログラムが書きやすく読みやすい特徴があり、さまざまな種類のライブラリ（よく使う機能をまとめて使いやすくしたプログラムの集合のこと）が

＊1 **手続き型言語** 処理手順を手続きとして記述し、手続きを積み上げることでプログラム全体を構成するのに適したプログラミング言語。

あらかじめ用意されているので、プログラム開発が容易です。言語名の Python は、イギリスのコメディ集団である Monty Python's Flying Circus に由来します。

Python は汎用のプログラミング言語であり、人工知能専用のプログラミング言語ではありません。しかし、人工知能分野でも広く利用されており、主要な人工知能アルゴリズムに対しては、処理プログラムの雛型となるライブラリも多数開発されています。とくに深層学習分野では、Python は標準プラットホームとしての地位を確立しています。

本書では、人工知能分野において Python が広く使われていることを踏まえて、Python による演習問題を各章末に設けています。本書内では Python の基本的な文法の解説は行いませんが、解答としてプログラム例を掲載しています。人工知能分野のプログラムの実装を行いたい方は、ぜひ取り組んでみてください。

Pythonの特徴
- プログラムが書きやすく読みやすい
- さまざまな種類のライブラリがあらかじめ用意されている
- 人工知能分野でも広く利用されており、とくに深層学習分野では標準プラットホームとして利用されている

```
 1 # forward()関数
 2 def forward(wh,wo,hi,e):
 3     """順方向の計算"""
 4     # hiの計算
 5     for i in range(HIDDENNO):
 6         u = 0.0
 7         for j in range(INPUTNO):
 8             u += e[j] * wh[i][j]
 9         u -= wh[i][INPUTNO] # しきい値の処理
10         hi[i] = f(u)
11     # 出力oの計算
12     o=0.0
13     for i in range(HIDDENNO):
14         o += hi[i] * wo[i]
15     o -= wo[HIDDENNO] # しきい値の処理
16     return f(o)
17 # forward()関数の終わり
```

●図 2.21　Python の記述例

章末問題

Pythonを用いて、ワイゼンバウムのELIZAのようなプログラムであるdoctor.pyプログラムを作成しましょう。doctor.pyプログラムは、入力文に対して以下のように返答します。プロンプト「Dr>」に続くメッセージはプログラムからの出力であり、「あなた>」のあとに続くメッセージはプログラムへの入力です。

```
 1  Dr>私はDoctor、お話を伺います
 2  あなた>こんにちは
 3  Dr>続けてください
 4  あなた>今後の人生が心配です
 5  Dr>今後の人生は心配ですか？
 6  あなた>はい、そうなのです
 7  Dr>続けてください
 8  あなた>私には母がいます
 9  Dr>あなたのお母さんについて話してください
10  あなた>母は私に口うるさいのです
11  Dr>あなたのお母さんについて話してください
12  あなた>どうして口うるさいのでしょうか？
13  Dr>どうして口うるさいのでしょうか？、ですか・・・
14  あなた>はい、先生のご意見を伺いたいのです
15  Dr>私のことでなくあなたのことを話しましょう
16  あなた>でも、なにか意見を聞かせてください
17  Dr>私の意見を聞きたいのですか？
18  あなた>はい、そうです
19  Dr>続けてください
20  あなた>
```

doctor.pyプログラムの応答は、**表2.A**のようなルールで行われています。表2.Aを参考に、doctor.pyプログラムを作成してください。なお、表2.Aのルール以外に、定期的（5回ごと）にオウム返しで返答します。

●表2.A　doctor.pyプログラムの応答ルール

プログラムへの入力	プログラムの応答（出力）
"先生"が含まれる	"Dr>私のことでなくあなたのことを話しましょう"
"母"が含まれる	"Dr>あなたのお母さんについて話してください"
"父"が含まれる	"Dr>あなたのお父さんについて話してください"
"意見"が含まれる	"Dr>私の意見を聞きたいのですか？"
"が心配です"が含まれる	"が心配です"を、"は心配ですか？"に置き換えて返答
上記以外	"Dr>続けてください"

章末問題　解答

簡易版 ELIZA プログラムである doctor.py プログラムの実装例を**図 2.A** に示します。doctor.py プログラムでは、メイン実行部における while 文によって、問題の表 2.A に示した対応を繰り返します。while 文の繰り返しの本体では、if～elif～else の構文を利用して応答文を選択しています。

```
1  # -*- coding: utf-8 -*-
2  """
3  doctor.pyプログラム
4  簡易版ELIZAプログラム
5  使いかた　c:¥>python doctor.py
6  """
7  # モジュールのインポート
8  import re
9  
10 # 初期設定
11 LIMIT = 20    # 打ち切り回数
12 CYCLE = 5     # オウム返し回数
13 
14 # メイン実行部
15 count = 0
16 endcount = 0
17 print("Dr>私はDoctor、お話を伺います")
18 while True :  # 1行ごとにパターンを調べて返答する
19     inputline = input("あなた>")
20     if count >= CYCLE:       # オウム返し
21         print("Dr>",inputline,"、ですか・・・")
22         count = 0
23     elif re.search("先生",inputline) :
24         print("Dr>私のことでなくあなたのことを話しましょう")
25     elif re.search("母",inputline) :
26         print("Dr>あなたのお母さんについて話してください")
27     elif re.search("父",inputline) :
28         print("Dr>あなたのお父さんについて話してください")
29     elif re.search("意見",inputline) :
30         print("Dr>私の意見を聞きたいのですか？")
31     elif re.search("が心配です",inputline) :
32         print("Dr>",inputline.replace("が心配です","は心配ですか？"))
```

```
33	    else :
34	        print("Dr>続けてください")
35	    count += 1
36	    endcount += 1
37	    if endcount >= LIMIT :
38	        break
39	
40	print("Dr>それではそろそろ終了しましょう。おつかれさまでした。")
41	# doctor.pyの終わり
```

●図 2.A　doctor.py プログラム

第3章

機械学習

学習は、生物や人間の示す知的挙動のなかでも、とくに知的さの際立った挙動です。

本章では、コンピュータによる学習、すなわち機械学習の原理とさまざまな方法を説明し、実例として、k 近傍法・判断木・サポートベクターマシンを取り上げて解説します。

3.1 機械学習の原理

3.1.1 機械学習とは

生物にとっての**学習**（learning）とは、過去の経験や知識によって、よりよい方法で環境に適応する手段であると言えます。我々人間にとっての学習はとても幅が広い概念であり、我々はさまざまな局面で学習を行っています。

典型的には、学校で数学や英語などの教科を習ったり、体育でスポーツを習ったり、自動車学校で運転を習ったり、音楽の先生について歌を習ったりすることは、学習のわかりやすい例です。これらの例だけでなく、道具の使いかたに習熟したり、普段の暮らしのなかでの行動に慣れたり、はじめて会った人と会話をしたり、人間関係に失敗したことを反省したりすることも学習の成果です。これらはいずれも、過去の経験や知識を利用してよりよい方法で対象と相互作用している例であると言えます。

機械学習（machine learning）は、生物の学習のこうした側面を、コンピュータプログラムで実現する技術です。すなわち、与えられた情報に基づいてなんらかのモデルを生成し、獲得したモデルを用いてよりよい方法で環境に適応するプロセスを機械学習と呼びます（**図 3.1**）。ここで、機械学習によって生成されるモデルを**知識**（knowledge）と呼びます。

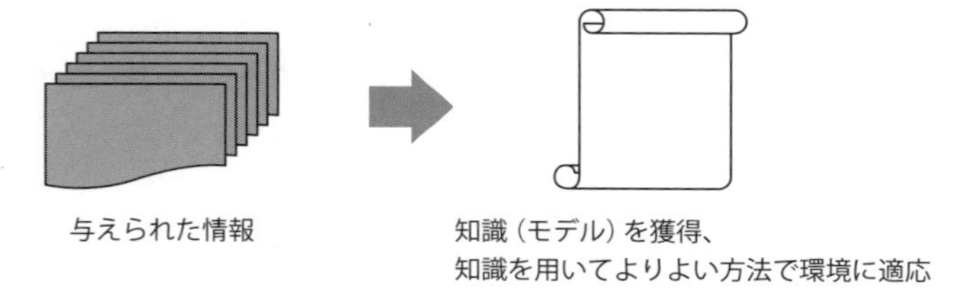

●図 3.1　機械学習

機械学習は、現代的なソフトウェアシステムではさまざまな場面で利用されています。第 1 章でも述べたように、たとえばスマートフォンで利用されている音声認識や画像認識・顔認識などのシステムでは、機械学習が応用されています。また、機械翻訳、オンラインショップの「おすすめ」機能、あるいは制御やエキスパートシステムなどへの応用など、さまざまなソフトウェアで機械学習の技術が利用されています。

一般に学習には、**演繹的学習**（deductive learning）と**帰納的学習**（inductive learning）の2種類のカテゴリが存在します。演繹的学習では、基礎的抽象的な概念から具体的な知識を導き出すことで学習を進めます。それに対して帰納的学習では、複数の具体的な事実をもとにして、学習結果である具体的知識を導きます（**図3.2**）。

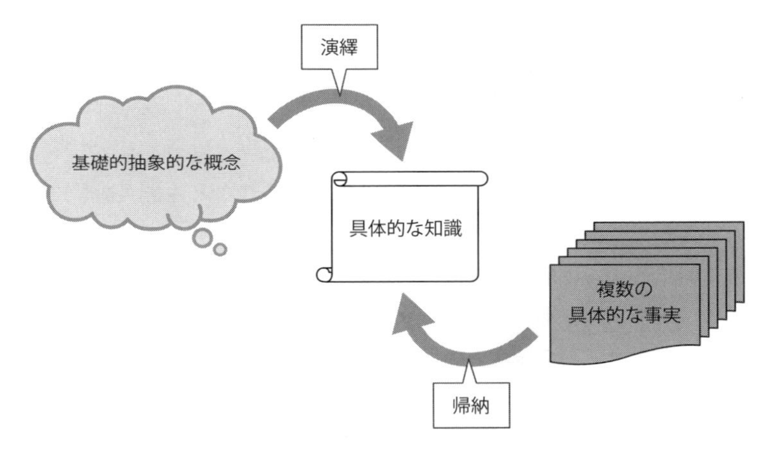

●図3.2 演繹的学習と帰納的学習

機械学習では、とくに、帰納的学習がよく用いられます。第1章に示した応用事例は、すべて帰納的学習に基づく機械学習の例です。たとえば画像認識や顔認識の例で言えば、あらかじめなにが写っているのかがわかっている画像を複数用意して、これらを学習することで認識に関する具体的な知識を獲得します。また機械翻訳の例では、翻訳元の言語の文と翻訳先の言語の文の組を用意し、その対応関係を学習します（**図3.3**）。

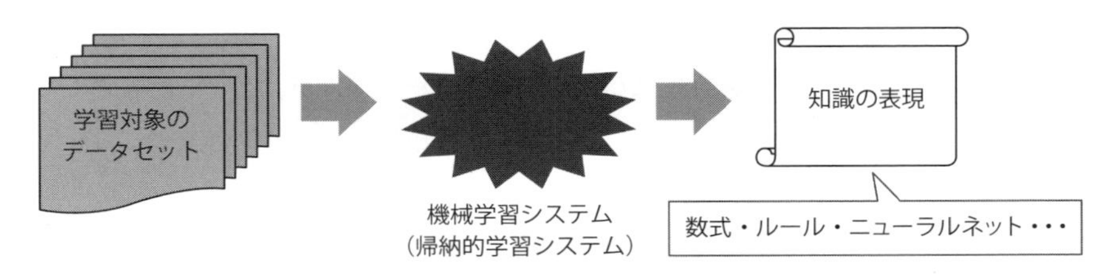

●図3.3 機械学習における帰納的学習

帰納的学習では、複数の具体的な事実から知識を導き出します。そのため、学習対象となるデータセットが必要です。学習対象となるデータセットを、**学習データセット**（**learning data set**）あるいは**訓練データセット**（**training data set**）と呼びます。

学習データセットの形式はさまざまです。たとえば数値データ、文や文章のデータ、画像や音声あるいは動画など、さまざまな形式のデータが学習対象となります。帰納的学習に基づく機械学習システムでは、これらの学習データから具体的な知識の表現を獲得します。

獲得した知識の表現もさまざまであり、たとえば数式に基づくものや、ルール表現に基づくもの、あるいはニューラルネットによるものなどさまざまな知識表現を利用することができます。

さらに、図 3.3 における機械学習システムが採用する学習手法にも、判断木やサポートベクターマシン、あるいはニューラルネットなど、さまざまな方法が提案されています。学習データの表現方法や知識表現の方法によっても最適な学習の方法は変化しますし、学習データの内容や質あるいは量によっても学習方法は変化します。このため、どのような学習方法を採用するのかは、対象とする問題ごとに人間が判断しなければなりません。

3.1.2　オッカムの剃刀とノーフリーランチ定理

帰納的学習を実施するに際し、機械学習の分野では、**オッカムの剃刀**（**Ockham's razor または Occam's razor**）と呼ばれる基本的方針が広く採用されています。オッカムは 13～14 世紀に活躍したイギリスの哲学者です。オッカムの剃刀とは、「同じことができる定理なら、なるべく単純な定理を採用することが望ましい」とする基本的方針のことを言います。

機械学習の立場からオッカムの剃刀を解釈すれば、同じ結果を与えるのであれば、学習結果として得られた知識表現はなるべく単純なほうがよい、という意味となります。このことを説明するために、たとえば、株式市場における株価変動についての知識を獲得したい場合を考えます。

学習データセットとして過去の株価の推移や市場の動向、あるいは経済指標などを機械学習システムに与えます。機械学習システムはこれらの学習データを用いて、将来の株価変動を予測するルール群を知識として学習するものとします。

このとき、ある学習手法 A を用いると、株価変動の知識 A として 10 個のルールからなる知識が得られたと仮定します。また、別の学習手法 B では、100 個のルールからなる知識 B が得られたとします。もし知識 A と知識 B が同じ程度の予測能力を有しているとしたら、より単純な知識 A を用いるべきである、とするのがオッカムの剃刀の主旨です（**図 3.4**）。

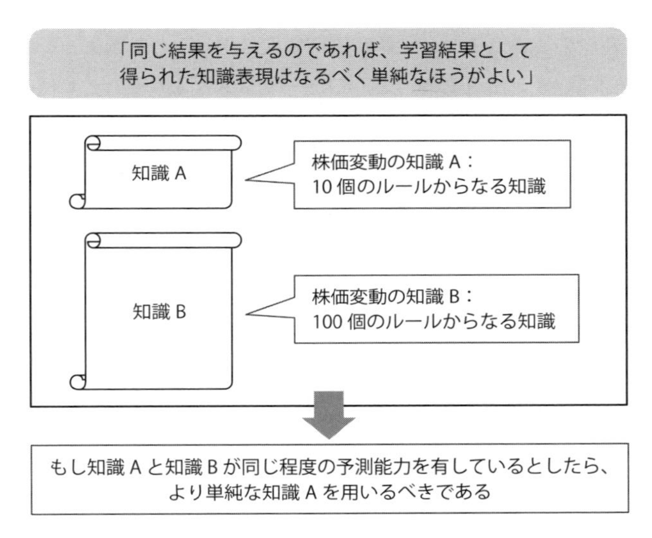

●**図 3.4**　機械学習におけるオッカムの剃刀

オッカムの剃刀は、機械学習のさまざまな局面で学習結果の評価や学習手法の比較の規範として用いられています。ただしオッカムの剃刀は、得られた知識自体の良し悪しを決めたり、学習手法の優劣を決定したりするものではありません。あくまで、同じ結果を得るのなら単純な結論を採用するほうが合理的である、ということを主張しているのに過ぎません。

さて、機械学習にはさまざまな方法があることを述べました。なぜ最良の方法ひとつだけが使われるのではなく、問題ごとにいろいろな異なる方法を適用しなければならないのでしょうか。その必要性を示すのが、**ノーフリーランチ定理**（**No Free Lunch Theorem**）です。

ノーフリーランチ定理では「帰納的な機械学習における手法の性能は、対象になりうるすべての問題についての平均を考えると、どんな手法でも同じ値となる」ことを証明しています。言い換えると、どんな学習対象に対しても常に高い性能を発揮するような都合のよい学習手法は、原理的に存在しないことを示しています。

もう少し具体的に説明します。今、学習方法 A と学習方法 B の、ふたつの機械学習の方法があったとしましょう。このふたつの学習方法を、たとえば株価の変動モデル作成に適用したとします。ある学習データセットに対してふたつの方法で学習を行い、結果として、学習方法 A による学習結果が学習方法 B によるものよりも優れていたとしましょう。

次にこのふたつの学習方法を、画像認識問題に適用したとします。この場合に株価変動モデルの例で学習方法 A のほうがパフォーマンスがよかったとしても、必ずしも学習方法 A が画像認識問題に対してよい結果を出すとは限りません。場合によっては、画像認識問題に対しては学習方法 B のほうが優れた結果を出すかもしれません。

さらに別のさまざまな問題についてふたつの学習方法を比較すると、結局、すべての場合の平均値は両者で等しくなります。これが、ノーフリーランチ定理の解釈です（**図 3.5**）。

とくに良好
ダメ
まあまあ
良好

	問題 1	問題 2	問題 3	・・・
学習方法 A	◎	×	△	
学習方法 B	×	○	○	
学習方法 C	△	△	○	
・・・				

機械学習手法の性能値は、対象になりうるすべての問題についての
平均を考えると、どんな手法でも同じ値となる

●**図 3.5**　ノーフリーランチ定理

ノーフリーランチ定理は、どんな問題にでも最高の学習性能を挙げることのできる、唯一最良の学習方法は存在しないことを証明しています。逆に言うと、学習対象の性質や学習対象データの傾向などによって、学習に適切な機械学習手法と不適切な学習手法が生じることになります。つまり、ある学習手法はある対象に有効であり、また別の学習手法は別の対象に有効であるといった具合に、手法ごとに得手不得手が存在するのです。このことから、機械学習にはさまざまな手法が用意されており、適用対象や問題によって適宜使い分けられているのです。

また、ノーフリーランチ定理は「学習対象についての先験的知識なしに闇雲に機械学習手法を適用しても、学習がうまくいくとは限らない」ことを示しています。機械学習を行う際には、対象問題の性質について十分に理解したうえで、適切な学習手法を選択しなければならないのです。

3.1.3 さまざまな機械学習

機械学習には、さまざまな手法があります。**表 3.1** に代表的な手法を示します。表 3.1 のうち、はじめのみっつの手法、すなわち、*k* 近傍法・決定木・SVM については本章で扱い、その他の手法について次章以降で扱うことにします。

●**表 3.1**　機械学習の手法（代表例）

手法の名称	説　明
k 近傍法	分類知識の学習手法。特徴空間内に配置された学習例を分類のための知識として利用する。与えられた標本からの距離が近い順に *k* 個の学習例を調べ、多数を占める学習例の所属するクラスを分類結果のクラスとする
決定木	ふたつに枝分かれした木構造（二分木）によって特徴分類手続きを記述したデータ構造。複数の特徴からその性質や分類を決定することができる
SVM	与えられたデータ群を 2 種類に分類するために、特徴空間内に配置されたデータ群に適当な変換を施したうえで、データ群を 2 種類に効率よく区分けする平面を求める手法
ニューラルネット	人工ニューロンを相互結合したネットワーク。階層型・リカレント型・全結合型など、さまざまな形式がある
深層学習	ニューラルネットのうち、とくに大規模で複雑な構造を持ったディープニューラルネットワークを用いた機械学習手法
強化学習	ある目的を達するための一連の行動知識を獲得する問題において、個々の行動ではなく一連の行動結果の良し悪しに基づいて行動知識を機械学習する手法
遺伝的アルゴリズム	生物の進化をモデル化することで、組み合わせ最適化問題の解を逐次近似的に求める手法
群知能	生物の群れの挙動をシミュレートすることで最適化問題を解く手法

3.2 機械学習の方法

ここでは、機械学習の諸手法に関連する、共通的ないくつかの概念について説明します。

3.2.1 教師あり学習、教師なし学習および強化学習

表 3.1 に示したように、機械学習にはさまざまな手法が存在します。これらは、**教師あり学習**（supervised learning）、**教師なし学習**（unsupervised learning）、**強化学習**（reinforcement learning）、およびその他の手法に大別されます。

教師あり学習は、学習対象となる**学習データセット**（training data set）に、正解

である教師データが含まれている場合に用いることのできる学習手法です。

画像認識の例で言えば、学習データセットに含まれる画像について、それぞれの画像がなにかという認識結果の正解があらかじめ与えられている場合に、画像に対して正解が得られるように学習を進めるのが教師あり学習です。

教師あり学習

図 3.6 の例では、学習データセットに含まれるイヌまたはネコの画像それぞれについて、どれがイヌでどれがネコかという教師データが与えられています。この学習データセットを用いて、未知の画像が与えられた場合にそれがイヌかネコかを判断することができる認識システムを作るのが、教師あり学習を用いた画像認識学習の目標です。なお、教師データは正解を示す概念のラベル（名札）であることから、教師データのことを単に**ラベル**と呼ぶこともあります。

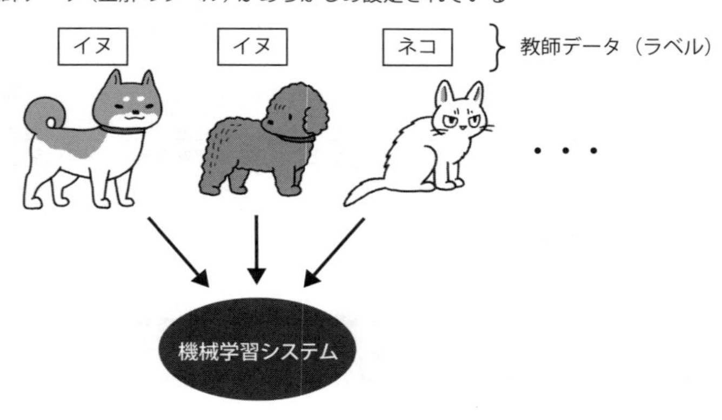

●図 3.6　教師あり学習

教師あり学習は、k 近傍法・決定木・SVM・大部分のニューラルネット・深層学習・遺伝的アルゴリズム・群知能などで実現されています。

教師なし学習

一方、教師なし学習では、学習データセットに正解となるラベルが含まれていません。教師なし学習システムは、学習データセットが与えられるとあらかじめ決められた規範に従って学習データセットを分類したり、学習データセットの持つ性質に従ってモデルを作り上げたりします。

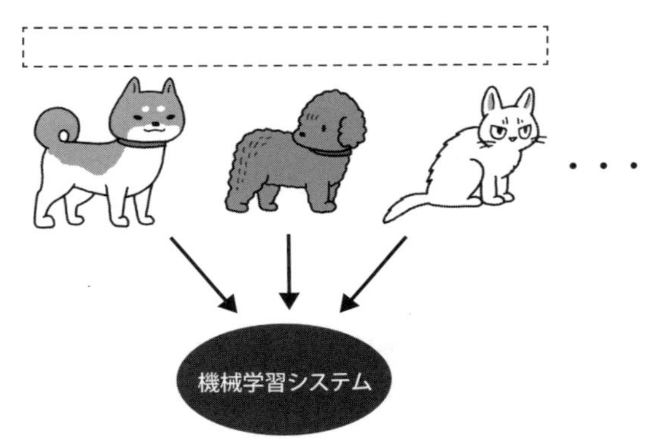

教師なし学習によって、あらかじめ決められた規範に従って学習データセットを分類したり、学習データセットの持つ性質に従ってモデルを作り上げたりする

●図 3.7　教師なし学習

教師なし学習は、自己組織化マップや自己符号化器に代表される一部のニューラルネットや、統計に基づく学習法である**クラスター分析**（**cluster analysis**）や**主成分分析**（**principal component analysis**）などで実現されています。

強化学習

第三のカテゴリである強化学習は、ロボットの行動知識やボードゲームの戦略知識の獲得のような、個々の動作についての適否は与えられないものの、一連の動作のあとの結果は教師データとして与えられるような場合に用いる学習手法です。

強化学習を、二足歩行ロボットの行動知識獲得を例に説明します。二足歩行ロボットは、両足に取りつけられたモータを適切なタイミングで制御することで歩行を実現します。したがって二足歩行ロボットの行動知識は、ある状態において次にどのようにモータに制御信号を与えるかという知識の集合で構成されます。

このような知識は、原理的には、教師あり学習によって獲得することが可能です。すなわち、二足歩行ロボットの姿勢や重心位置、あるいは関節角度などによってある状態が決められたら、その状態に対応するためのモータへの制御信号を教師データとして与えてやるのです。これを無数の状態に対して繰り返せば、歩行知識を獲得することができます。

しかし、ある状態に対応するモータへの制御信号を具体的な教師データとして与えることは、二足歩行を実現している人間にとってもかんたんなことではありません。さらに、これを無数の状態に対してひとつずつ行うとすると、大変な労力が必要です。

このような場合に、強化学習が用いられます。強化学習では、各状態に対応するモータの制御信号を教師データとする必要はありません。その代わりに、一連の動作が終了したあとに、どの程度うまく二足歩行したのかという評価値を受け取って、その評価に従って一連の動作のそれぞれを評価します。この際「一連の動作が終了する」とは、たとえば二足歩行を開始してから転倒して終了するまでの間とします。また、転倒するまでの歩行継続時間を、一連の動作全体の評価値とすることができます。強化学習では、一連の動作全体に対する評価値のことを、**報酬**（**reward**）と呼びます。

強化学習では、一連の動作を何度も繰り返すことで学習を進めます。二足歩行の例で言えば、はじめは歩行のための知識が形成されていないため、ほとんど歩行を継続することができず、報酬を得ることができません。しかし、たまたま一歩でも足を踏み出すことができれば、歩行が継続したことになり、報酬を多少得ることができるようになります。このときに、うまく足を動かすことに寄与した知識の評価が高くなります。さらに行動を繰り返すうちに、二足歩行を行うための知識の評価がどんどん高くなり、やがて安定した二足歩行が可能となって、二足歩行の行動知識学習が完成します。

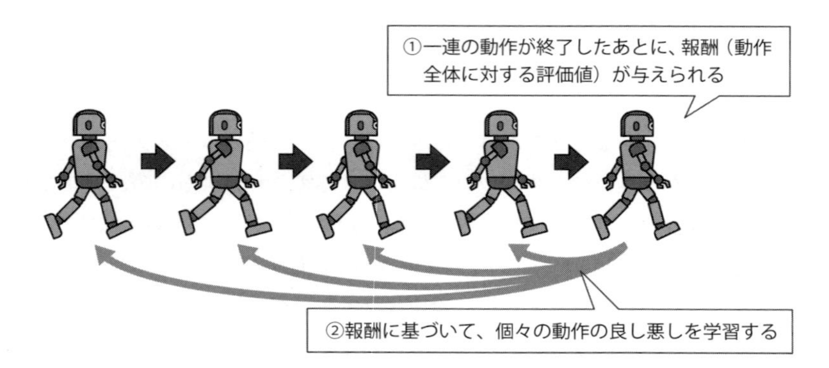

●図 3.8　強化学習（二足歩行の例）

以上、教師あり学習、教師なし学習、および強化学習のみっつのカテゴリについて説明しました。機械学習では、これらを組み合わせたような学習手法が利用されることもあります。そのなかから、半教師あり学習とマルチタスク学習について以下で説明します。

半教師あり学習（**semi supervised learning**）は、少数の教師データをもとに、教師データの存在しないデータについても教師あり学習の枠組みに取り込もうとする学習方法です。強化学習は、一連の動作から構成されるような知識について、教師あり学習における教師データ作成の問題を回避することができる学習手法でした。これに対して半教師あり学習は、教師データの付与された少数の学習データを利用して、教師データの付与されていない学習データについても教師あり学習の枠組みで学習に利用しようとする学習手法です。

半教師あり学習の基本的な挙動を**図 3.9** に示します。半教師あり学習は教師あり学習と比較して学習が難しいのですが、大規模なデータを扱う場合に用いると、教師データを付与する手間を省くことができるため有用です。半教師あり学習の応用例として、6.5 節で扱う **GAN**（Generative Adversarial Network）があります。

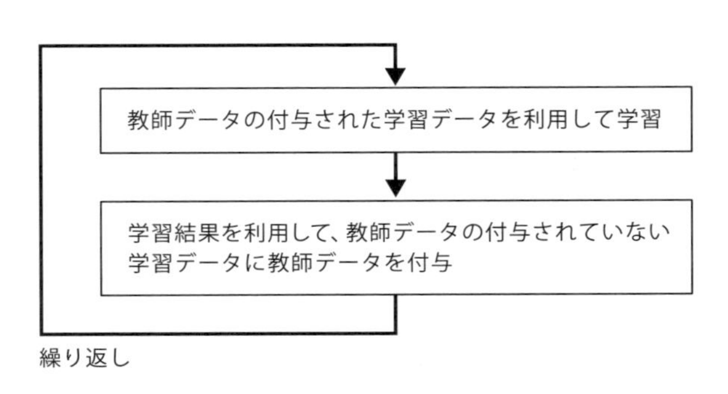

●図 3.9　半教師あり学習

マルチタスク学習は、複数の異なる対象を表現した学習データセットをまとめてひとつの機械学習システムで扱うことで学習の精度を向上させることを目指した学習方法です。

ここまでの説明では、機械学習システムの学習対象は、ある特定の狭い対象領域についての学習データセットを扱うことを前提としていました。これに対して、似てはいるものの少し性質の異なるような対象についての学習データセットをそれぞれ用意し、それらをまとめて学習するような枠組みを作ると、個々に学習を進めるよりもより高精度な学習が可能である場合があります。

たとえば、化学分野における化合物の活性を予測する問題について、個々の予測を別々に学習するより、複数の場合についてまとめて学習するほうが学習がうまく進められるとする報告があります。マルチタスク学習では、こうした場合の学習をうまく扱えるような枠組みを提供します。

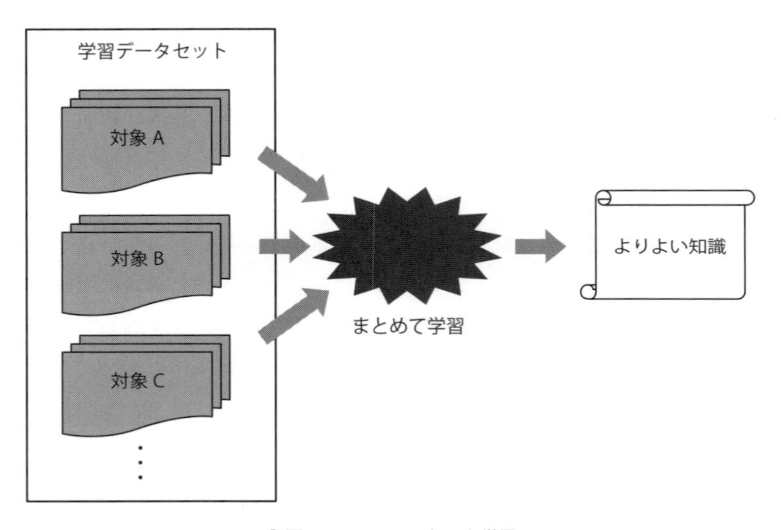

●図 3.10　マルチタスク学習

3.2.2　学習データセットと検査データセット

ここまで、学習対象となるデータ群のことを学習データセットと呼び、学習データセットに対して機械学習の手法を適用することについて説明してきました。もちろん、機械学習において、学習対象である学習データセットは必要不可欠な情報です。しかし、学習データセットだけでは機械学習は完成しません。学習結果を評価して学習結果が役に立つものであることを確認するためには、**検査データセット**（**testing data set**）が必要です。

機械学習の目的は、一般的に役に立つ知識を獲得することです。このためには、学習データセットを用いて、学習データセット全体を説明することのできる知識を獲得するとともに、獲得した知識が学習データセット以外のデータに対しても適用可能な、役に立つ知識である必要があります。前者については学習データセットのみで実施可能ですが、後者については学習データセット以外の対象データを用いて評価する必要があります。このような、学習データセットに含まれない評価用のデータセットを、**検査データセット**あるいは**テストデータセット**と呼びます（**図 3.11**）。

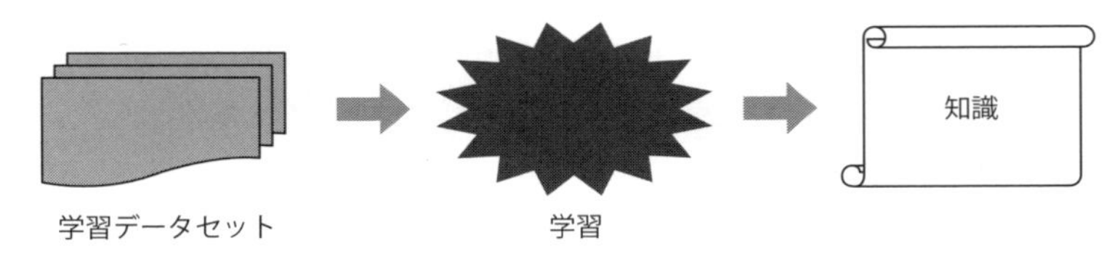

（1）学習データセットからの知識の抽出

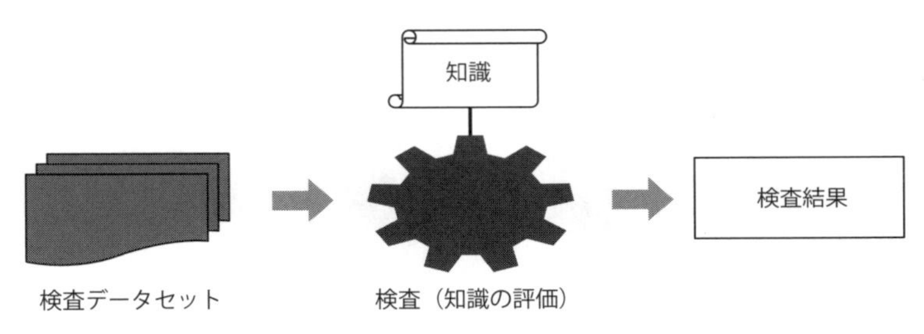

（2）検査データセットを用いた知識の評価

●図 3.11　学習データセットと検査データセット

図 3.11 で、（1）の学習段階では、さまざまな機械学習の手法を用いて学習データセットから知識を抽出します。このとき、学習データセットの利用方法の違いによって、学習過程を分類することができます。

ひとつの利用方法は、**バッチ学習**（**batch learning**）と呼ばれる方法です。バッチ学習では、学習データセットはひとまとまりのデータ集合です。学習の手続きは、与えられた学習データセットを繰り返し利用することで進められます。バッチ学習は、機械学習の基本となる学習方法です。

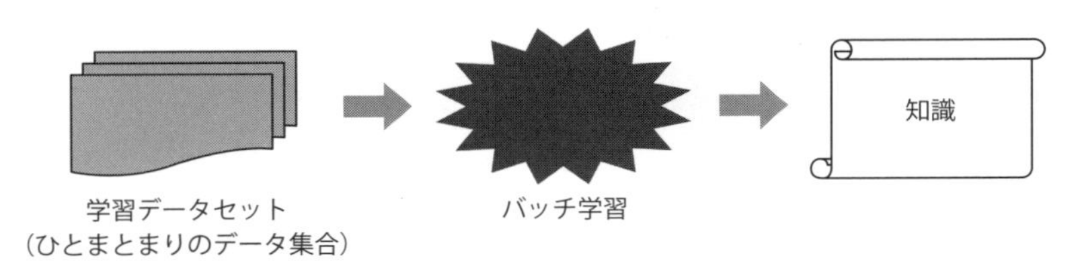

●図 3.12　バッチ学習

オンライン学習（**online learning**）はバッチ学習と異なり、学習対象データが発生する都度、ひとつずつ学習データを使って機械学習を行います。つまり、学習データの発生に伴って、逐次的に学習を進めるのがオンライン学習です。オンライン学習では、学習結果として獲得した知識を、新たな事実に合わせて逐次更新する形式で学習を進めます。このため、1 回あたりの学習にかかる手間はバッチ学習より小さく、学習のために記憶しておくべき学習データセットの大きさもバッチ学習の場合より小さくて済みます。

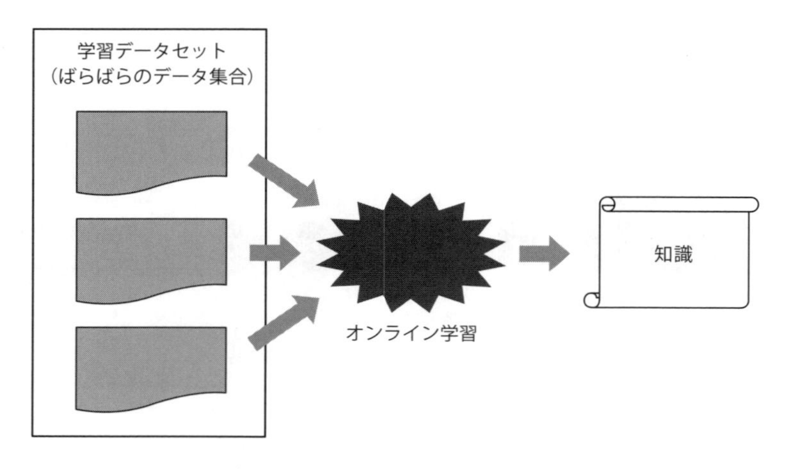

●図 3.13　オンライン学習

ミニバッチ学習（**mini batch learning**）は、バッチ学習とオンライン学習の中間のような学習方法です。すなわち、学習データセットを複数の小さなかたまりに分割します。かたまりからひとつのデータセットを取り出し、ひとつのデータセットについてバッチ学習します。次に別のデータセットを対象としてバッチ学習を繰り返し、これを全学習データセットに対して行います。

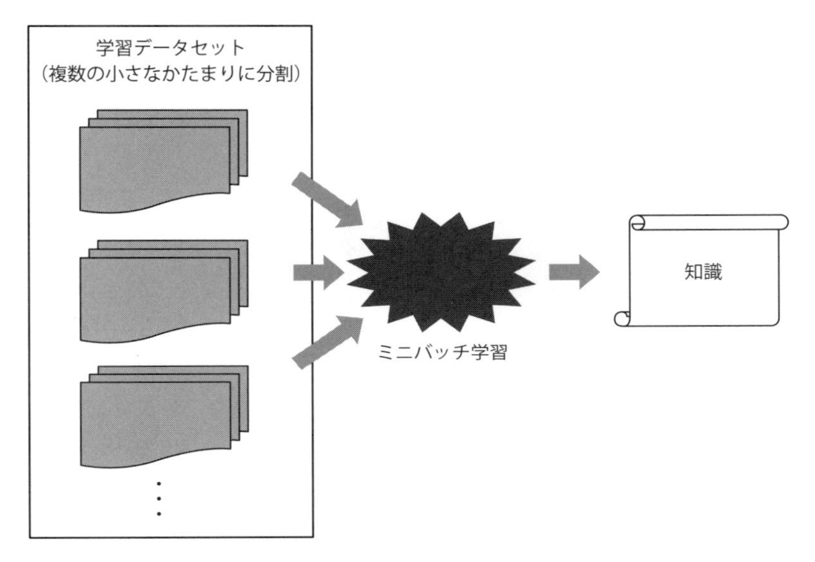

●図 3.14　ミニバッチ学習

次に、検査データセットの構成方法について考えます。学習データセットと検査データセットは、同じ対象を扱っているので同じ形式をしています。したがって、これらのデータセットを収集する際には、一般に学習用データと検査用データの区別なく収集することができます。

たとえば、株式市場における株価変動についての知識獲得の例で言えば、過去の株価の推移や市場の動向、あるいは経済指標などからなるデータセットを作成する際には、どのデータを学習に用いてどのデータを検査に用いるのかデータ収集時に決める必要はありません。そして、収集したデータから学習データセットと検査データセットを作成するのは、実際に機械学習を実施する直前でかまいません。

学習データセットと検査データセットはどのように構成すべきでしょうか。基本的には、収集したデータ群を、重複のないように 2 群に分割し、それぞれを学習データセットと検査データセットとします。ここで、両者に重複があると、学習時に検査（試験）の内容を“カンニング”していることになってしまい、学習にバイアスを生じさせてしまいます。

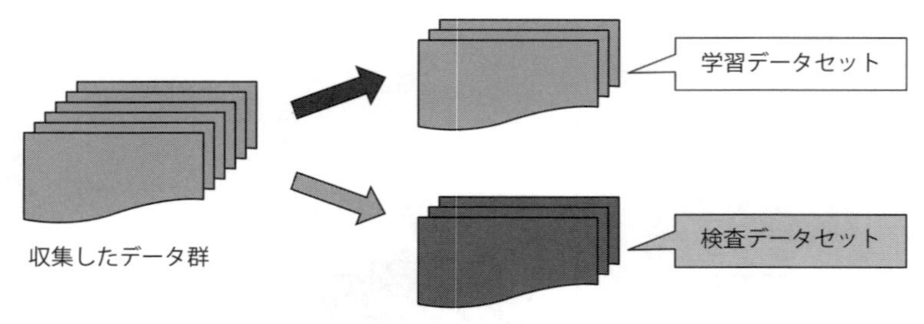

●図 3.15　学習データセットと検査データセットの分割

学習データセットと検査データセットの分割割合など、2 群に分割する際の方針については、実は対象とする問題の性質に依存し、一般的な方針を示すことはできません。たとえばランダムに一定個数を抽出して学習と検査を実施し、個数を変更して良好な結果が得られる場合を探すなど、具体的な問題ごとに異なる対応が必要となります。

学習データセットと検査データセットを分割する際、分割を固定化するのではなく、分割方法を変更しながら学習結果を検証することも可能です。たとえば、***K* 分割交差検証**（***K*-fold cross validation**）では、収集したデータ群を K 群に分けて、$K-1$ 群を学習データセットとし、残りの 1 群を検査データセットとします。これを繰り返し、得られた結果の平均を学習結果とします。

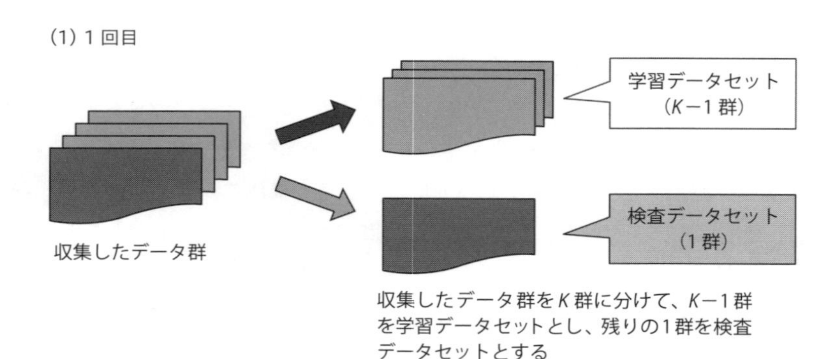

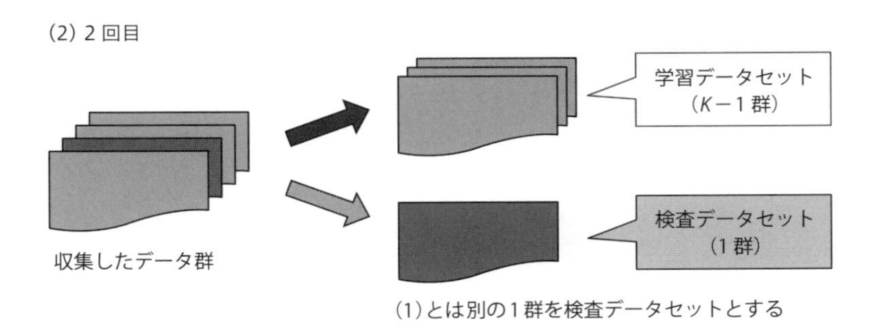

(3) 以下、上記操作を合計 K 回繰り返して、得られた結果の平均を学習結果とする

●図 3.16　K 分割交差検証

3.2.3　汎化と過学習

機械学習において、学習データセットと検査データセットは、観測によって取得されたデータ群を分割して作成します。この意味で、学習データセットと検査データセットはそれぞれ、共通の統計的性質を持ったデータの部分集合とみなすことが可能です。この前提があるので、学習データセットから得られた知識は、検査データセットに対しても適用することができるのです。

さらに、こうして得られた知識は、あらかじめ準備されたデータ群に対してだけでなく、まだ得られていないデータに対しても適用可能であることが求められます。このような、学習データセットに明示的には表れない事項について知識として獲得する能力を**汎化**（**generalization**）と言います。検査データセットによる検査の過程は、汎化の能力についても評価していることになります。

汎化と関連する概念に、**過学習**（**overfitting**）の概念があります。過学習とは、学習データセットに依存しすぎた学習を行うことで、結果として汎化性能が低下してしまいます。

過学習の例を示します。今、**図 3.17** に示すような、ふたつの変数（x, y）の間の関係についての学習データセットが与えられたとします。この変数の間の関係を、機械学習によって獲得することを考えます。

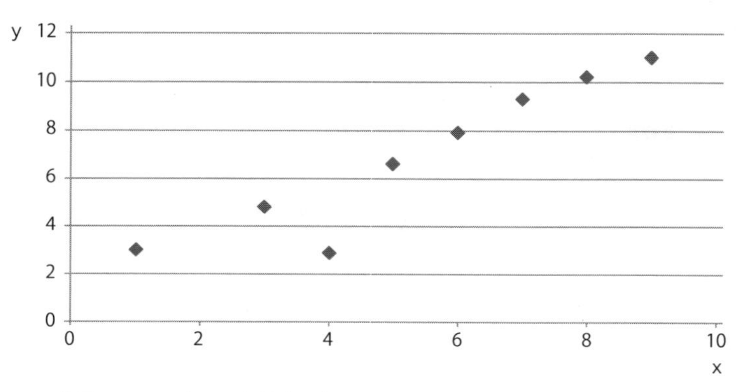

●図 3.17　ふたつの変数（x, y）の間の関係についての学習データセット

この関係を数式として表現する方法は、実は無限に考えられます。たとえば、**図 3.18** に示すように、直線関係によってデータの関係を表現することができるでしょう。

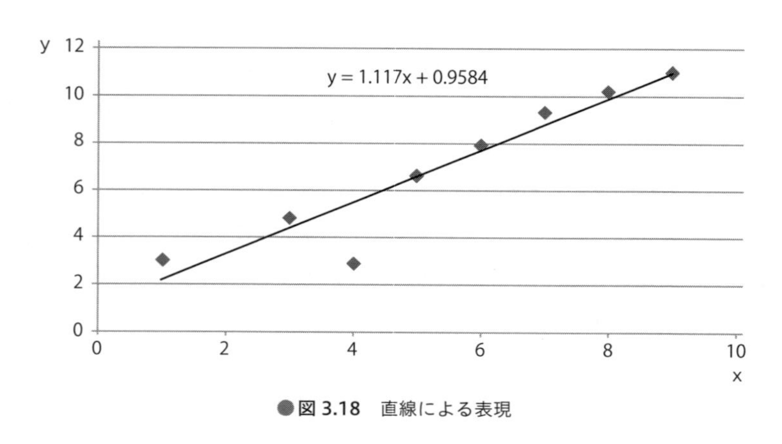

●図 3.18　直線による表現

あるいは、**図 3.19** のように、多項式によってデータの関係を表現することも可能です。

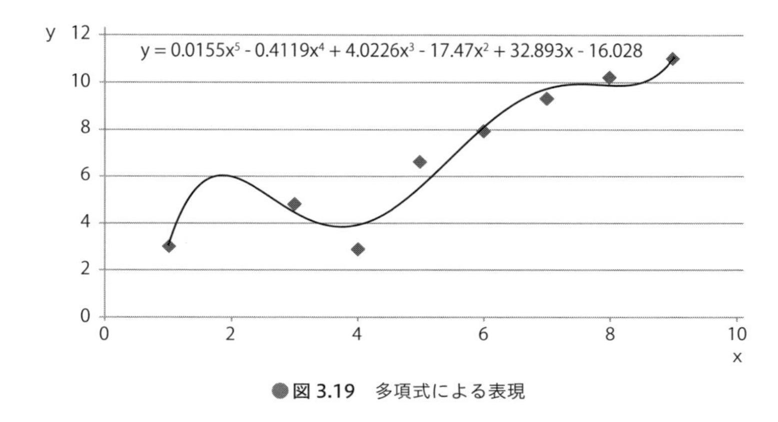

●図 3.19　多項式による表現

図 3.18 と図 3.19 を比べると、学習データセットに対する誤差の平均は図 3.19 の表現のほうが小さく、この意味からは図 3.19 の表現のほうが良好な結果となります。しかし実際には、図 3.17 で与えられた学習データセットにはノイズが含まれており、直線による表現のほうが適切な学習結果であるかもしれません。これが、過学習の一例です（**図 3.20**）。

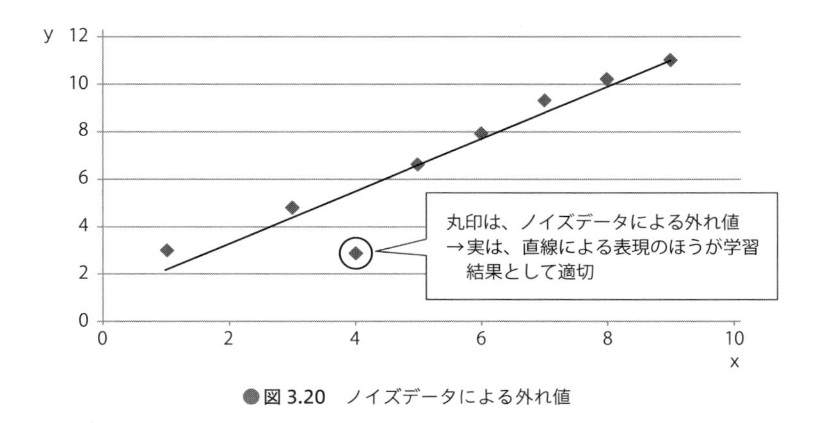

●図 3.20　ノイズデータによる外れ値

過学習が生じているかどうかは、検査データセットによる検査や、K 分割交差検証による検査などによって確かめることが可能です。また、過学習抑制のために知識表現の複雑さを制限する手法として、**正則化**（**regularization**）と呼ばれる手法を用いる場合があります。正則化は、オッカムの剃刀の原理に従って、知識表現モデルの複雑さに制限を加える手法です。

3.2.4 アンサンブル学習

アンサンブル学習（**ensemble learning**）とは、複数の機械学習手法を組み合わせて学習を実施し、その結果を統合することで学習の精度を高める手法です。**図 3.21** に、アンサンブル学習の原理を示します。

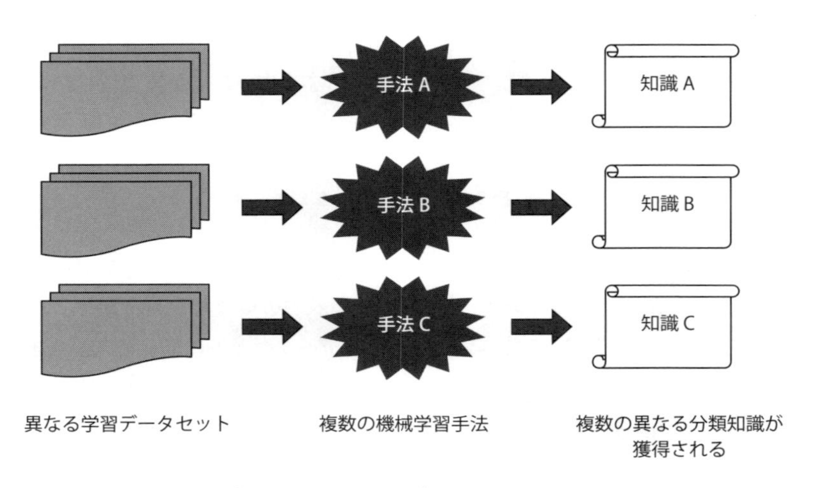

●**図 3.21**　アンサンブル学習の学習過程

図 3.21 では、入力データを分類する知識を獲得しています。複数の異なるデータセットを学習データセットとして構成し、そのそれぞれに対して、それぞれ異なる機械学習の手法を適用します。この結果、複数の入力データ分類知識が獲得されます。

これらの知識を用いて未知のデータの分類を行うと、それぞれの知識に対応した分類結果が得られます。これらの分類結果はそれぞれ矛盾するものかも知れませんが、たとえば、これらすべての結果の多数決によって最終結果を求めることで、統合された最終結果を得ます（**図 3.22**）。統合された最終結果は、複数の分類意見の多数決となります。これにより、それぞれの分類知識の得手不得手が互いに補われて、全体としてよりよい判断結果を与えることになります。この効果を得るためには、個々の分類知識の構成において、なるべく異なるデータセットを学習データセットとして構成する必要があります。

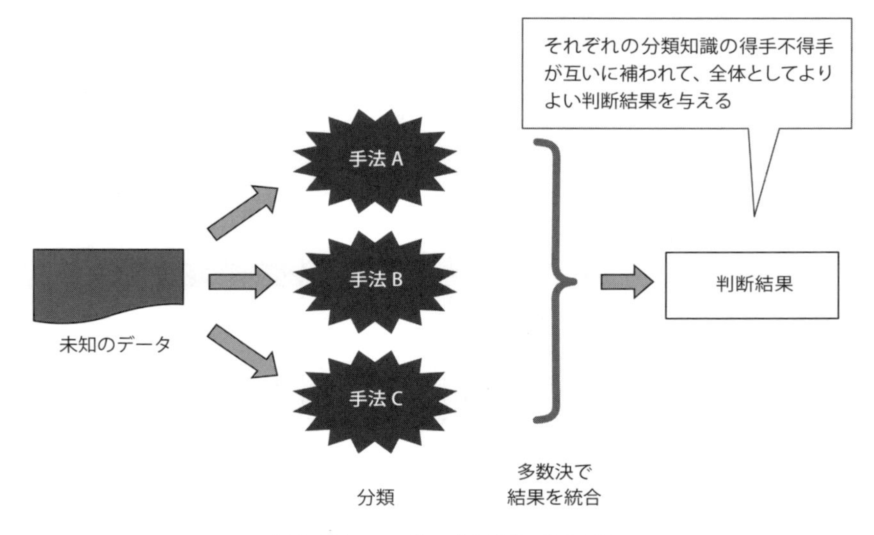

●図 3.22　アンサンブル学習の検査過程

アンサンブル学習の代表的実装例として、後述するランダムフォレストがあります。また、ニューラルネットワークの学習におけるドロップアウトは、アンサンブル学習の近似となっていることが知られています。

3.3　k 近傍法

***k* 近傍法（*k* nearest neighbor method）**は、あらかじめ与えられた実例と未知のデータの特徴を比較して、似ているものを探し出すことで未知のデータを分類するという分類法です。

k 近傍法をかんたんな実例で説明しましょう。今、椅子と机の分類を行いたいとします。椅子と机の区別ぐらいは見ればわかりそうなものですが、世のなかには、つい座りたくなる机や、メモ書きのときにメモ用紙を置くのに便利そうな椅子もありますから、椅子と机の区別は、人間にとってもそう自明な問題ではありません。

k 近傍法では、学習データセットとして実例をあらかじめ与える必要があります。また、学習データセットには、学習データの特徴を表す数値の組と、そのデータが椅子と机のどちらに分類されるのかを示したラベルであるクラスが含まれます。

表 3.2 に、椅子と机の実例からなる学習データセットを示します。同表では、特

徴量として、重心位置の高さと、上部の表面面積が与えられています。同時に、そのデータが椅子と机のどちらに分類されるのが正しいかという分類結果であるクラスが示されています。表 3.2 には、椅子が 4 個と机が 3 個の、合計 7 個の学習データが含まれています。

●**表 3.2**　*k* 近傍法による椅子と机の区別（椅子と机の区別に関する学習データセット）

重心位置の高さ（cm）	上部の表面面積（m^2）	クラス（分類結果）
30	0.3	椅子
65	2	机
40	0.1	椅子
40	1	椅子
70	0.2	椅子
50	1	机
80	2.5	机

表 3.2 について、重心位置の高さと上部の表面面積を縦横の軸として散布図として表現すると、**図 3.23** のようになります。*k* 近傍法では、これらの学習データをそのまま暗記学習します。

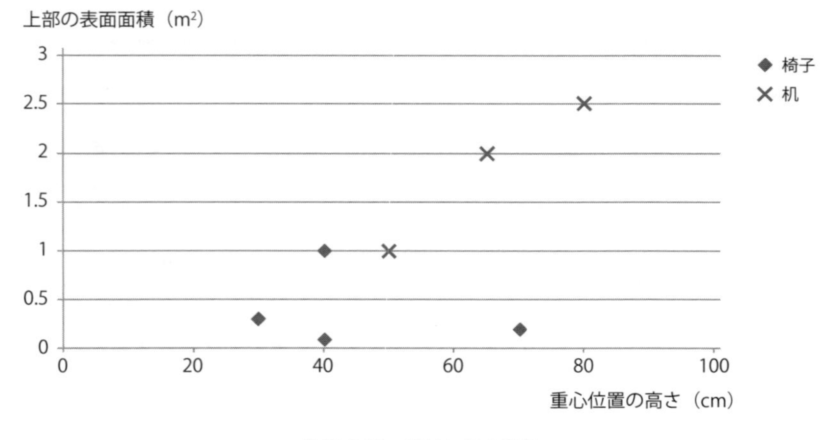

●**図 3.23**　椅子と机の分類

さて、表 3.2 の学習データセットを用いて、未知のデータの分類を試みます。未知データとして、次のようなデータが与えられた場合に、このデータの属するクラスを決定すること、言い換えれば椅子か机か区別することを考えます。

未知データ

重心位置の高さ（cm）	上部の表面面積（m^2）	クラス（分類結果）
50	0.7	?

k 近傍法では、特徴空間内で未知データに近い位置にある学習データ k 個について、それらのクラスを調べます。そして、それらの多数決によって未知データのクラスを決定します。

はじめに、k 近傍法の最もかんたんな場合である、$k=1$ の場合を考えます。$k=1$ の場合は「最も近い位置にある学習データのクラスを未知データのクラスとする」ということになります。**図 3.24** より、最も近いデータは重心位置の高さが 50cm で上部の表面面積が $1m^2$ のものです。これは表 3.2 より机に分類されています。したがって、与えられた未知データは机に分類されます。

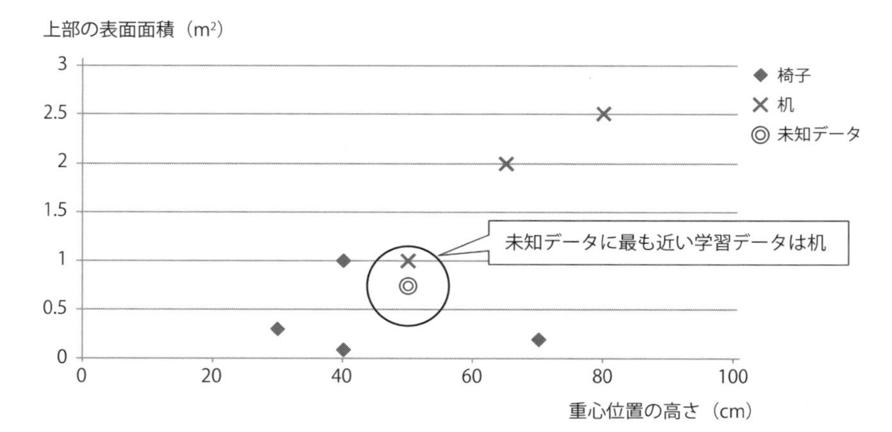

●**図 3.24**　$k=1$ の場合　未知データは机に分類される

$k=1$ とすると、学習データのちょっとしたゆらぎによって結果が大きく変わってしまう可能性があります。より安定な分類結果を得たいのであれば、k の値をもう少し大きくして比較対象を増やすべきです。そこで、$k=3$ としてみましょう（**図 3.25**）。すると今度は、近隣 3 個の学習データのうち 2 個が椅子で 1 個が机となります。この場合は、多数決で未知データは椅子と分類されます。

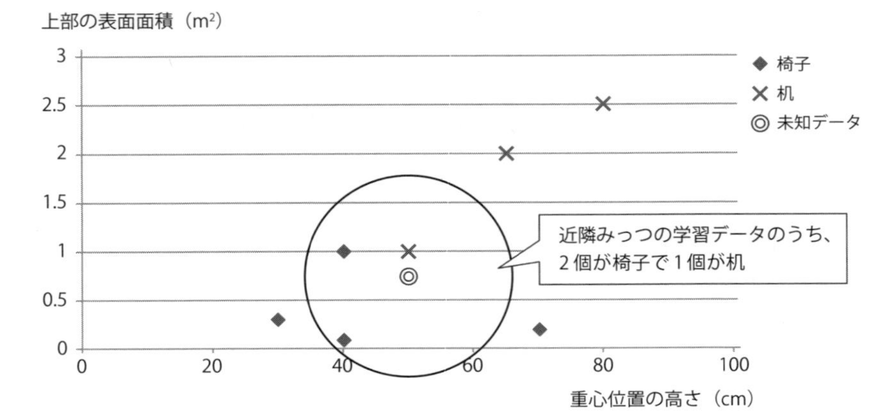

●図 3.25　$k=3$ の場合　未知データは椅子に分類される

以上の例のように、*k* 近傍法では *k* の値の選定が重要です。小さすぎるとノイズに弱くなり、大きすぎるとクラスの境界が曖昧になります。*k* の値は、問題や学習データの性質によって適宜決定する必要があります。

上記の例では、特徴を表現する数値は、重心位置の高さと上部の表面面積のふたつの数値でした。一般には、みっつ以上の数値で特徴量を表現することが可能です。距離の計算には、直感的にわかりやすいユークリッド距離の他、その他の距離尺度を用いて計算することも可能です。

k 近傍法は単純でわかりやすい手法ですが、いくつかの問題があります。まず、*k* 近傍法では学習データセットをすべて丸暗記し、すべての学習事例を記憶しておく必要があります。このため、学習精度を向上させるために学習事例を増やすと、その分、必要とするメモリの量が増加してしまいます。また、*k* 近傍法では未知データと学習データセット内のすべてのデータとの間の距離を計算する必要があります。このため、学習データセットが大きくなると、計算コストの問題が生じます。

3.4　決定木とランダムフォレスト

3.4.1　決定木

決定木（decision tree）または**判断木**は、枝分かれした木構造によって特徴分類手続きを記述した知識表現です。決定木を用いると、対象物の持つ複数の**属性**

(**attribute**) から、その性質や分類カテゴリを決定することができます。ここで属性とは、分類対象の有する特徴を記述した情報です。決定木では、属性に関する質問の答えに従って枝分かれが進み、最終的に対象物がなにかを分類することが可能です。決定木は人間にとって直感的に理解しやすい知識表現です。

図 3.26 に、決定木の例を示します。同図では、ある電子メールが迷惑メールかどうかを判定する決定木の例を示しています。ある電子メールの有する属性に従って、その電子メールが迷惑メールに分類されるかどうかを判定します。この例では、属性は以下の四つです。

- 属性 1：本文が 10 文字以上か？
- 属性 2：件名があるか？
- 属性 3：本文に他の Web ページへのリンクが含まれるか？
- 属性 4：件名に「激安」が含まれるか？

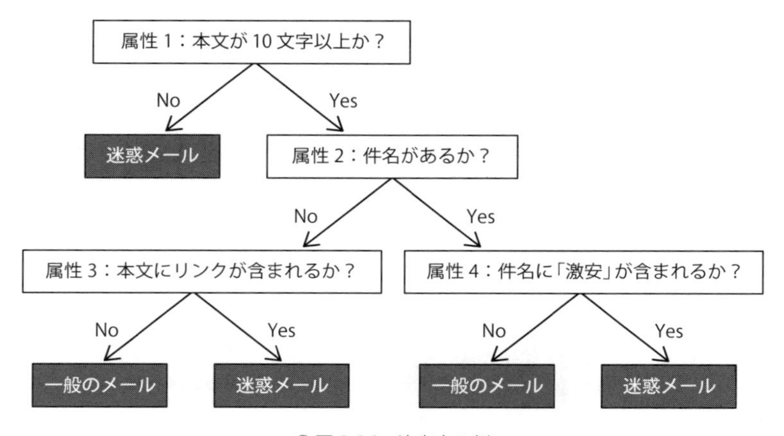

●図 3.26　決定木の例

図 3.26 を使って電子メールを分類するには、分類の対象とする電子メールの属性が必要です。たとえば、次のような属性を持った電子メールを分類するとします。

- 属性 1：本文が 10 文字以上か？　→ Yes
- 属性 2：件名があるか？　→ Yes
- 属性 3：本文にリンクが含まれるか？　→ Yes
- 属性 4：件名に「激安」が含まれるか？　→ Yes

図 3.26 の決定木を使うと、**図 3.27** のように判断を進めることで、この電子メールが迷惑メールであることがわかります。

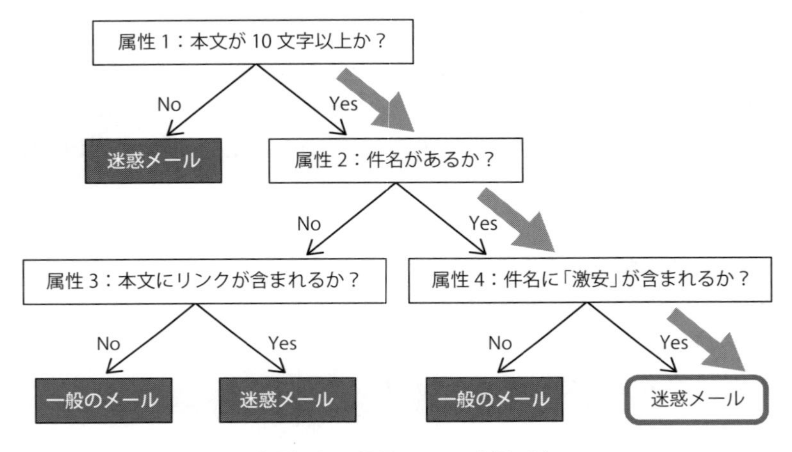

●**図 3.27**　電子メールの分類の例

その他の場合の分類例を**表 3.3** に示します。表 3.3 は、論理学における真理値表と形式がよく似ています。決定木が表現する分類知識は、実は論理式で表現することが可能です。しかし論理式と比較して、決定木は人間にとってわかりやすい表現です。

●**表 3.3**　迷惑メール分類の例

番　号	属性 1	属性 2	属性 3	属性 4	分類結果（カテゴリ）
1	Yes	Yes	Yes	No	一般のメール
2	Yes	Yes	No	Yes	迷惑メール
3	Yes	Yes	No	No	一般のメール
4	Yes	No	Yes	Yes	迷惑メール
5	Yes	No	Yes	Yes	一般のメール

学習データセットから決定木を作成する機械学習アルゴリズムを考えます。基本的には、次のような手続きを繰り返すことで決定木を獲得することができます。

決定木作成の機械学習アルゴリズム

学習データセットが空になるか、すべての要素が同一のカテゴリとなるまで以下を繰り返す

（1）適当な属性を用いて学習データセットをサブセットに分類する

（2）分類に利用できる属性がなければ、分類知識を完成できずにアルゴリズムを終了する

（3）それぞれのサブセットについて、本アルゴリズムを再帰的に適用する

上記アルゴリズムにおいて、（1）の属性選択をどのように行うかが、作成される決定木の形に影響を及ぼします。たとえば図 3.26 の例において、最初に分類に用いられるのは属性 1 です。これに対して、属性 2 が最初に用いられる決定木を作成することも可能です。この場合の決定木の例を**図 3.28** に示します。

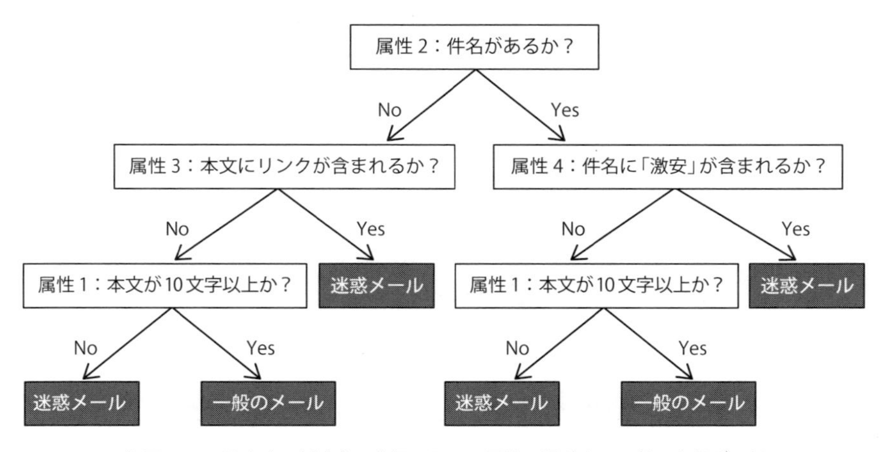

●**図 3.28**　決定木の例（2）　分類に用いる属性の順番を入れ替えた場合の例

図 3.28 の決定木は、図 3.26 の例と比較して複雑であり、分類に必要な属性値の判断数も増えています。図 3.26 と図 3.28 の決定木を比較すると、オッカムの剃刀の原則から、図 3.26 の決定木のほうが優れた表現であると言えます。このように、決定木の学習では、生成された決定木がなるべく簡潔な表現となるよう決定木を構成するべきです。

より簡潔な決定木を得るためには、一度の分類で、なるべく多くの分類対象の分

類を進めるほうが有利です。図3.26の例では、はじめの属性1による分類において、1回の検査で迷惑メールを抽出することができます。それに対して、図3.28の例では、はじめの属性2による分類を行っても、分類後の結果にはそれぞれ迷惑メールと一般のメールが混ざっているため、ただちには分類結果を得ることはできません。結果として、後者は決定木の構造が複雑になってしまいます。このように、決定木の作成にあたっては、なるべく素早く分類を進めることができるような構造を選ぶ必要があります。

3.4.2　ランダムフォレスト

決定木を構成する際、ひとつの決定木を作成するのではなく、複数の決定木を作成し、それら全体をひとつの知識として利用する方法があります。これが**ランダムフォレスト**（**random forest**）です。

ランダムフォレストでは、あらかじめ得られた学習用のデータ群からランダムにデータを抽出することで、複数の学習データセットを作成します。次に、これらの学習データセットを用いて、それぞれに対応する決定木を作成します。学習結果を利用する際には、これら複数の決定木の出力の平均を用いることで、全体の結果とします（**図3.29**）。

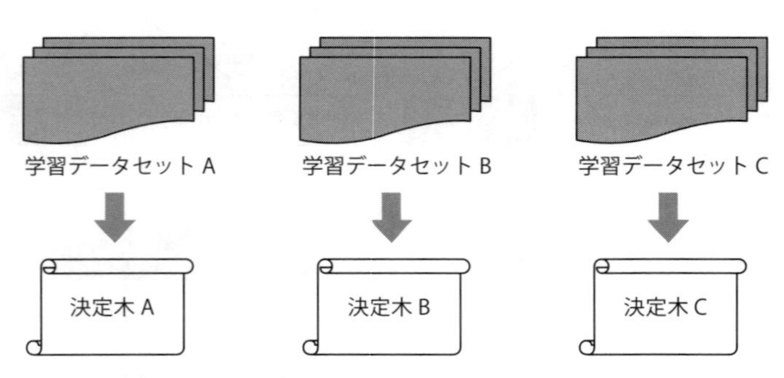

(1) 異なる学習データセットを用いて別々の決定木を学習

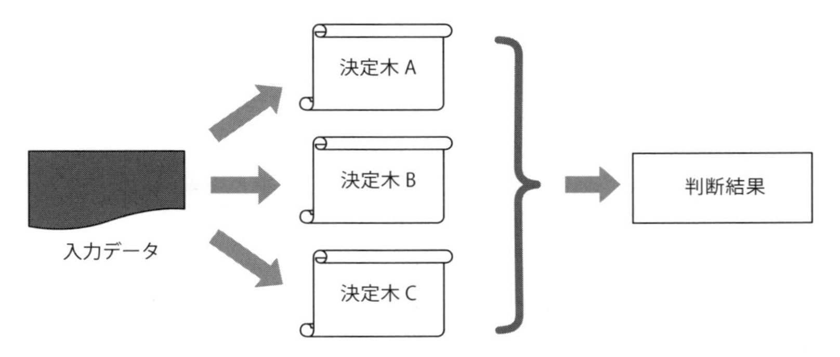

(2) 未知の入力データに対して学習結果の決定木をそれぞれ適用、出力の平均を全体の結果とする

●図 3.29 ランダムフォレスト

ランダムフォレストは、アンサンブル学習の代表的実装例です。ランダムフォレストが単独の決定木による分類よりも優れた能力を発揮するためには、ランダムフォレストを構成するそれぞれの決定木がなるべく独立であることが要求されます。このためには、学習データセットを作成する際に、それぞれのデータセットが互いに異なるよう構成する必要があります。

3.5 サポートベクターマシン（SVM）

サポートベクターマシン（**support vector machine, SVM**）は、特徴量によって対象物を分類する分類知識を得るための機械学習手法です。

サポートベクターマシンによる学習においては、まず、分類対象を特徴量によって決定される特徴空間のなかの１点として表現します。次に、分類基準に従って空間を分割する平面を決めることで分類知識を表現します。このとき、空間を分割する平面と分類対象を表現する各点との距離が最大となるように平面を決定します。この操作を**マージン最大化**と呼びます。ここでマージンとは、分類によって生じた余白のことを意味します。

サポートベクターマシンの動作を、平面を使って説明します。**図 3.30** では、ふたつの分類対象が平面上の点として表現されています。これらふたつの分類対象を、直線によって分類します。このとき、ふたつの分類対象をなるべくマージン（余白）を大きく取るよう分割する直線を求めるのがサポートベクターマシンの学習です。

ちなみに、両者を分割する直線に最も近い点を**サポートベクター**と呼びます。これは、これらの点が直線を支えている（サポートしている）かのように見えるからです。

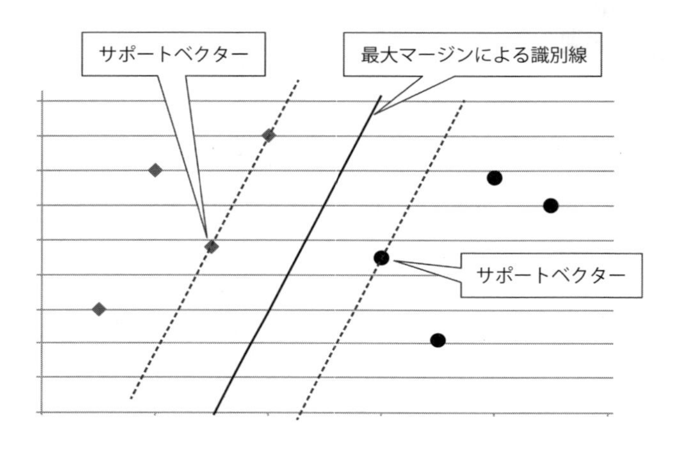

●図 3.30　マージン最大化とサポートベクター

マージンを最大化することで、分類能力が高まり、汎化能力が高まります。このことから、未知のデータに対する分類性能も向上することが期待できます。

図 3.30 の例は 2 次元の平面を直線で分割する問題でした。この例は、属性値が 2 個という、最も次元数の低い場合の例です。しかも、直線で分割するということは、属性値の線形結合によって表現される数式による分類知識を扱っているに過ぎません。

しかしサポートベクターマシンでは、より高次元の空間に分布するデータを分類する分類器を構築することも可能です。さらに、適当な写像を用いて分類対象を他の特徴空間に移すことで、非線形分類器を構築することも可能です。このとき、カーネル関数と呼ばれる関数を用いて写像を行うことで、計算量を減らすことが知られています。これを**カーネルトリック**（**Kernel Trick**）と呼びます。

章末問題

3.3 節で扱った、*k* 近傍法による分類問題を解くプログラムを Python で作成しましょう。学習データセットとして、**表 3.A** に示したデータを用います。

●**表 3.A** *k* 近傍法による分類プログラムの学習データセット

属性 1	属性 2	クラス（分類結果）
30	50	A
65	40	B
90	100	A
90	60	B
70	60	B
40	50	A
80	50	B

プログラムを実行すると、キーボードから属性を読み取り、あらかじめ与えられた例との距離を計算して、近いものから順に表示します。実行例を以下に示します。実行例で、$k=3$ とすると、入力データは A に分類されます。また、$k=5$ とすれば、今度は B に分類されます。

```
1  C:ch3>python kneighbor.py
2  分類対象の高さを入力してください:50
3  分類対象の上部表面面積を入力してください:50
4  [[40, 50, 'A'], [65, 40, 'B'], [30, 50, 'A'], [70, 60, 'B'], [80, 50,
   'B'], [90, 60, 'B'], [90, 100, 'A']]
```

章末問題　解答

k 近傍法の計算プログラムである kneighbor.py プログラムを**図 3.A** に示します。kneighbor.py プログラムでは、学習データセット itemdata の各要素と、分類対象（高さ h、上部表面面積 a）との 2 次元平面内での距離を計算し、距離の近い順に学習データセットの要素を並べ替えて出力します。

```
 1  # -*- coding: utf-8 -*-
 2  """
 3  kneighbor.pyプログラム
 4  k近傍法の計算プログラム
 5  使いかた　c:¥>python kneighbor.py
 6  """
 7  
 8  # メイン実行部
 9  # 学習データセットの定義
10  itemdata = [[30 , 50 , "A"] , [65 , 40 , "B"] ,
11              [90 , 100 , "A"] , [90 , 60 , "B"] ,
12              [70 , 60 , "B"] , [40 , 50 , "A"] ,
13              [80 , 50 , "B"]]
14  # 分類対象の入力
15  h = float(input("分類対象の高さを入力してください:"))
16  a = float(input("分類対象の上部表面面積を入力してください:"))
17  
18  # リストの整列
19  itemdata.sort(key = lambda x : (x[0] - h) ** 2 + (x[1] - a) ** 2)
20  
21  # 結果の出力
22  print(itemdata)
23  
24  # kneighbor.pyの終わり
```

●図 3.A　kneighbor.py プログラム

第4章

知識表現と推論

本章では、人工知能システムが利用する知識をプログラム上で表現する方法と、知識を組み合わせて前提条件から結論を導き出す推論の方法について扱います。

また、知識表現と推論の応用事例として、人間の専門家の行う知的行動を模擬するエキスパートシステムについて説明します。

4.1 知識表現

4.1.1 知識表現とは

一般に、人工知能システムを構成するには、人工知能プログラムが取り扱える形式で知識を表現する必要があります。この表現を**知識表現**（**knowledge representation**）と呼びます。

知識表現は、単に事実を記述することができるだけでなく、コンピュータプログラムによって効率的に取り扱えなければなりません。たとえば、インターネット上には大量のテキスト情報が公開されていますが、これらは、どこになにがあるのかを調べるだけでも一苦労です。このため、これらのテキスト情報をプログラムから効率的に取り扱うことはできず、そのままでは人工知能システムの知識表現として利用することは困難です。それに対して、適切に構造化されたデータであれば、プログラムで効率的に処理することが可能です。後者のようなデータ構造を、人工知能分野では**知識表現**と呼びます。

表 4.1 に、人工知能分野で研究されてきた代表的な知識表現の方法を示します。

●**表 4.1**　知識表現の方法

名　称	説　明
意味ネットワーク	概念のラベルをノードとし、ノード間をリンクで結んで作成したネットワークを用いて意味を表現する
フレーム	スロットと呼ぶ内部構造を持ったデータ構造であるフレームを用いて、フレームのネットワークにより意味を表現する
命題論理、述語論理	論理学における論理式を用いて意味を表現する
プロダクションシステム	前件と後件の連絡からなる if-then 形式の表現の集合によって意味を表現する

4.1.2 意味ネットワーク

意味ネットワーク（**semantic network**）は、**図 4.1** に示すようなネットワーク表現によって意味を表す知識表現方法です。同図で、丸で示したものがネットワークにおける**ノード**（**node、接点**）であり、概念のラベルです。ノードは、**リンク**（**link、枝**）で結ばれています。リンクには方向があり、矢印で方向を示します。

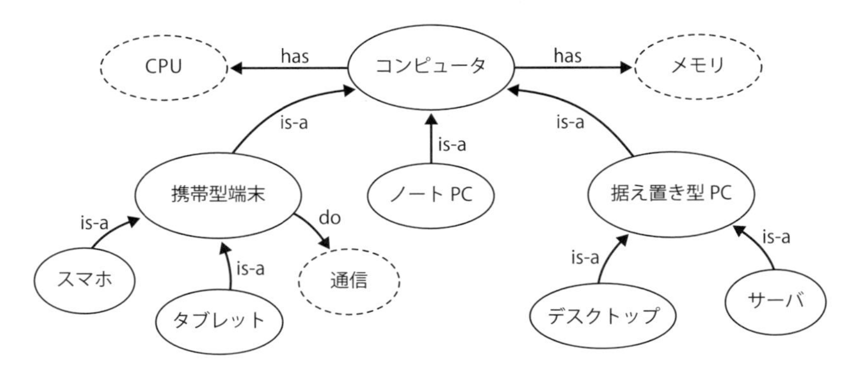

●図 4.1 意味ネットワークの例

図 4.1 で、「コンピュータ」や「携帯端末」、「ノートパソコン」などが概念のラベルを示すノードです。ここで、「コンピュータ」のノードと、「携帯端末」や「ノートパソコン」のノードは、is-a と書かれたリンクで結ばれています。これを **is-a リンク**と呼び、携帯端末やノートパソコンが、コンピュータの一種であることを意味しています。

同様に、右下の「サーバ」は「据え置き型 PC」と is-a リンクで結ばれていますから、サーバは据え置き型 PC の一種であることが示されます。さらに、「据え置き型 PC」は「コンピュータ」と is-a リンクでつながれていますから、サーバは据え置き型 PC の一種であるうえに、コンピュータの一種であることがわかります。

リンクには、is-a リンク以外にも、いくつかの種類があります。たとえば、「コンピュータ」のノードには、has と書かれたリンクによって「CPU」や「メモリ」が結びつけられています。これは、コンピュータは CPU やメモリを備えていることを表します。このように、**has リンク**は概念の属性を示すのに用います。また、「携帯型端末」のノードは、**do リンク**によって「通信」と結びつけられています。これは、携帯型端末には通信を行う機能があることを示しています。

has リンクや do リンクで与えられた属性は、is-a リンクによって下位の概念に引き継がれます。これを**継承**（**inheritance**）と呼びます。

図 4.1 の例で言えば、コンピュータが CPU やメモリを備えていれば、下位の概念である携帯端末やノートパソコン、あるいはスマホやサーバコンピュータにも CPU やメモリが備えられていることがわかります。また、携帯型端末は do リンクで通信と書かれたノードに結びつけられているので、携帯型端末の下位概念であるスマ

ホやタブレットも通信機能を有していることがわかります。

意味ネットワークを用いた推論の方法を考えます。たとえば、次の質問に答える場合を考えます。

「スマホはコンピュータですか？」

上記の問いについて、図 4.1 の意味ネットワークには直接的な記述はありません。そこで、推論の処理が必要となります。

推論によってこの問いに答えるためには、まず、「スマホ」という概念のラベルに注目します。図 4.1 から「スマホ」を探し出し、is-a リンクをたどることで、上位概念の「携帯型端末」を探し出します。さらに is-a リンクをたどって、「携帯型端末」の上位概念として「コンピュータ」を見つけます。

以上の過程から、「スマホ」は「携帯型端末」であり、「携帯型端末」は「コンピュータ」であることがわかりました。結論として、スマホはコンピュータであることがわかりましたから、質問に対する答えは「はい」となります。

同様に、次のような質問に答えることもできます。

「サーバには CPU がありますか？」

最初の例同様、概念ラベル「サーバ」には has リンクがないので直接上記質問に答えることはできません。そこで、上記の質問に答えるためには推論が必要となります。

まず、「サーバ」の上位概念を調べます。すると、is-a リンクをたどることで「据え置き型 PC」が見つかります。さらに is-a リンクをたどると、「コンピュータ」が見つかります。「コンピュータ」には has リンクがふたつあり、そのひとつは「CPU」とのリンクです。このことからサーバには CPU があることがわかり、上記質問に対して「はい」と答えることができます。

逆に、次のような質問を考えることもできます。

「コンピュータにはどのような種類がありますか？」

この質問に対しては、意味ネットワークから「コンピュータ」を探し出し、is-a リンクを逆にたどることで答えを推論できます。リンクを逆にたどって行き止まりとなるノードを見つけることで、次のように答えることができます。

「スマホ、タブレット、ノートPC、デスクトップ、サーバがあります」

意味ネットワークは、柔軟で多様な知識を表現することができます。その半面、記述方法があまりにも柔軟で多様であるため、意味ネットワークに対する一般的な知識処理の枠組みを作成するのが困難です。このため、意味ネットワークを用いた人工知能システムは、対象とする問題ごとに処理システムをひとつずつ構築しなければならないという欠点があります。

4.1.3 フレーム

表4.1の2番目の知識表現形式である**フレーム**（**frame**）は、意味ネットワークのノードに構造を導入した形式の知識表現です。フレームでは、概念を表現するノードの内部に、**スロット**（**slot**）と呼ばれる構造が存在します。スロットには値を代入することができます。たとえばスロットに対して、フレームの状態や性質に関する情報を代入することができます。フレームの表現例を**図4.2**に示します。

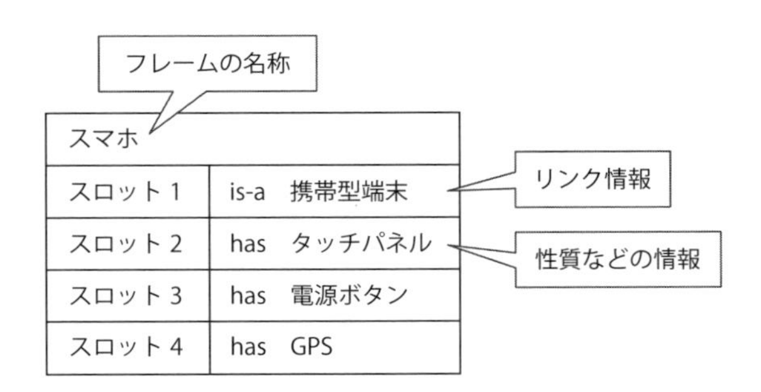

●**図4.2** フレームの表現例（スマホという名称のフレーム）

図4.2では、「スマホ」という名称のフレームを示しています。スマホフレームには四つのスロットがあり、それぞれ値が与えられています。

これらのスロットのうち、スロット1には、他のフレームとの関係を記述した値が与えられています。同図のように、「is-a 携帯型端末」という値をスロット1に与えると、「スマホ」フレームが「携帯型端末」フレームの下位概念であることが示されます。このように、スロットに適切な値を与えることで、意味ネットワークの場合と同様に、フレームのネットワークを作成することができます。

図 4.2 のスロット 2 からスロット 4 には、「スマホ」フレームの持つ性質が記入されています。すなわち、「スマホ」を構成する要素として「タッチパネル」や「電源ボタン」、「GPS」などが含まれることが記述されています。

スロットの値として、手続きを与えることも可能です。たとえば、「スマホ」フレームが新たに生成された際に、各スロットにデフォルトの値を書き込む、といった操作手続きをスロットに与えることができます。

フレームは、意味ネットワークの場合と同様に、非常に柔軟な表現能力を有します。さらに、操作手続きを繰り込むことで、動的な知識記述が可能となります。これらの特徴は利点であるとともに、意味ネットワークの場合と同様に一般的な枠組みが作りにくいという欠点にもつながります。さらに、動的な記述を許すことで記述結果の検証が極めて困難になるという側面も合わせて有することとなります。

4.1.4　プロダクションルールとプロダクションシステム

プロダクションシステム（production system）では、if-then 形式で概念の関係を表す**プロダクションルール（production rule）**を用いて知識を表現します。プロダクションルールは次のような形式のルール表現です。

if(前件部) then(後件部)

ここで、前件部には、このルールが用いられるための条件を記述します。また後件部には、前件部の条件が満たされてルールが適用された場合の状態変化や、ルール適用に伴って生じる動作を記述します。ここで、プロダクションルールの前件部が満たされてルールが適用されることを「ルールが**発火（fire）**する」と言います。

プロダクションルールによる知識表現の例を**図 4.3** に示します。

if(半導体メモリ、揮発性）then(RAM) ………………………………………… ①
if(半導体メモリ、不揮発性）then(ROM) ……………………………………… ②
if(RAM、リフレッシュ）then(DRAM) ………………………………………… ③
if(RAM、高速) then(SRAM) …………………………………………………… ④
if(ROM、書き換え不可) then(マスク ROM) ………………………………… ⑤
if(ROM、電気的に書き換え可能、小容量）then(EEPROM) ………………… ⑥
if(ROM、電気的に書き換え可能、大容量）then(フラッシュメモリ) …… ⑦

●図 4.3　プロダクションルールの記述例

図 4.3 では、半導体メモリの分類知識をプロダクションルールによって記述しています。たとえばルール①では以下のような知識を表現しています。

「半導体メモリであって揮発性のものは、RAM です」

同様に、ルール⑦では以下のような知識を表します。

「ROM で電気的に書き換え可能で大容量なものは、フラッシュメモリです」

プロダクションルールを用いた推論方法を考えます。ひとつの方法として、与えられた条件を用いてルールを次々と発火させることで結論を導く推論方法が考えられます。このように、前件部から後件部へと推論を進める方法を、**前向き推論**（**forward reasoning**）と呼びます。

図 4.4 に、図 4.3 のルールを使った前向き推論の例を示します。図 4.4 で、質問 1 では「半導体メモリのうちで、揮発性で高速なものはなんですか？」という質問の答えを推論します。質問文に含まれる条件のなかから

半導体メモリ、揮発性

のふたつを使うと、ルール①の前件部と合致し、ルール①が発火します。この結果、「半導体メモリで揮発性」のものは、「RAM」であることがわかります。次にこの結果を使って、以下を条件にルールと照合します。

RAM、高速

その結果、ルール④が発火し、「RAMで高速」なものは「SRAM」であることがわかります。すべての条件を利用し終えたので、「半導体メモリのうちで、揮発性で高速なものはSRAMです」という答えを得ることができます。図4.4の質問2も同様に、ルール②とルール⑥を順に適用することで、「半導体メモリのうちで、不揮発性で電気的に書き換え可能で小容量なものはEEPROMです」という推論を行っています。

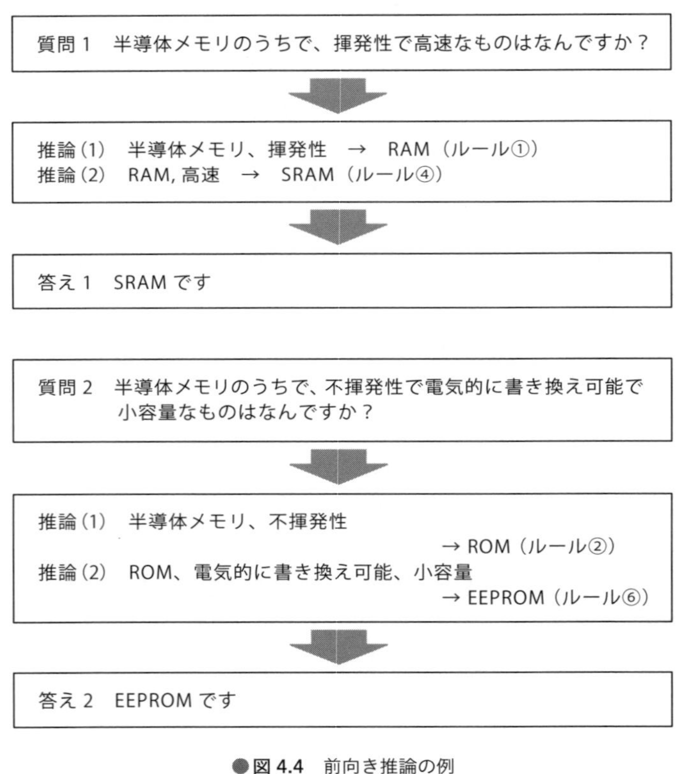

●**図4.4**　前向き推論の例

前向き推論では、前件部から後件部へと進むことで推論を行いました。プロダクションルールでは、逆向きに、後件部から前件部へと推論を進めることもできます。この方法を、**後ろ向き推論**（**backward reasoning**）と呼びます。後ろ向き推論は、ある仮定が正しいかどうかの証明を導くような推論形式です。

後ろ向き推論の例を**図4.5**に示します。質問の趣旨は、「DRAM」というものは、「揮発性、半導体メモリ、リフレッシュ」という性質を有するかどうかという内容です。これに対して、後ろ向き推論を試みます。

まず、「DRAM」を後件部に含む、ルール③を適用します。すると、ルール③の前件部から、「RAM」「リフレッシュ」という性質を得ることができます。続いて、「RAM」を後件部に含むルール①を適用することで、「半導体メモリ」「揮発性」という性質がわかります。以上を総合すると、質問の条件が満たされていることがわかり、質問に対しては「はい」と答えることができます。

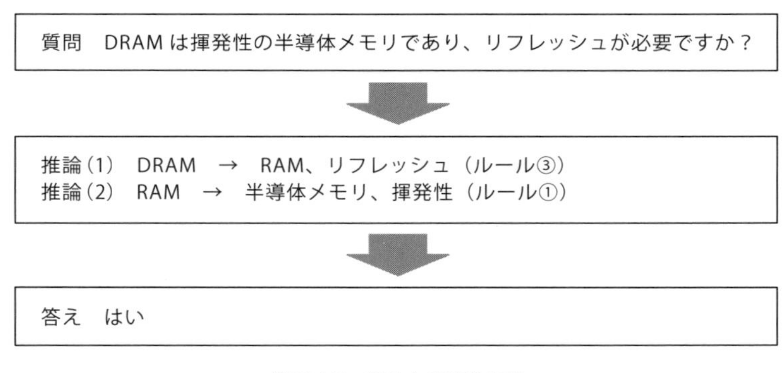

●図 4.5　後ろ向き推論の例

4.1.5　述語による知識表現

述語（**predicate**）は論理学の概念であり、ある具体的事例を与えると真偽を決定できるような記述のことを言います。人工知能の世界では、述語を用いた知識表現を利用することがあります。

述語の例を示します。たとえば、次のような述語を考えます。

computer(X)

この述語は、引数 X がコンピュータであるかどうかを判定します。computer(X) は述語なので、引数 X に具体的事例を与えることで真偽を決定することができます。たとえば、以下の式は**真**（**true, T**）です。

computer(ノート PC)

これに対して、次の式は**偽**（**false, F**）です。

computer(人間)

述語を使うと、知識を表現することができます。**図 4.6** に、述語による知識表現の例を示します。

```
extension(C++ 言語 , C 言語 )
extension(C 言語 , B 言語 )
extension(PASCAL 言語 , ALGOL 言語 )
extension(MODULA-2 言語 , PASCAL 言語 )
ancestor(Z, X):-extension(Y, Z), extension(X, Y)
```

●**図 4.6**　述語による知識表現の例

図 4.6 では、extension(X, Y) という述語を用いて、「X は Y を拡張したものです」という知識を表現しています。また、ancestor(Z, X) という述語によって、「extension(Y, Z) であり、かつ extension(X, Y) ならば、Z は X の先祖です」という知識を表します。これは、Z を拡張したのが Y であり、Y を拡張したのが X なので、逆に見ると、Z は X のおおもとになった先祖に当たる、という意味です。

ここで、「:-」という記号を使って、述語の組み合わせによるルールを記述している点にご注意ください。「:-」という記号の右側に前提を記述し、結論を左側に記述することで、プロダクションルールのような記述を行います。この記述方法は、2.9.2 項で紹介したプログラミング言語、Prolog の文法に基づいた方法です。

図 4.6 の知識を用いた推論の例を示します。たとえば、次のような問い合わせを考えます。

extension(C 言語 , X)

上記は、X の部分になにが該当するのかを問い合わせる表現です。つまり質問の意味としては、「C 言語はなにを拡張した言語ですか？」という問い合わせです。これに対する答えは知識のなかに含まれており、推論を必要とせずに次のように答えることができます。

X=B 言語

これは、「B 言語を拡張した言語です」と言う意味の答えです。

次に、「B 言語は C++ 言語の先祖ですか？」という問い合わせを、以下のような形式で記述したとします。

ancestor(B 言語 , C++ 言語)

これに対しては、**図 4.7** のようにパターンマッチングを行うことで、「はい」と答えることできます。

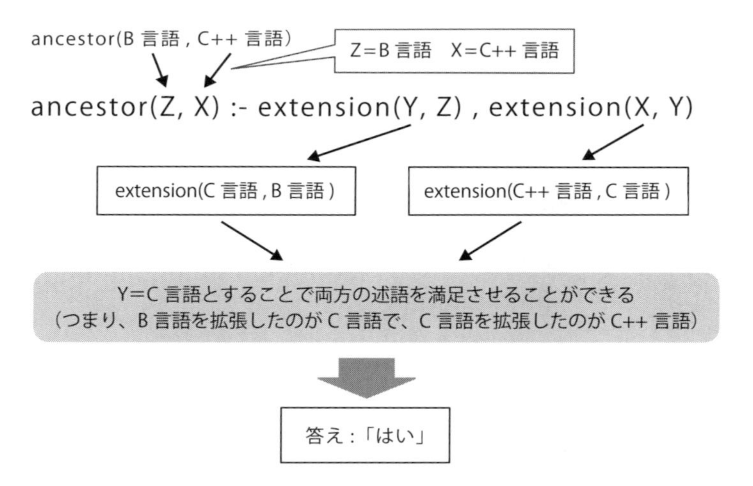

●**図 4.7**　「B 言語は C++ 言語の先祖ですか？」という問いに対する推論過程

さらに、「“ 先祖 ” の関係にあるものの組をすべて挙げてください」という問いは、次のように記述できます。

ancestor(X, Y)

ここで、X と Y には、先祖の関係となるものの組が当てはまります。この問い合わせに対して、パターンマッチングを用いた推論により、答えは次のような 2 組の組み合わせになります。

X=B 言語、Y=C++ 言語
X=ALGOL 言語、Y=MODULA−2 言語

以上のように、述語を用いた知識表現を利用すると、パターンマッチングを利用した推論を繰り返すことでさまざまな知識を得ることが可能です。

4.1.6　開世界仮説と閉世界仮説

意味表現と推論について考える際に、推論が失敗した際の対応を扱う必要があります。たとえば、図4.1の意味ネットワークにおいて、「デスクトップにはディスク装置がありますか？」という質問について推論を実行する場合を考えます。すると、「デスクトップ」や、その上位概念である「据え置き型PC」、さらにその上位に位置する「コンピュータ」のいずれを調べても、「ディスク装置」に関する記述はありません（**図4.8**）。結果として推論は失敗に終わります。

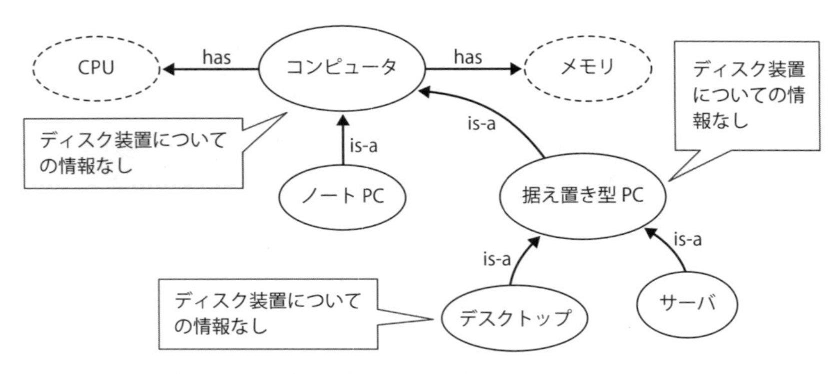

●図4.8　「デスクトップにはディスク装置がありますか？」という質問について推論を実行すると、推論に失敗する

この結果を解釈する方法は次の2通りが考えられます。ひとつは、推論に使った意味ネットワークで記述された知識は完璧なものではなく、意味ネットワークに記述された知識以外にも知識が存在する、とするものです。これを**開世界仮説**（**open world assumption**）と呼びます。開世界仮説に基づくと、推論に失敗したのは知識が不足していることが理由なので、質問に対する回答は「わかりません」となります。

もうひとつは、推論に使った知識は完全なものであり、これ以外には知識は存在しないとするものです。これを**閉世界仮説**（**closed world assumption**）と呼びます。

閉世界仮説によると、推論に失敗したのは、そのような事実が存在しないことが理由であると考え、回答は「デスクトップにはディスク装置はありません」となります。

どちらの立場を取るかは、推論システムが用いる知識表現の量や質、あるいは推論対象となる適用領域の性質などによって変わります。人間の場合にも、知らないことに対する質問に対して、知らないと答える場合以外に、およそあり得ない質問であれば断定的に否定することもあります。人間の場合と同様に、人工知能の推論システムでも、開世界仮説を採用するか閉世界仮説を採用するかについては、適宜選択が必要でしょう。

4.2 エキスパートシステム

知識表現と推論の技術を用いると、人間の専門家（エキスパート）の働きを模擬するような知識処理システムを構成することができます。このようなシステムを**エキスパートシステム**（expert system）と呼びます。以下ではエキスパートシステムの構成と実装の基礎を説明します。

4.2.1 エキスパートシステムの構成

エキスパートシステムは、知識表現の集まりである**知識ベース**（knowledge base）と、知識ベースを用いた推論を実行する**推論エンジン**（inference engine）、および推論過程を保持する一時記憶である**ワーキングメモリ**（working memory）から構成されます（**図 4.9**）。

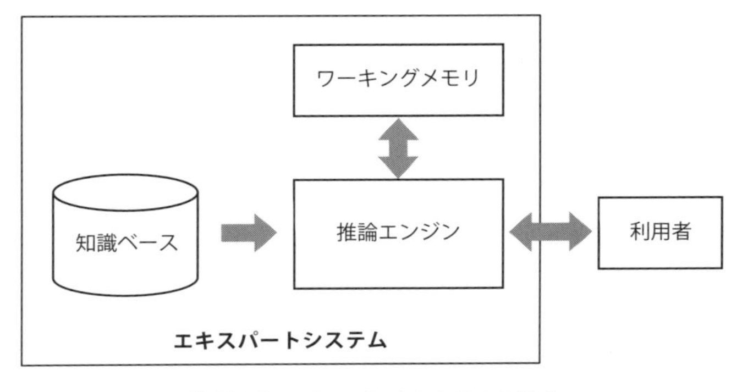

●図 4.9 エキスパートシステムの構成

知識ベースには、プロダクションルールなどで記述された知識表現が格納されます。知識ベースを構成するためには、人間の専門家の持つ知識を抽出し、プロダクションルールなどで書き下す必要があります。このような作業を実現する技術を、**知識工学**（**knowledge engineering**）と呼びます。

知識ベースができあがると、推論エンジンとワーキングメモリを用いた推論が可能になります。推論エンジンは知識ベースを参照しつつ、適宜ワーキングメモリを書き換えながら推論を進めます。推論においては、事実から結論を導く前向き推論や、ある仮定が正しいかどうかを証明する後ろ向き推論が用いられる他、前向き推論と後ろ向き推論を組み合わせたハイブリッド推論が用いられます。

4.2.2　エキスパートシステムの実装

エキスパートシステムを構築する際には、専用の構築ツールを用いるのが効率的です。有名な構築ツールに、**OPS5** があります。OPS5 は、プロダクションルールを用いた知識表現を扱うための、汎用のエキスパートシステム構築ツールです。つまり、プロダクションルールによる知識表現を交換することで、さまざまな分野に対するエキスパートシステムを構築することが可能です。

実用的なエキスパートシステムでは、多数の知識を用いた推論を繰り返すため、ルールの条件をパターンマッチにより照合する作業が多数回繰り返されます。この作業を単純に行うと、パターンマッチの処理が膨大になり、計算時間を消費します。このため、実用的なエキスパートシステムを構築するためには、推論の高速化が必須です。

このための高速化アルゴリズムとして、プロダクションシステムにおける **RETE アルゴリズム**が知られています。RETE アルゴリズムは OPS5 でも利用されているパターンマッチアルゴリズムです。

RETE アルゴリズムでは、プロダクションルールを、木構造からなる内部表現に変換し、過去に実行したパターンマッチングの結果を保存します。過去のパターンマッチングの状態を保存して無駄な照合を回避することで推論を高速化します。高速化の代償として、もとのルール表現と比較して RETE アルゴリズムで利用する内部表現は容量が増大するため、RETE アルゴリズムの実現には大量のメモリを消費します。この点を解消するためのアルゴリズム上の工夫も提案されています。

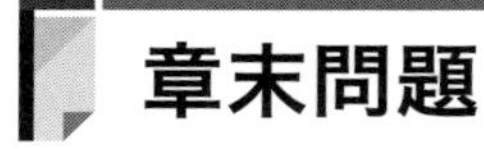

章末問題

4.1 節の図 4.1 に示した意味ネットワークについて、is-a リンクを用いた推論を行うプログラムである isa.py プログラムを Python で作成しましょう。たとえば、本文で示した「スマホはコンピュータですか？」や、「サーバはコンピュータですか？」という質問に対して、**図 4.A** のような回答を与えるようなプログラムを作成します。

```
1  「AはBですか？」という質問を扱います。AとBを入力してください
2  Aを入力：スマホ
3  Bを入力：コンピュータ
4  質問：「 スマホ は コンピュータ ですか？」
5  推論を開始します
6    スマホ は 携帯型端末 です
7    携帯型端末 は コンピュータ です
8  結論： スマホ は コンピュータ です
9  推論終了
10
11 「AはBですか？」という質問を扱います。AとBを入力してください
12 Aを入力：サーバ
13 Bを入力：コンピュータ
14 質問：「 サーバ は コンピュータ ですか？」
15 推論を開始します
16   サーバ は 据え置き型PC です
17   据え置き型PC は コンピュータ です
18 結論： サーバ は コンピュータ です
19 推論終了
```

●図 4.A　is-a リンクを用いた推論過程

また、具体的な機器名については開世界仮説を採用し、知らないことにはわからないと答えることにしましょう。たとえば、「ENIAC は コンピュータ ですか？」という質問には、**図 4.B** のようにわからないと答えます。

```
1  「AはBですか？」という質問を扱います。AとBを入力してください
2  Aを入力：ENIAC
3  Bを入力：コンピュータ
4  質問：「 ENIAC は コンピュータ ですか？」
5  推論を開始します
6   「 ENIAC 」がわかりません
```

●図 4.B　知らない機器名に対する返答

さらに、知らないカテゴリについては閉世界仮説を適用し、否定的な回答を与えることとします。たとえば、スマホが電子機器かどうか尋ねると、電子機器というカテゴリは知識に含まれませんが、**図 4.C** のように否定的に回答します。

```
1 「AはBですか？」という質問を扱います。AとBを入力してください
2 Aを入力：スマホ
3 Bを入力：電子機器
4 質問：「 スマホ は 電子機器 ですか？」
5 推論を開始します
6   スマホ は 携帯型端末 です
7   携帯型端末 は コンピュータ です
8 結論： スマホ は 電子機器 ではありません
9 推論終了
```

●**図 4.C**　知らないカテゴリに対する返答

章末問題　解答

isa.py プログラムのソースリストを**図 4.D** に示します。

isa.py プログラムでは、意味ネットワークを表現する変数である semnet は、Python の辞書として表現しています。semnet の各要素は、意味ネットワークのリンクに関する情報をそれぞれ保持します。

メイン実行部は、全体が while 文による無限ループとなっており、質問を繰り返し処理します。while ループの内部では、質問文を入力し、質問対象となる単語 A が意味ネットワークに含まれているかどうかを確認したうえで、内側の while 文によって is-a リンクを繰り返したどることで推論を進めています。

```
1 # -*- coding: utf-8 -*-
2 """
3 isa.pyプログラム
4 is-aリンクによる意味ネットワークを用いた推論
5 使いかた  c:¥>python isa.py
6 """
7 
8 # 意味ネットワークの定義
9 semnet = {
```

```
10          "携帯型端末"    : "コンピュータ" ,
11          "ノートPC"      : "コンピュータ" ,
12          "据え置き型PC" : "コンピュータ" ,
13          "スマホ"        : "携帯型端末" ,
14          "タブレット"    : "携帯型端末" ,
15          "デスクトップ" : "据え置き型PC" ,
16          "サーバ"        : "据え置き型PC" ,
17          }
18
19  # メイン実行部
20  while True :
21      # 分類対象の入力
22      print("「AはBですか？」という質問を扱います。AとBを入力してください")
23      A = input("Aを入力：")
24      B = input("Bを入力：")
25      print("質問：「",A,"は",B,"ですか？」")
26      print("推論を開始します")
27      # Aが意味ネットワークに含まれていないなら終了
28      if (A in semnet) == False :
29          print(" 「",A,"」がわかりません")
30          continue
31      # is-aリンクをたどってBを探す
32      obj = A
33      while obj != B:
34          print(" ",obj,"は",semnet[obj],"です")
35          if semnet[obj] == B :
36              print("結論：",A,"は",B,"です")
37              break
38          if (semnet[obj] in semnet) == False :
39              print("結論：",A,"は",B,"ではありません")
40              break
41          obj = semnet[obj]
42      print("推論終了¥n")
43  # isa.pyの終わり
```

●図 4.D　isa.py プログラム

第5章

ニューラルネットワーク

本章では、生物の神経系を数学的に模擬することで学習や分類などの機能を実現する、人工ニューラルネットワークについて説明します。
はじめに、人工ニューラルネットワークの構成要素である人工ニューロンについて述べ、続いて、人工ニューロンを階層的に接続した階層型ニューラルネットワークについて説明します。さらに、階層型以外の形式を有する人工ニューラルネットワークをいくつか選んで紹介します。

5.1　階層型ニューラルネットワーク

5.1.1　人工ニューラルネットワークとは

人工ニューラルネットワーク（**artificial neural network**）は、生物の神経細胞および神経細胞のネットワークの機能をシミュレートすることによって、さまざまな入出力関係を実現する計算機構です。以下では、人工ニューラルネットワークのことを単に**ニューラルネット**あるいは**ニューラルネットワーク**と呼ぶことにします。

ニューラルネットの計算機構は、生物の神経系の働きをモデルとして構成されています。ここで、生物の神経系は、**図5.1**に示す**神経細胞**（**neuron**）が互いに結合することで構成されています。

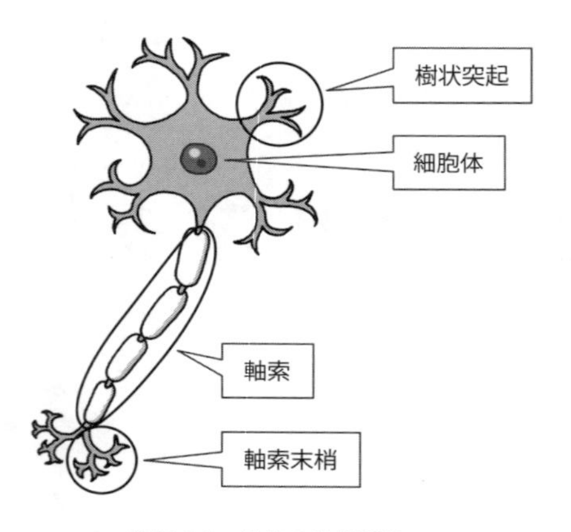

●図5.1　生物の神経細胞

図5.1で、神経細胞は、**細胞体**（**cell body**）、**樹状突起**（**dendrite**）、それに**軸索**（**axon**）などから構成されます。神経細胞は、これらの構成要素の働きを利用して、他の神経細胞から情報を受け取って処理結果を別の神経細胞に伝達します。

もう少し詳しく、神経細胞の情報伝達について説明しましょう。図5.1で、樹状突起は、他の神経細胞の軸索末梢と接触して、情報を受け取ることができます。この接触部分を**シナプス**（**synapse**）と呼びます。

樹状突起から受け取った情報は、細胞体で処理されます。その結果は軸索に伝わり、軸索末梢を通してシナプスを経由することで、さらに別の神経細胞へ伝達されます。情報が伝達された次の神経細胞でも、樹状突起から受け取った情報が処理され、シナプスを経由してまた別の神経細胞へと情報が伝わります。このように、神経細胞が多数集まってネットワークを構成したものが、生物の神経回路網です。

人工のニューラルネットワークは、生物の神経回路網をシミュレートすることで計算を実現します。すなわち、人工ニューロンは別の人工ニューロンから情報を受け取り、適当な処理を施したうえで、次段の人工ニューロンへと情報を伝達します。これを繰り返すことで、全体としてある処理を行う、人工のニューラルネットを構成します。

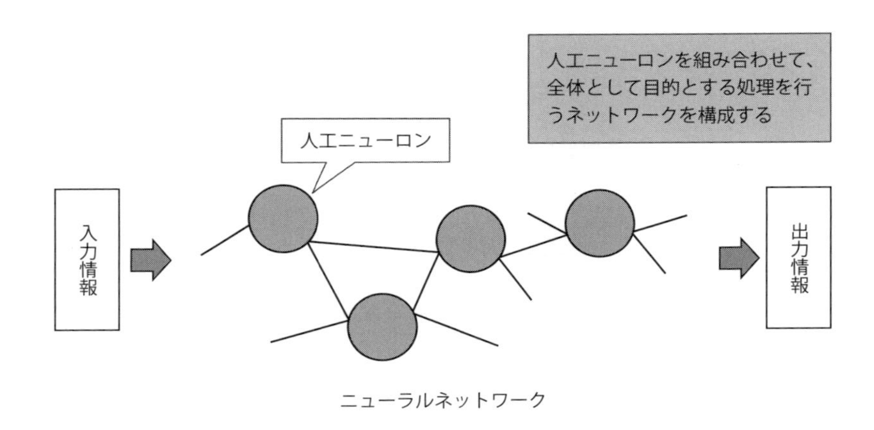

●図 5.2 人工ニューラルネットワークの構成

ニューラルネットは、入力となる情報を与えられると、ネットワークを構成する個々の人工ニューロンがそれぞれ計算を行い、後段の人工ニューロンへ計算結果を伝達します。最後に、ネットワークの出力部に配置された人工ニューロンが最終結果を出力します。このとき、ある入力に対して期待した出力が現れるようにするためには、人工ニューロンの内部パラメタを適切に設定する必要があります。このように、内部パラメタを適切に設定することでニューラルネットワークの動作を期待するものに整える操作を、**ニューラルネットワークの学習**と呼びます。

一般にニューラルネットワークでは、入力から出力を計算する過程では、その計算はかんたんで手間のかからない場合が多く、計算時間も短くて済むのが普通です。これに対して、内部パラメタを適切に設定する学習の過程では非常に大量の計算を行う必要があり、この計算には一般に膨大な計算時間が必要です。

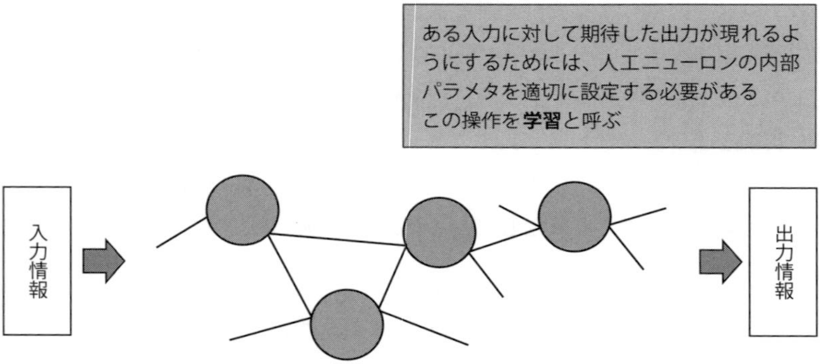

ある入力に対して期待した出力が現れるようにするためには、人工ニューロンの内部パラメタを適切に設定する必要がある
この操作を学習と呼ぶ
入力情報
出力情報
ニューラルネットワーク

●図 5.3　ニューラルネットワークの学習

5.1.2 人工ニューロン

次に、ニューラルネットワークの構成要素である、人工ニューロンのモデルを説明します。**図 5.4** に、人工ニューロンの構造と計算方法を示します。

x_1
x_2
x_n
w_1
w_2
w_n
v
z

$$u = \sum_i x_i w_i - v$$
$$z = f(u)$$

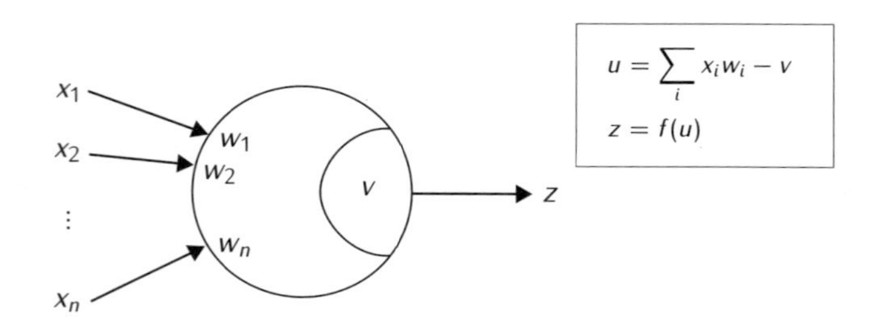

$x_1 \sim x_n$　：入力
$w_1 \sim w_n$　：重み（結合荷重とも言う）
v　：しきい値
z　：出力
f　：伝達関数（出力関数または活性化関数とも言う）

●図 5.4　人工ニューロン

人工ニューロンは、生物の神経細胞と同様に、複数の入力とひとつの出力を有し

た計算素子です。各入力には数値が与えられます。与えられた数値は、それぞれの入力ごとにあらかじめ決められたパラメタである**重み**または**結合荷重**（**weight**）と呼ばれる定数と掛け合わされ、その結果が合算されます。さらに、この合計値から**閾値**あるいは**しきい値**（**threshold**）と呼ばれる定数を引き算します。この計算結果は、図 5.4 ではuという記号で表しています。

人工ニューロンの出力は、uの値を適当な関数によって変換した結果の値となります。この関数を、**伝達関数**（**transfer function**）あるいは**出力関数**（**output function**）もしくは**活性化関数**（**activation function**）などと呼びます。

伝達関数には、用途に応じてさまざまな関数が用いられます。たとえば人工ニューロンの出力として 0 または 1 の 2 価を扱いたい場合には、**ステップ関数**（**step function**）を用いることができます（**図 5.5**）。

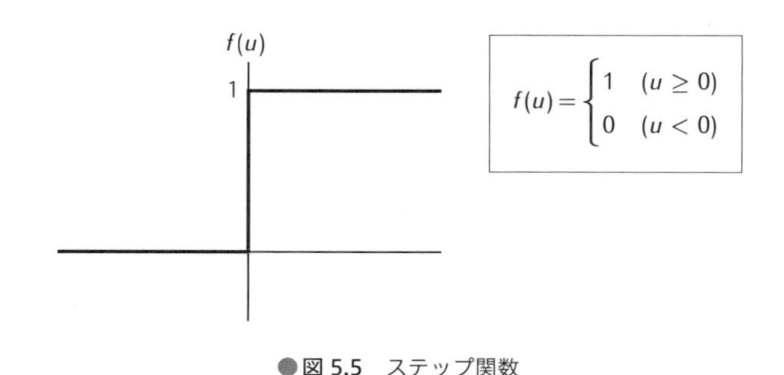

$$f(u) = \begin{cases} 1 & (u \geq 0) \\ 0 & (u < 0) \end{cases}$$

●図 5.5　ステップ関数

あるいは、出力として 0 から 1 の連続値が必要であれば、**図 5.6** の**シグモイド関数**（**sigmoid function**）を利用することができます。

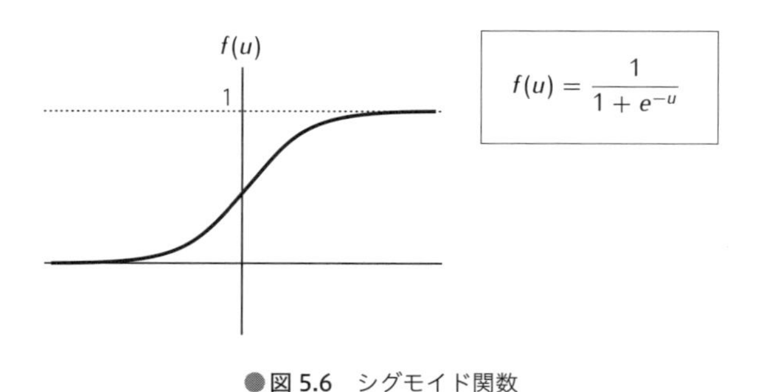

$$f(u) = \frac{1}{1 + e^{-u}}$$

●図 5.6　シグモイド関数

近年の深層学習においては、**図 5.7** に示す**ランプ関数**（**ramp function**）がよく用いられます。ランプ関数は **ReLU**（**rectified linear unit**）または**正規化線形関数**とも呼ばれます。

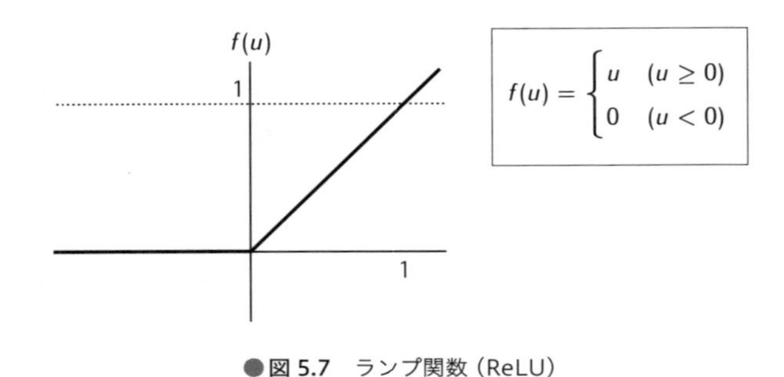

●図 5.7　ランプ関数（ReLU）

複数の出力を同時に扱うようなニューラルネットでは、出力層の人工ニューロンにおいて**ソフトマックス関数**（**softmax function**）と呼ばれる伝達関数が用いられる場合があります（**図 5.8**）。

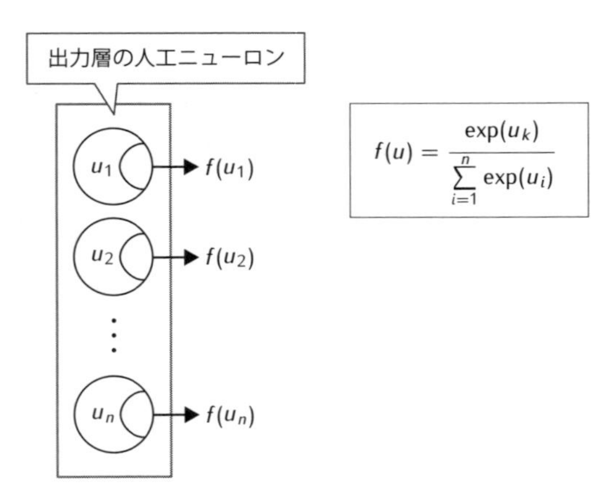

●図 5.8　ソフトマックス関数

ソフトマックス関数は、ニューラルネットを識別器として利用する場合に、出力層に用いられます。ソフトマックス関数では、複数の出力を持つニューラルネットについて、すべての出力値を総合したうえで、それぞれの出力値を計算します。その出力は0から1の間の値であり、かつ、すべての出力値の合計がちょうど1になるようになっています。このため、ソフトマックス関数の出力は確率値として捉えることができるので、複数の出力値のそれぞれを分類の確率値として解釈するのに便利です。

人工ニューロン単体において、重みやしきい値などのパラメタを適切に設定すると、適当な条件のもとでは、ある入力に対して期待した出力を得ることができるようになります。重みやしきい値を適切に調整する操作を、**人工ニューロンの学習**と呼びます。人工ニューロンの学習を含め、ニューラルネットワークの学習については、次節以降で改めて説明します。

5.1.3 パーセプトロン

パーセプトロン（perceptron）は、ニューラルネットワーク研究の初期に盛んに研究された、階層型のニューラルネットです。**図 5.9** に、パーセプトロンの構成を示します。図 5.9 は、1958 年にローゼンブラット（Frank Rosenblatt）によって提案されたものと同形式のパーセプトロンであり、とくに 2 入力 1 出力の場合を示しています。

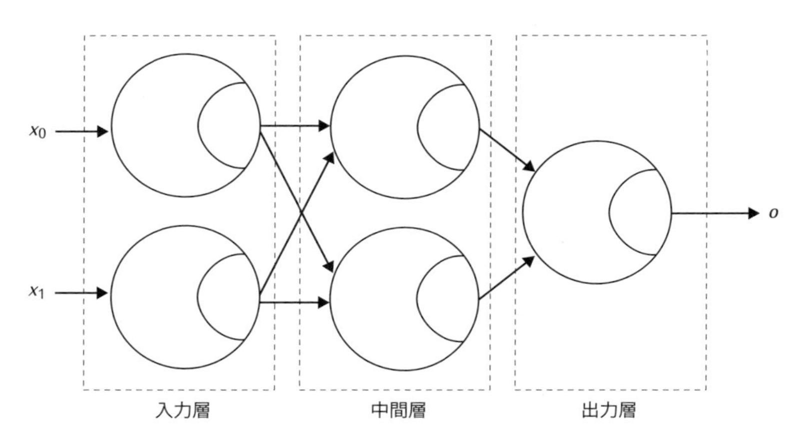

●図 5.9　パーセプトロン

図 5.9 のパーセプトロンでは、人工ニューロンがみっつの階層に層別化されています。外部からのデータを受け取る**入力層**（**感覚層または刺激層、S 層**）では特段の

処理は行わず、入力されたデータをそのまま次の**中間層**（**連合層または連想層、A層**）に送ります。中間層では、図5.4に示した人工ニューロンの計算手順に従って処理が行われます。図5.9のパーセプトロンでは、伝達関数としてステップ関数を用います。中間層の出力は**出力層**（**応答層、R層**）に送られ、ここでも人工ニューロンの計算手順が適用されます。

パーセプトロンでは、ネットワークを構成する人工ニューロンの重みやしきい値を調節することで学習を行います。このとき、学習によって重みやしきい値を調節するのは出力層の人工ニューロンのみとし、中間層の結合荷重は固定しておきます。この際、中間層の結合荷重には、乱数を用いて設定したランダムな値を用います。

重みとしきい値の調節は、次のような手続きで行います。

出力の誤差が十分小さくなるまで以下を繰り返す

1. 学習データセットから、学習データをひとつ選ぶ
2. 学習データをパーセプトロンに入力し、パーセプトロンの出力oを計算する
3. 出力oを教師データo_tと比較して、出力の誤差Eを計算する
4. 誤差Eが小さくなるように、出力層の重みw_iを中間層の信号強度h_iに応じて調節する

ここで、最後の4.における調節は、次のような式を用いて行います。

$$E = o_t - o$$
$$w_i \leftarrow w_i + E \times h_i$$

図5.10に、パーセプトロンの学習方法の説明を示します。まず前提として、1.から4.の手続きは、学習データセットに含まれる各データについて繰り返し実施します。1.から4.の手続きを繰り返し行うと、だんだんとパーセプトロンの出力が、正解である教師データに近づいていきます。そこで、パーセプトロンの出力の誤差が十分に小さくなるまで、1.から4.の手続きを繰り返します。

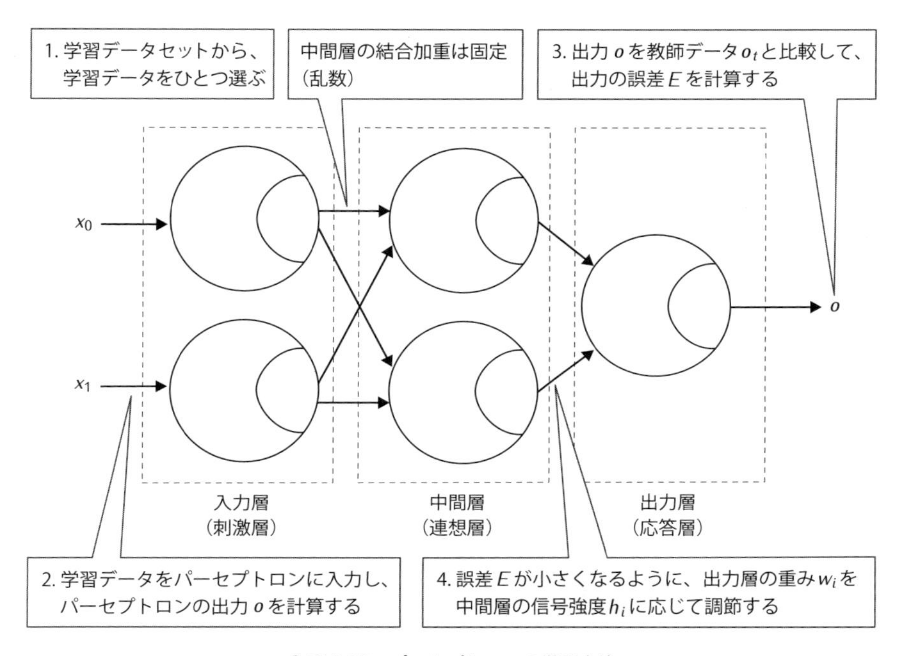

●図 5.10　パーセプトロンの学習方法

手続きの 1. では、ある学習データをひとつ選択します。次に手続き 2. において、パーセプトロンに入力として学習データを与え、これに対する出力を計算します。このときの出力を o とします。出力 o は、まだ学習の完了していない学習途中のパーセプトロンを使って計算した値ですから、正解の値とは食い違いがあるはずです。この食い違いを誤差 E とします。手続き 3. では、誤差 E を計算します。

手続き 4. では、誤差 E を使って、出力層の i 番目の入力の重み w_i を調節します。調節は、誤差 E と中間層の信号強度 h_i を乗じた値を、重み w_i に加えることで行います。これは、パーセプトロンの出力に誤差が生じることについては、出力層に与えられる中間層の信号強度 h_i の大きい結合ほど、大きな原因となっているという考えに基づきます。

以上のように、パーセプトロンでは出力層の人工ニューロンのみを対象として学習を施します。これに対して中間層の人工ニューロンは、乱数で初期化されたパラメタを用い、学習対象とはせずに初期値をそのまま利用します。この制約のため、パーセプトロンを用いて任意の入出力関係を扱うことは一般には不可能であり、限定された関係のみを扱えることになります。

5.1.4 階層型ニューラルネットワークとバックプロパゲーション

パーセプトロンの限界を超えて任意の入出力関係を表現する階層型ネットワークを構成するには、中間層についても学習手続きを適用する必要があります。このために第 2 章で述べたように、**バックプロパゲーション**（**backpropagation**）という学習手法が提案されました。バックプロパゲーションは、**誤差逆伝播**あるいは**誤差逆伝搬**とも呼びます。

図 5.11 に、かんたんな階層型ネットワークを例に取って、バックプロパゲーションの概念を説明します。同図では、3 階層の 2 入力 1 出力階層型ネットワークの学習を示します。パーセプトロンの場合と異なり、人工ニューロンの出力関数として、0 から 1 の連続値を出力できるシグモイド関数を利用するものとします。

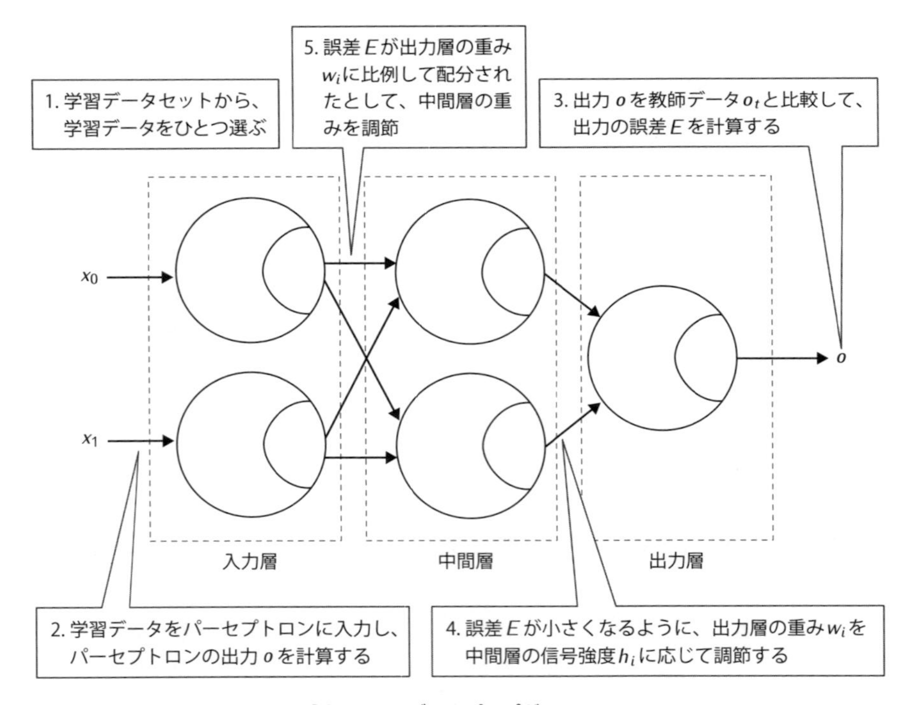

●図 5.11　バックプロパゲーション

バックプロパゲーションによる学習においても、最初に、学習データセットからある学習データをひとつ選び、入力層に与えます。これはパーセプトロンの場合と同様です。次に、これもパーセプトロンの場合と同様、順方向の計算を行うことで、ネットワークの出力oを得ます。ここで、ネットワークの出力には誤差が含まれており、教師データo_tとの差を求めることで誤差の値Eを計算することができます。パーセプトロンと同様に、出力誤差Eを用いて出力層の重みw_iを調整します。ただし、出力関数の影響を考慮するため、シグモイド関数の微係数を考慮するものとします。この結果、出力層の結合荷重w_iの更新式は次のようになります。

$$E = o_t - o$$
$$wi \leftarrow w_i + \alpha \times E \times f'(u) \times h_i$$

ただし、αは学習係数

ここで、伝達関数としてシグモイド関数を用いる場合には

$$\begin{aligned} f'(u) &= f(u) \times (1 - f(u)) \\ &= o \times (1 - o) \end{aligned}$$

よって

$$w_i \leftarrow w_i + \alpha \times E \times o \times (1 - o) \times h_i$$

となります。次に、中間層の学習を行います。中間層の学習においても、ネットワーク出力の誤差を小さくするように重みとしきい値を調節します。**図 5.12** に、中間層における誤差の取り扱いを示します。

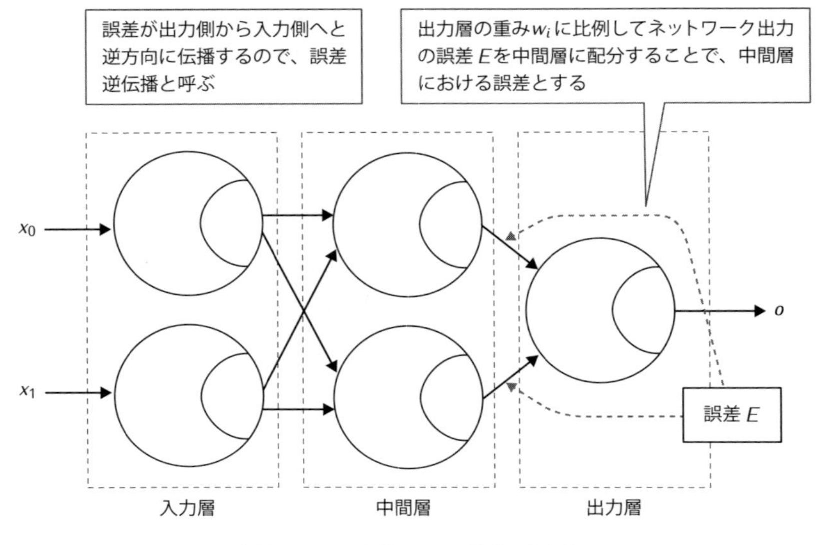

●図 5.12　中間層における誤差の取り扱い

中間層における誤差の修正の程度は、出力層の人工ニューロンの重みに比例した値を用います。つまり、ネットワーク出力に含まれる誤差を、出力層の結合荷重に比例して配分することで、中間層における誤差を求めます。この処理は、出力誤差Eが出力層と中間層の結合を介して入力側に逆にさかのぼっていくかのように見えます。誤差がネットワークの普通の計算方向とは逆向きに伝わっていくように見えるので、この方法を誤差逆伝播と呼ぶのです。

中間層における結合荷重の更新式は次のように表現できます。

・中間層の j 番目のニューロセルについて以下を計算する

$$\Delta j \leftarrow h_j \times (1 - h_j) \times w_j \times E \times o \times (1 - o)$$

・中間層の j 番目のニューロセルの i 番目の入力について、以下を計算する

$$w_{ji} \leftarrow w_{ji} + \alpha \times x_i \times \Delta j$$

バックプロパゲーションを用いると、出力層だけでなく、中間層の人工ニューロンについても学習を行うことが可能です。しかも、中間層をさらに増やした階層型

ネットワークについても、上記と同様の誤差逆伝播を行うことで学習が可能となります。

図 5.13 では、中間層を 2 段に増やしたネットワークを示しましたが、この場合でも誤差を逆伝播させることで学習が可能となります。原理的には、さらに多段に増やしても、同様の方法で学習を行うことができます。このようにバックプロパゲーションによって、多層かつ大規模なネットワークの利用が可能となり、のちの深層学習への道筋が確立したと言えるでしょう。

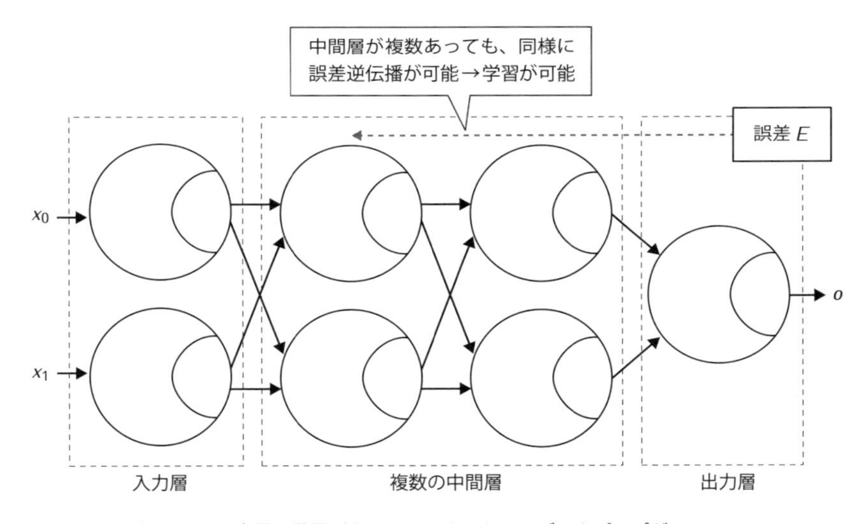

●図 5.13　多層の階層型ネットワークにおけるバックプロパゲーション

5.1.5　リカレントニューラルネット

階層型ニューラルネットは、入力から出力に向けて一方向に計算が進むニューラルネットです。これに対して**リカレントニューラルネット**（**recurrent neural network**）は、出力に向かう信号が入力側にフィードバックされる構造を持ったニューラルネットです。**図 5.14** に一例を示します。

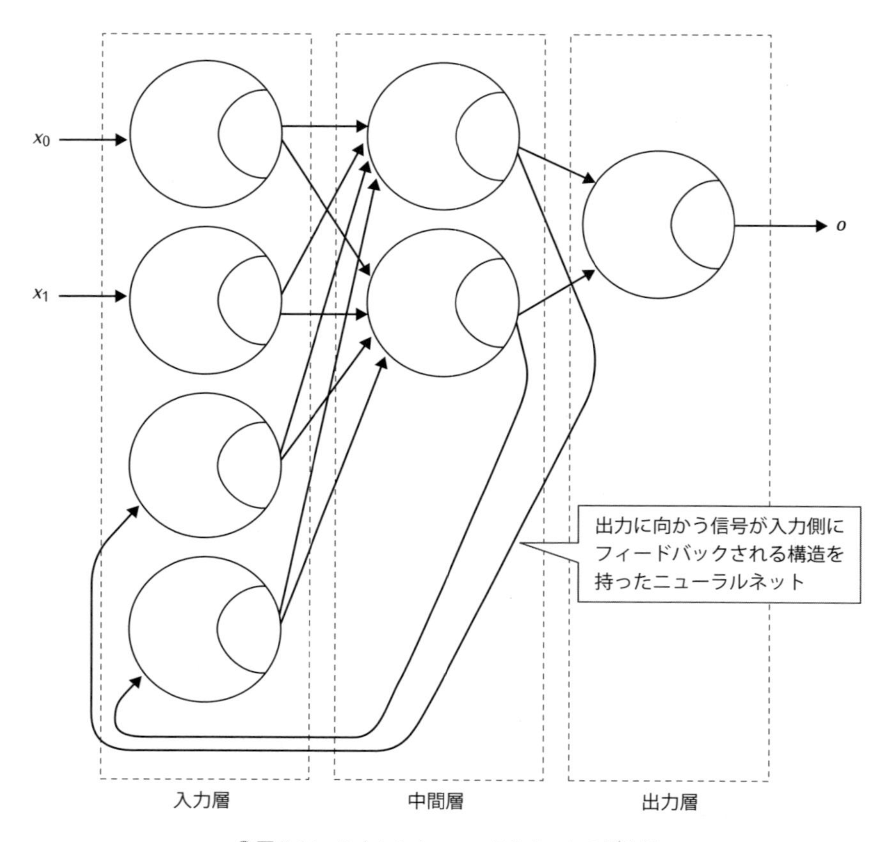

●図 5.14　リカレントニューラルネットの構造例

図 5.14 では、3 階層のニューラルネットにおいて、中間層の出力が入力層にフィードバックされています。このように、これまで説明した単純な階層型ニューラルネットでは存在しなかった出力から入力方向へのデータの伝達経路を有するニューラルネットを、一般に**リカレントニューラルネット**と呼びます。

リカレントニューラルネットでは、フィードバックのない通常の階層型ニューラルネットでは扱うことのできない、学習データの前後関係に関する情報の学習が可能になります。**図 5.15** で、(1) はフィードバックのない通常の階層型ニューラルネットによる学習の概念図です。この場合、学習データは互いに独立なものとして扱われ、学習データ同士の前後関係などは考慮されません。これに対して同図の (2) に示すリカレントニューラルネットでは、学習データの順番も考慮して、学習データの前後関係や順番といった情報も学習対象として、リカレントニューラルネットに学習されます。

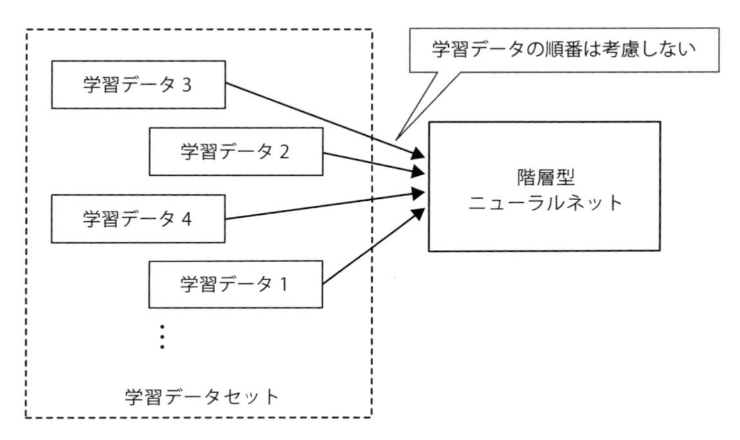

(1) 階層型ニューラルネットでは、個々の学習データは独立であり、その前後関係は扱わない

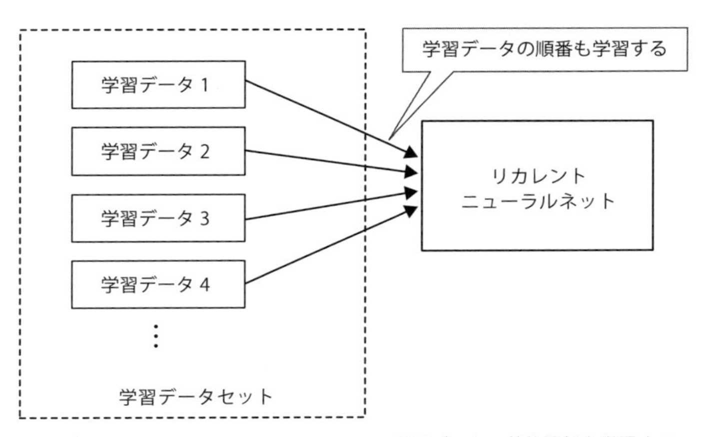

(2) リカレントニューラルネットでは、学習データの前後関係も学習する

●図 5.15　階層型ニューラルネットとリカレントニューラルネットの違い

リカレントニューラルネットは学習データの前後関係を扱うことができるため、データの出現順序に意味を持つようなデータの学習に利用することができます。

たとえば、自然言語処理において単語を次々と連鎖させることで文を生成することを考えます。この場合、単語の出現順序をリカレントニューラルネットを用いて学習しておけば、与えられた単語につながる次の単語を順に求めることで文を生成することが可能です。あるいは、時系列データの予想問題として、たとえば過去の気温のデータをリカレントニューラルネットで学習することで、ある時刻以降の気温の変化を予測する予測器を構成することが可能です。

リカレントニューラルネットにはさまざまな形式があります。たとえば、学習データの長期にわたる相互関係を学習することを目標としたリカレントニューラルネットである **LSTM**（**Long Short-Term Memory**）はその一例です。LSTM については、第 6 章で改めて取り上げます。

5.2　さまざまなニューラルネットワーク

本節では、これまで述べた階層型ニューラルネットやリカレントニューラルネットとは異なる形式のネットワークをいくつか紹介します。

5.2.1　ホップフィールドネットワークとボルツマンマシン

ホップフィールドネットワーク（**Hopfield network**）は、**図 5.16** に示すような、すべての人工ニューロンが互いに相互結合したリカレントニューラルネットです。ホップフィールドネットワークは、物理現象のシミュレーションを目的として、物理学者であるジョン・ホップフィールド（John Joseph Hopfield）によって提唱されました。ホップフィールドネットワークは、最適化問題や連想記憶のモデルなどに応用されています。

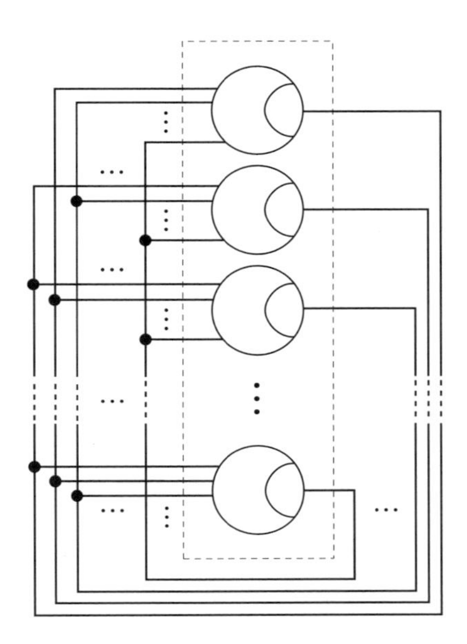

●図 5.16　ホップフィールドネットワーク

ホップフィールドネットワークでは、ネットワークに埋め込みたい情報に従って、各人工ニューロン間の結合荷重を決定します。その後、適当な出力パターンを設定して逐次近似を繰り返すと、最初に埋め込んだ情報のいずれかを取り出すことができます。これにより、たとえば連想記憶を実現したり、物理現象の安定状態を求めるシミュレーションを実行します。

ホップフィールドネットワークで求まる安定状態は局所的な安定点ですが、これを大域的な探索に発展させたのが、**ボルツマンマシン**（**Boltzmann machine**）です。ボルツマンマシンでは、ホップフィールドネットワークの人工ニューロンに確率的な変動を加えることで、局所解にとらわれずに、最大値や最小値などの大域的な解を求めることができるように設計されています。このため、ボルツマンマシンはホップフィールドネットワークを改良したネットワークであると考えることができます。

5.2.2　自己組織化マップ

自己組織化マップ（**Self-Organizing Map, SOM**）は、第 3 章で説明した教師なし学習の代表例となるニューラルネットです。自己組織化マップは、高次元の特徴ベクトルで表現される対象物を、1 次元や 2 次元、あるいは 3 次元といった低次元の表現に写像させる働きを持ったニューラルネットです。2 次元の自己組織化マップの構造を**図 5.17** に示します。

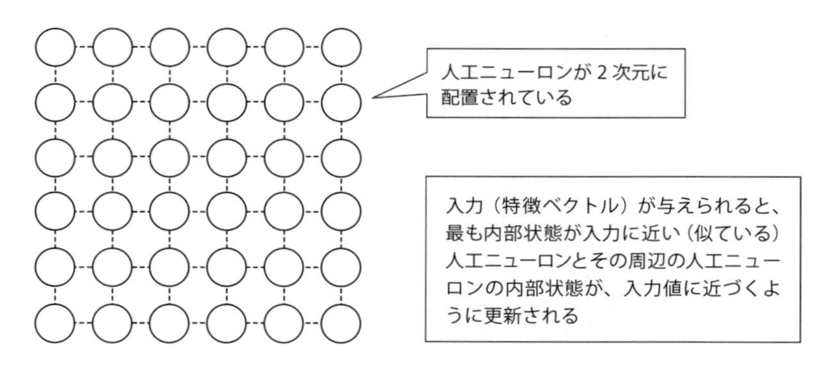

●**図 5.17**　自己組織化マップ（2 次元の例）

図 5.17 で、入力データは複数の要素で構成された特徴ベクトルで表現されます。自己組織化マップの学習では、学習データセットに含まれる学習データをひとつ取り出して、その特徴ベクトルと一番似ている状態を持つ人工ニューロンを探し出し、その人工ニューロンおよび周囲の人工ニューロンの状態を少しだけ学習データに近づけます。これを繰り返すことで、学習データセットの持つ特徴ベクトルをニューラルネット上に配置します。結果として、学習データセットがニューラルネット上に写像されるので、高次元の特徴ベクトルが 1 次元や 2 次元などの低次元のデータ表現に写像されることになります。この学習アルゴリズムでは学習データセットには教師データが必要ないので、教師なし学習が可能となります。

章末問題

階層型ニューラルネットの順方向の計算を行うプログラム neuralnet.py を作成しましょう。ニューラルネットとして、2 入力 1 出力の階層型ニューラルネットを考えます（**図 5.A**）。

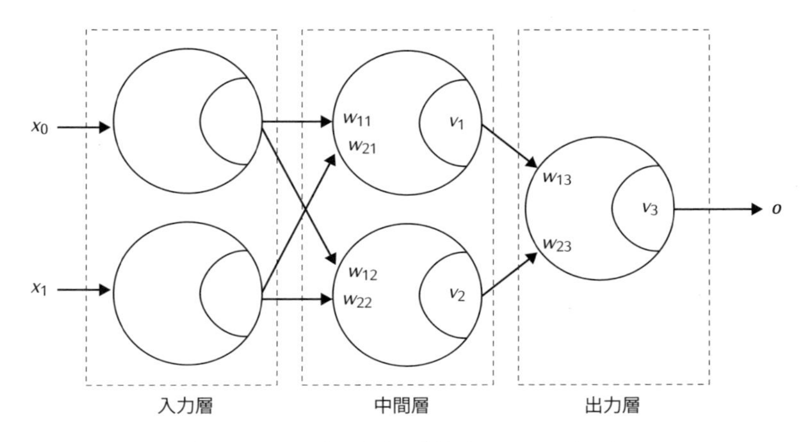

●図 5.A　2 入力 1 出力の階層型ニューラルネット

同図で、入力層の人工ニューロンはなにも処理をせず、そのまま中間層に入力を渡します。中間層と出力層の結合荷重およびしきい値は、**表 5.A** に示す値とします。また、伝達関数（出力関数）にはステップ関数を用いることとしましょう。

●**表 5.A**　中間層と出力層の結合荷重およびしきい値

結合荷重またはしきい値	値
w_{11}	−2
w_{21}	3
v_1	−1
w_{12}	−2
w_{22}	1
v_2	0.5
w_{13}	−60
w_{23}	94
v_3	−1

以上の設定で、入力 (x_0, x_1) に以下の値を与えた場合の、出力 o を計算します。

$$(x_0, x_1) = (0, 0), (0, 1), (1, 0), (1, 1)$$

章末問題　解答

階層型ニューラルネットの順方向の計算を行うプログラム neuralnet.py を**図 5.B** に示します。

neuralnet.py プログラムは、メイン実行部および、forward() 関数と f() 関数というふたつの下請け関数から構成されています。

メイン実行部では、重みや入力値を初期化したあと、forward() 関数を呼び出すことで、各入力に対応したネットワークの出力値を計算します。ここで forward() 関数は、中間層と出力層のニューロンに順に値を与えることで、ネットワークの順方向の計算を進める関数です。

forward() 関数は伝達関数として f() 関数を呼び出します。f() 関数は、図 5.B のコードではステップ関数の計算を行っています。f() 関数を変更することで、シグモイド関数やランプ関数など、さまざまな伝達関数を用いたニューラルネットの計算を実現することが可能です。

```
 1  # -*- coding: utf-8 -*-
 2  """
 3  neuralnet.pyプログラム
 4  単純な階層型ニューラルネットの計算（学習なし）
 5  使いかた　c:¥>python neuralnet.py
 6  """
 7  # モジュールのインポート
 8  
 9  # グローバル変数
10  INPUTNO = 2        # 入力数
11  HIDDENNO = 2       # 中間層のセル数
12  
13  # 下請け関数の定義
14  # forward()関数
15  def forward(wh,wo,hi,e):
16      """順方向の計算"""
17      # hiの計算
18      for i in range(HIDDENNO):
19          u = 0.0
20          for j in range(INPUTNO):
21              u += e[j] * wh[i][j]
```

```
22          u -= wh[i][INPUTNO] # しきい値の処理
23          hi[i] = f(u)
24      # 出力oの計算
25      o=0.0
26  for i in range(HIDDENNO):
27          o += hi[i] * wo[i]
28      o -= wo[HIDDENNO] # しきい値の処理
29      return f(o)
30  # forward()関数の終わり
31
32  # f()関数
33  def f(u):
34      """伝達関数(ステップ関数)"""
35      # ステップ関数の計算
36      if u >= 0:
37          return 1.0
38      else:
39          return 0.0
40
41  # f()関数の終わり
42
43  # メイン実行部
44  wh = [[-2,3,-1],[-2,1,0.5]]                 # 中間層の重み
45  wo = [-60,94,-1]                            # 出力層の重み
46  e = [[0,0],[0,1],[1,0],[1,1]]               # データセット
47  hi = [0 for i in range(HIDDENNO + 1)]   # 中間層の出力
48
49  # 計算の本体
50  for i in e:
51      print(i,"->",forward(wh,wo,hi,i))
52
53  # neuralnet.pyの終わり
```

●図 5.B　neuralnet.py プログラム

第6章

深層学習

本章では、深層学習あるいはディープラーニングと呼ばれる機械学習技術を取り上げます。
深層学習は、ディープニューラルネットワークと呼ばれる複雑なニューラルネットを利用した学習手法です。深層学習を用いると、ニューラルネットを用いて大規模なデータを用いた学習が可能です。

6.1 深層学習とは

深層学習または**ディープラーニング**（**deep learning**）は、ニューラルネットによる機械学習の一種です。深層学習が対象とするニューラルネットは、一般のニューラルネットと比較して大規模で複雑であるという特徴があります。深層学習の技術を用いると、ニューラルネットを用いて大規模なデータを学習することが可能となります。

第2章で述べたように、深層学習は21世紀に入ってから発展してきました。おもな理由を**表6.1**にまとめます。

●**表6.1**　深層学習成立の要件

項　目	説　明
ハードウェア技術の発展	CPUの高速化やマルチコア化、GPUを一般の計算処理に用いるGPGPU技術の開発、メモリの大容量化など
大規模データ（ビッグデータ）の利用可能性	インターネットの発展、IoT技術の進展
ニューラルネットの学習技術の向上	出力関数の工夫や誤差評価法の改善などによる、学習技術の向上
ニューラルネットの構造上の工夫	畳み込みニューラルネットや自己符号化器、あるいはLSTMやGANといった、ニューラルネットの構造に工夫を施したネットワークの提案

表6.1で、はじめに示したハードウェア技術の発展は、深層学習成立の重要な前提条件でした。深層学習では、大規模なデータをメモリ上に配置して扱う必要があるとともに、ニューラルネットの学習に要する計算コストが極めて膨大になります。そこで、CPUの発展に伴う高速化や、マルチコア[*1]の採用によるCPUの高並列化に起因する処理能力の向上は、深層学習の成立の大きな要因となりました。CPUの性能向上に加えて、主記憶装置であるメモリの大容量化も、深層学習の実現には重要な要素です。さらに、画像表示装置である**GPU**（**Graphics Processing Unit**）を並列計算に応用した**GPGPU**（**General Purpose computing on GPU**）の技術により、ニューラルネットの学習で頻繁に行われる単純な計算を並列処理で高速に実施することが可能となり、深層学習が実用レベルで実現可能となったのです。

表6.1の2番目にある**大規模データ**（ビッグデータ）の利用可能性とは、そもそも

＊1　マルチコア　ひとつのCPUチップの内部に複数のCPUコアを持つこと。

深層学習が対象とする大規模かつ複雑なデータが利用できるようになったことを意味します。データ源として、爆発的な発展を遂げているインターネットや、**IoT** 技術の進展によってさまざまな分野で構築されている**センサネットワーク**などがあります。

以上ふたつの、深層学習成立の前提となる要件に加えて、ニューラルネット技術自体の発展が、深層学習成立の重要な要件となりました。これは、表 6.1 の 3 番目と 4 番目の項目です。

表 6.1 の 3 番目は、ニューラルネットの学習におけるさまざまな改良、たとえば出力関数選択の工夫や誤差評価法の改善などによる、学習技術の向上です。そして、表 6.1 の 4 番目は、ニューラルネットの構造上の工夫です。これは、畳み込みニューラルネットや自己符号化器といった、全結合の階層型ニューラルネットとは異なる構造を有するネットワークを用いることで、学習における問題を解決しようとする取り組みです。

以下本章では、深層学習でよく利用される畳み込みニューラルネット・自己符号化器・LSTM・GAN を例として取り上げて、それぞれの特徴を説明します。

6.2　畳み込みニューラルネット

畳み込みニューラルネット（CNN, Convolutional Neural Network）は、人間の視覚神経系の構造にヒントを得たニューラルネットです。畳み込みニューラルネットは画像認識の分野でその有用性が示され、その後、他分野への応用が進められています。畳み込みニューラルネットは多層で大規模なネットワークでも学習が可能であるため、深層学習の実現手法として用いられています。

図 6.1 に、畳み込みニューラルネットの構造を示します。同図では、入力として画像に代表される 2 次元データを受け取り、その識別結果などを出力するニューラルネットを示しています。

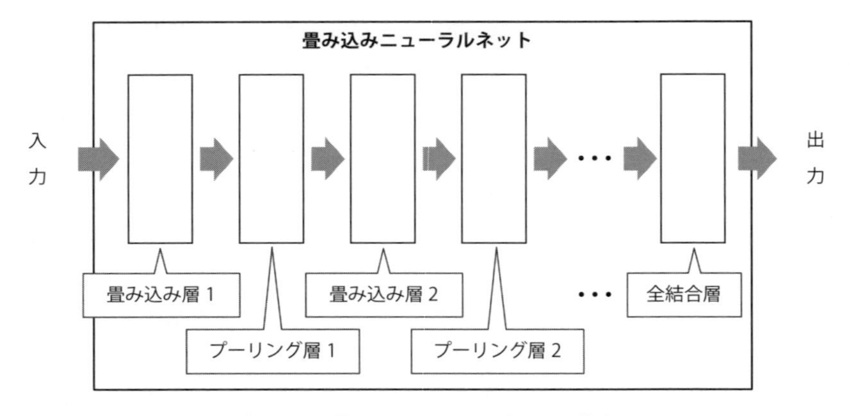

●図 6.1　畳み込みニューラルネットの構造

図 6.1 に示すように、畳み込みニューラルネットは、**畳み込み層**（convolution layer）と**プーリング層**（pooling layer）が交互に処理を行う構造を持った、多階層の階層型ニューラルネットです。畳み込み層では、入力画像の特徴を抽出します。また、プーリング層では、入力画像の位置ずれは回転などに対応する処理を行います。畳み込みニューラルネットでは畳み込み層とプーリング層を複数積み重ねて、最後に全結合の階層型ニューラルネットを用いて画像認識結果などを出力します。以下では、それぞれの働きを説明します。

まず、畳み込み層について説明します。畳み込み層は、画像処理における画像フィルタの挙動をニューラルネットとして実装した情報処理機構です。畳み込み層では、前層から与えられた 2 次元のデータに対して、**畳み込み演算**（convolution）を施します。畳み込み演算の働きを**図 6.2** に示します。

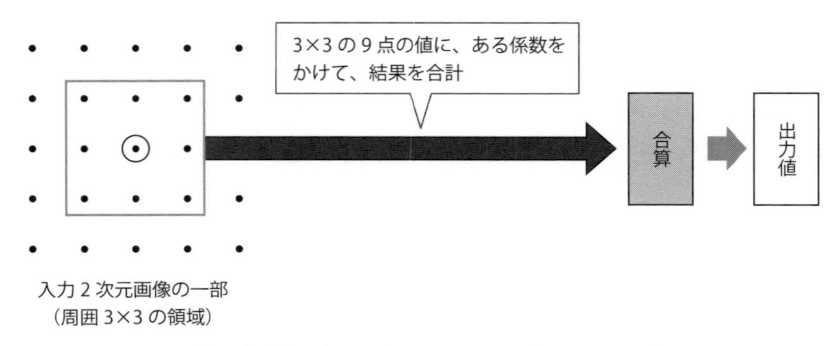

(1) 入力画像のある 1 点についての、画像フィルタの適用

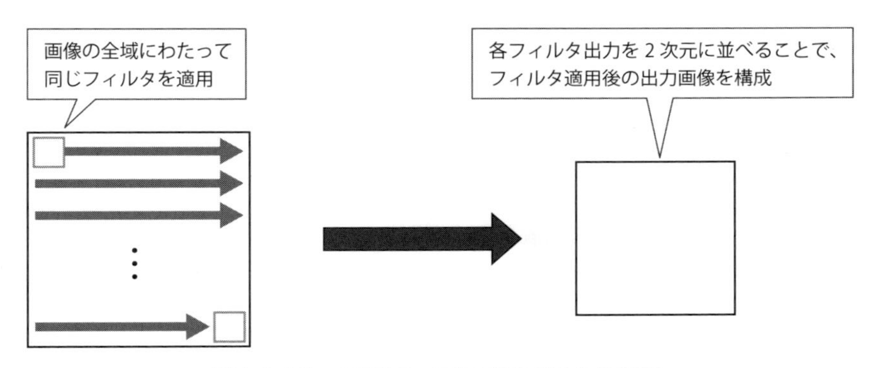

(2) 画像全体への画像フィルタの適用（畳み込み演算）

●図 6.2　畳み込み演算の働き

図 6.2 (1) において、畳み込み層に入力として与えられた 2 次元画像のある 1 点について、その周囲の決められた領域の値を取り出し、あらかじめ決められた係数をかけてその和を求め、領域の画素数で割り算します。この操作は、画像処理における画像フィルタの適用と同じ操作です。

このとき、ある点の周囲の領域の大きさは、入力の 2 次元画像に比べてごく狭い領域とします。同図では、例として、領域の大きさを 3×3 の 9 点としています。こうして求められた値を、最初に選んだ元画像のある 1 点に対応する、フィルタ出力値とします。

次に、同図 (2) にあるように、同図 (1) の計算を入力画像の全域にわたって繰り返します。すると、入力 2 次元画像とほぼ同じ画素数を持った出力画像が得られます。この出力画像は、入力画像の特徴を抽出した画像です。以上の操作を**畳み込み**と呼びます。

畳み込み層の働きは、入力 2 次元画像の特徴を抽出することにあります。フィルタの係数を適当に設定すると、たとえば画像の縦方向や横方向の成分を抽出したり、画像のなかで図形の淵に当たる部分を抽出したりすることができます。畳み込みニューラルネットの畳み込み層では、フィルタの係数を学習により求めることで、特徴抽出に必要なフィルタを自動的に獲得することが可能です。

畳み込みニューラルネットを構成するもうひとつの要素に、プーリング層があります。**図 6.3** に、プーリング層の働きを示します。

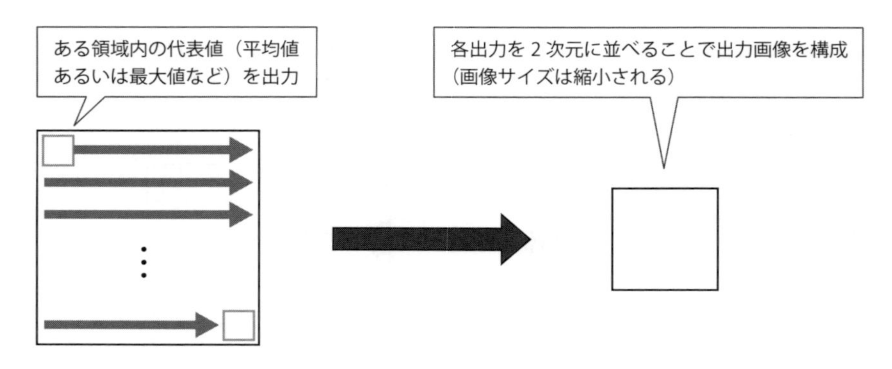

●図 6.3　プーリング層の働き

　プーリング層では、画像のある小領域内について、その小領域を代表する値を求めます。代表値には、たとえば平均値や最大値が用いられます。そして、小領域をずらしながら画像全体にわたって値を求め、これを出力画像とします。小領域の代表値を抽出して出力画像を作成するため、出力画像は入力画像を間引いたような画像となります。このため、プーリング層の出力は、入力と比べてサイズが小さくなります。

　プーリング層の働きは、入力画像のちょっとした位置ずれや回転などの影響を排除するために、画像をぼかすことにあります。プーリング層を導入することで、画像認識における汎化能力が高まり、より高い認識能力を獲得することができます。

　畳み込みニューラルネットの最後段には、全結合の階層型ニューラルネットが配置されます。ネットワークの出力には、たとえば画像認識の場合であれば、入力画像がなんの画像であるかが出力されます。この場合、画像認識対象のカテゴリが 1000 種類あれば、各カテゴリに対応した 1000 個の出力を持ったニューラルネットが配置されます。出力層の人工ニューロンについて、伝達関数として**ソフトマックス関数**を用いると、1000 のカテゴリのいずれに属するかについての確率値がそれぞれ出力されることになります。

　畳み込みニューラルネットは、全結合の階層型ニューラルネットと比較して学習が容易であるという特徴があります。畳み込みニューラルネットは、全結合のニューラルネットと比べて層間の結合が少ないうえに、畳み込み層の画像フィルタはひとつの階層では同じものを繰り返し利用します。このため、学習対象となるネットワークのパラメタ数は、全結合の階層型ニューラルネットと比較してごく少なくなります。そこで、入力データのサイズを大きくしたり、複数の畳み込み層とプーリング層を重ねて階層を深くしたりしても、学習を収束されることが可能になります。

以上のように、畳み込みニューラルネットは画像認識への応用を念頭に置いた構造を有しています。しかし、入力データに含まれる特徴を抽出するという意味では、画像以外のデータに対する適用も可能です。

たとえば、第2章で紹介した囲碁プレーヤープログラムのAlphaGoでは、囲碁の盤面の解析に畳み込みニューラルネットを利用しています。別の例では、たとえば自然言語処理において、単語連鎖の特徴を抽出するなどの目的で畳み込みニューラルネットが使われる場合があります。他にも、時系列データ処理において、時系列データを2次元のグラフとして表現して特徴を畳み込みニューラルネットで抽出する例などがあります。

6.3 自己符号化器

自己符号化器（**auto encoder**）は、**図6.4**に示すような3層構造の階層型ニューラルネットです。自己符号化器は入力層と出力層に同じ個数の人工ニューロンを持ち、中間層には入出力の人工ニューロンよりも少ない個数の人工ニューロンを配置します。

自己符号化器は、本来、教師なし学習によって**次元削減**（**dimensionality reduction**）を行うことを目的とした階層型ニューラルネットです。まず、この意味を説明します。

自己符号化器に与える学習データは、入力層の人工ニューロンの個数と同じ次数のベクトルです。自己符号化器では、ある学習データに対応する教師データとして、学習データとまったく同じデータを用います。この設定で、複数の学習データセットを用いて学習を行います。学習が終了すると、入力層にある学習データを入力すると同様のデータが出力層に出力されるようなニューラルネットが構成されます。ここで、学習データセットには教師データが含まれていないので、自己符号化器の学習は教師なし学習の一種であると言えます。

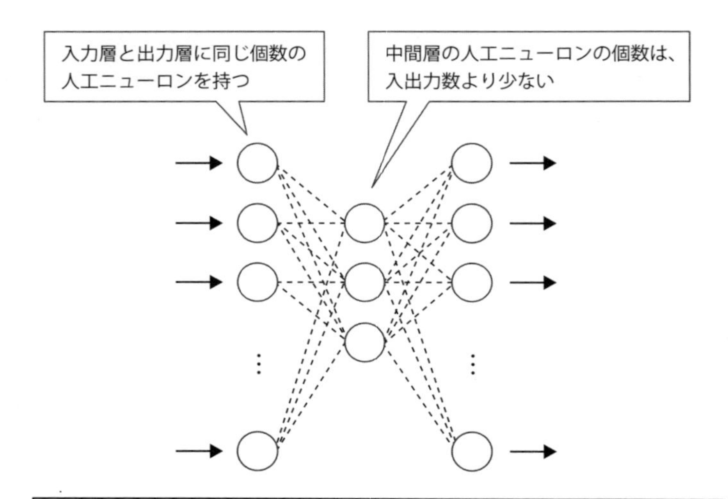

●**図 6.4**　自己符号化器の学習

入力と同じ出力が得られるニューラルネットは、それだけではなんの働きもありません。しかし、自己符号化器では、中間層の人工ニューロンが入出力層のそれよりも少ない点に注意してください。中間層で人工ニューロンの個数が少なくなっているにもかかわらず、出力層には入力層と同じデータが出力されるということは、中間層では入出力のデータ表現を圧縮した表現が獲得されたことになります。言い換えれば、自己符号化器は、入力データの次元を削減して、低次元の、よりかんたんな形に書き換える働きがあるのです。このように、自己符号化器という名称には、データを符号化して圧縮する機能を教師なし学習により実現する、という意味が込められています。

さて、自己符号化器を用いると、多階層の階層型ニューラルネットを効率よく学習させることができます。**図 6.5** に、自己符号化器による多層の階層型ニューラルネットの学習方法を示します。

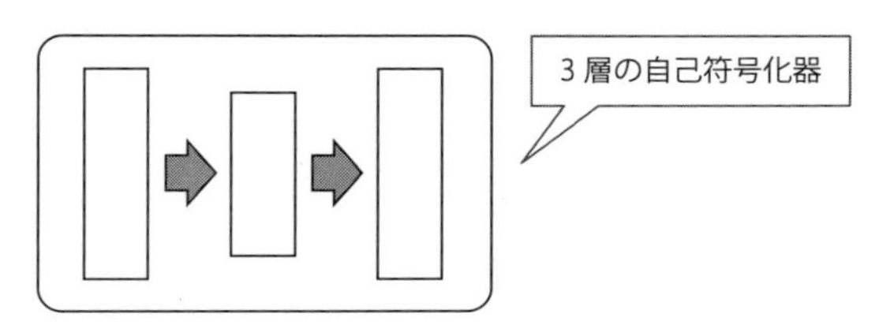

(1) 自己符号化器を構成して学習する

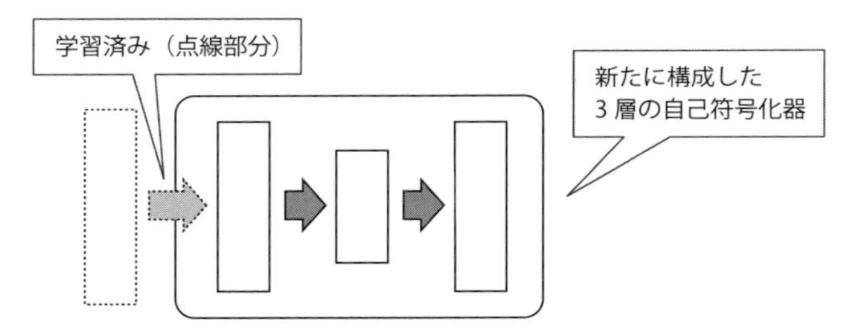

(2) 学習済みの中間層を残して、その後ろに改めて自己符号化器を作成し、同様に学習を進める

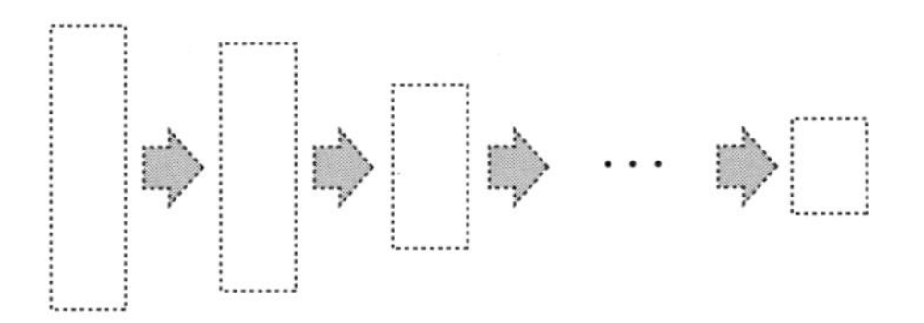

(3) さらに自己符号化器を設定することで、多層の階層型ニューラルネットを構成する

●**図 6.5**　自己符号化器による多層の階層型ニューラルネットの学習方法

図 6.5 (1) にあるように、まず、自己符号化器を構成し、前述のように学習させます。学習が終了したら、同図 (2) のように学習済みの中間層を残して、その後ろに改めて自己符号化器を作成し、同様に学習を進めます。さらにこれを繰り返して、(3) のように多層の階層型ニューラルネットを構成します。このように段階的に学習を進めることで、多階層からなる階層型ニューラルネットを直接学習させることが困難な場合でも、学習させることが可能になります。

6.4 LSTM

LSTM（Long Short-Term Memory）は、リカレントニューラルネットの一種です。LSTMでは、素朴なリカレントニューラルネットの欠点を補うために、ネットワークの構造に対して、学習が期待通りに進むよう工夫をこらしてあります。

階層型ニューラルネットにフィードバックを加えることでリカレントニューラルネットを作成すると、入力データについての過去の記憶を持ったニューラルネットを構成することができます。しかし、単純にフィードバックを加えるだけだと、ネットワークの設定によっては過去の記憶の減衰が大きく、過去数ステップ以上の記憶を保持できない場合があります。あるいは逆に、過去のデータの影響が大きすぎて学習がうまく行かず発散する可能性もあります。

そこでLSTMによるネットワークでは、学習に関する過去の影響を制御するために、**図6.6**に示すようなネットワーク構造を用います。同図で、入力層と出力層に挟まれた部分に配置されたのが、LSTMによる中間層です。LSTMでは、普通のニューラルネットワークにおける中間層の人工ニューロンを、LSTMブロックによって置き換えます。LSTMブロックは、いわばリカレントネットワーク専用の高級版の人工ニューロンです。

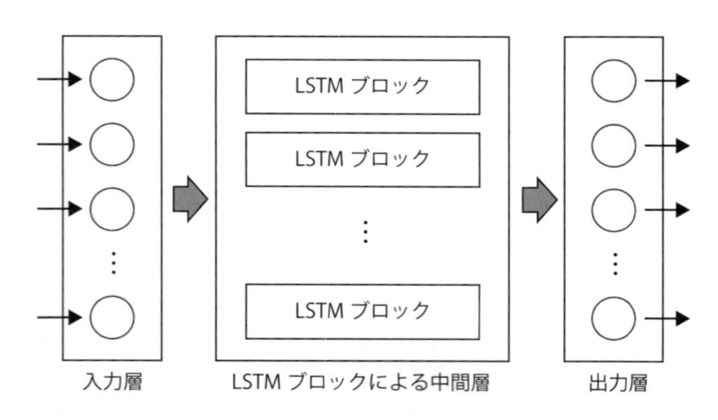

●**図6.6**　LSTMによるリカレントネットワークの構成

LSTMブロックの構造を**図6.7**に示します。一口にLSTMと言っても、過去の研究の過程ではさまざまな形式のものが発表されています。そのなかで、同図は最も初期の文献による構造を示しています。

LSTM ブロックの最大の特徴は、LSTM ブロック自体が、内部に過去のデータについての記憶を持つことです。これにより、学習によって過去の記憶が減衰することなく保持されます。LSTM ブロック内部の記憶を保持する人工ニューロンを、**CEC**（**constant error carrousel**）と呼びます。そして、CEC の利用を制御する機構として、入力ゲートと出力ゲートが導入されています。これらは、必要に応じてデータの流れをコントロールすることで、過去の記憶の利用方法を制御します。

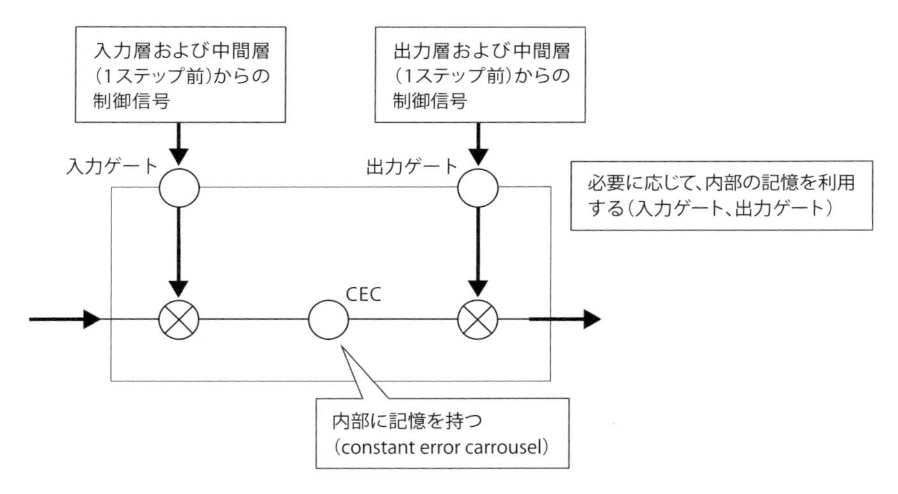

●**図 6.7**　LSTM ブロックの基本的な構造

LSTM にはいくつかの発展型があります。たとえば、CEC の記憶がいつまでもなくならないことがかえって学習の妨げになる可能性があります。そこで、CEC の内容を忘れさせるような制御が可能な**忘却ゲート**（**forget gate**）を導入します。さらに、CEC の状態を各ゲートが参照できるように、CEC と各ゲートを**覗き穴結合**（**peephole connections**）で結びつけます。このように、LSTM では、必要に応じて内部構造を拡張した発展型が提案されています（**図 6.8**）。

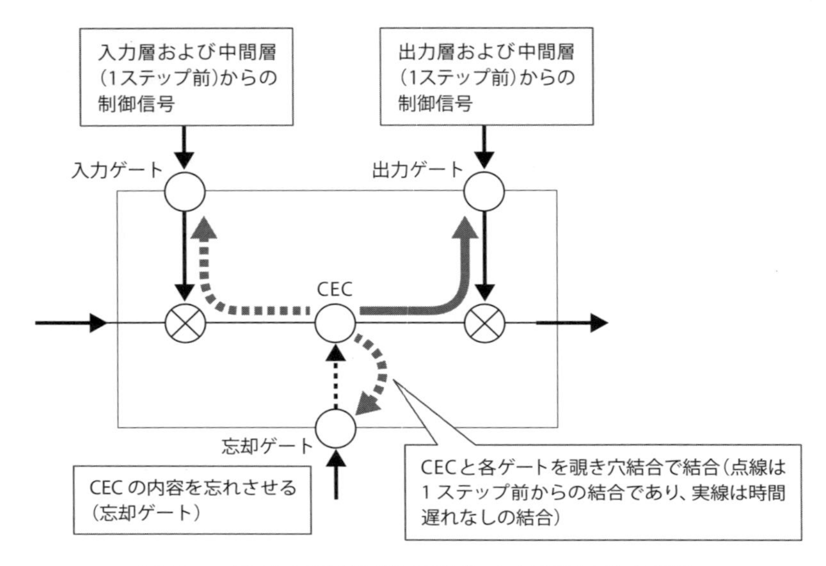

●図 6.8　LSTM の発展型の例（忘却ゲートと覗き穴結合の追加）

6.5 敵対的生成ネットワーク（GAN）

敵対的生成ネットワーク（**GAN, Generative Adversarial Network**）は、ふたつのニューラルネットを組み合わせて教師なし学習を進めることで、入力されたデータと類似のデータを生成することのできる生成系を構成するシステムです。GAN を用いると、たとえば、与えられた画像データを使って学習を進めることで、与えられた画像データと類似した新しい画像データを生成できるような画像生成系を獲得することができます。

図 6.9 に GAN の構造を示します。

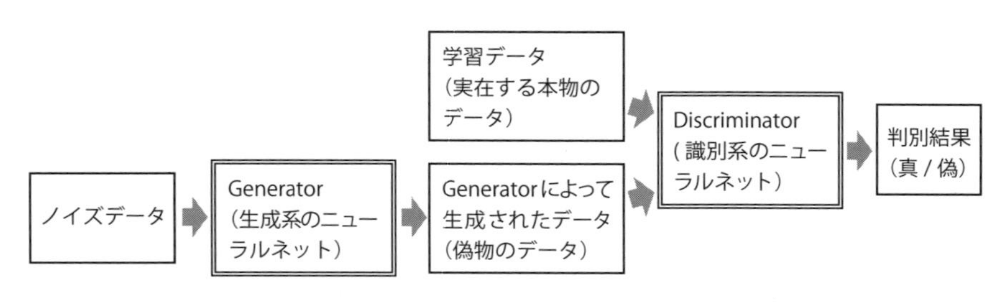

●図 6.9　敵対的生成ネットワーク（GAN）

図 6.9 で、二重線で囲んだ枠はニューラルネットを表しています。また単線の枠はデータを表します。同図の **Generator** は、ノイズ信号を入力として意味のある情報を出力することのできる、データ生成のためのニューラルネットです。また **Discriminator** は、入力されたデータが本物のデータなのか、あるいは Generator の生成した架空のデータなのかを識別するニューラルネットです。

GAN を使って、画像を生成するシステムを構築する場合を考えます。GAN では、Generator と Discriminator をそれぞれ独立に学習させます。以下、それぞれの学習方法を説明します。

まず、識別のためニューラルネットである Discriminator の学習を考えます（**図 6.10**）。Discriminator の学習目標は、学習データとして与えられた本物の画像データと、生成系である Generator の生成した偽物の画像データを正しく区別することです。このために、Discriminator のニューラルネットを教師あり学習によって学習させます。このとき、学習データとして与えられた本物の画像データには教師データ 1 を与え、Generator の生成した偽物の画像データには教師データ 0 を与えて学習します。学習には Discriminator のネットワークだけを用い、Generator は利用しません。

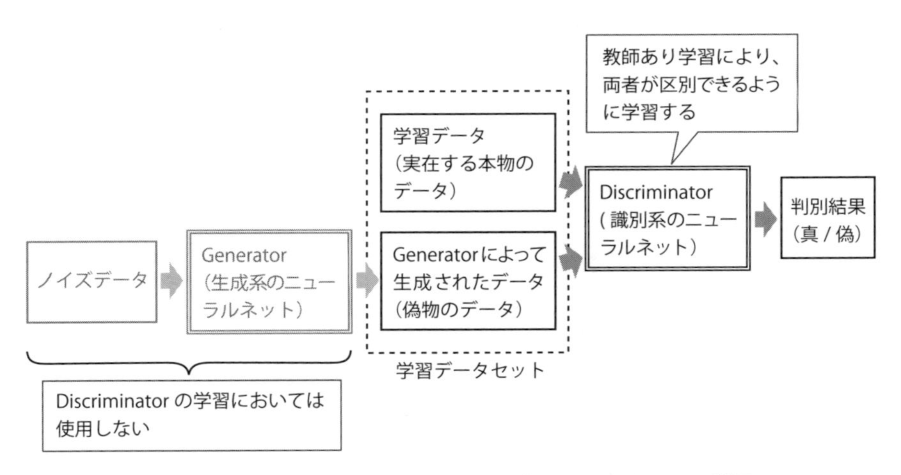

●**図 6.10**　識別のためニューラルネットである Discriminator の学習

次に、Generator の学習方法を説明します（**図 6.11**）。Generator は、学習データとして与えられた画像と似たような画像を生成することを目標として学習を進めます。このために、図 6.11 に示すように、Generator と Discriminator の両方のネットワークを使って学習を進めます。

具体的な学習目標は、Discriminatorの出力が1となるような画像、すなわち、Discriminatorがだまされて本物の画像だと判断してしまうような画像をGeneratorが生成できるようにすることです。そこで、Generatorの学習時にはDiscriminatorの内部パラメタは一切変更せずに、Discriminatorを学習が完了した識別器として扱い、その出力が1となるようにGeneratorの学習を進めます。こうしてGeneratorとDiscriminatorをそれぞれ学習させることで、学習データとして与えられた画像と似たような画像が生成されるようになっていきます。このとき、学習データとして与えられる画像には教師データは必要ありません。GANは教師なし学習によって、学習データとして与えられた画像に類似する画像を生成できるようになるのです。

このように、GANにおけるGeneratorの学習は、Discriminatorをだますことができるようになることを目標としています。GeneratorとDiscriminatorの学習は目標が逆向きなので、これを“敵対的”と呼ぶのです。

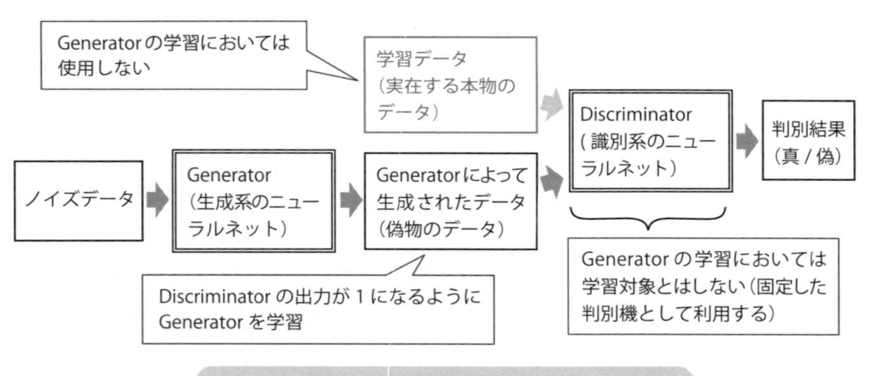

●図6.11　生成のためのニューラルネットであるGeneratorの学習

章末問題

図 6.A に示すような階層型ニューラルネットワークについて、バックプロパゲーションによって学習を行うプログラム bp.py を構成しましょう。同図は、自己符号化器と同じ形式の階層型ニューラルネットワークです。入力層の人工ニューロンと、出力層の人工ニューロンをそれぞれ 5 個とし、中間層は 3 個の人工ニューロンで構成します。

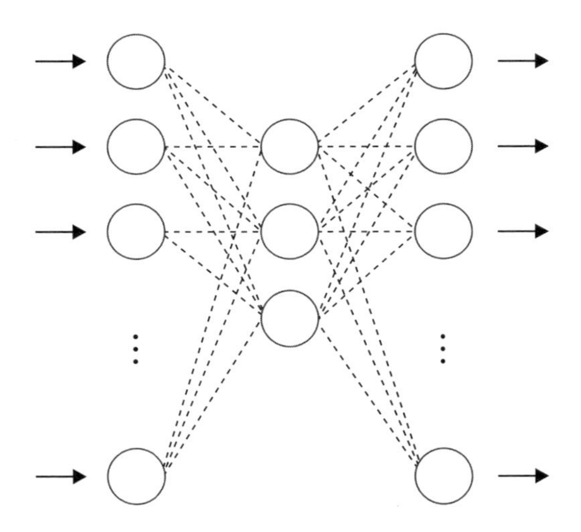

●**図 6.A**　階層型ニューラルネットワークの例（自己符号化器）

学習データセットとして、以下のようなデータを与えることにします。以下で、e は 5 個の入力データと、対応する 5 個の出力データを並べて表現しています。いずれも入出力がまったく同一のデータであり、図 6.A のニューラルネットを自己符号化器として学習させていることになります。

```
1 e = [[1, 0, 0, 0, 0, 1, 0, 0, 0, 0] ,
2      [0, 1, 0, 0, 0, 0, 1, 0, 0, 0] ,
3      [0, 0, 1, 0, 0, 0, 0, 1, 0, 0] ,
4      [0, 0, 0, 1, 0, 0, 0, 0, 1, 0] ,
5      [0, 0, 0, 0, 1, 0, 0, 0, 0, 1]]
```

章末問題　解答

バックプロパゲーションによって学習を行うプログラム bp.py プログラムを**図 6.B** に示します。

bp.py プログラムは、メイン実行部の他に、ネットワークの順方向の計算を担当する forward() 関数と伝達関数を計算する f() 関数、および学習を担当する olearn() 関数と hleran() 関数から構成されます。

メイン実行部では、乱数や各種の変数を初期化したあと、誤差が定数 LIMIT を下回るまで処理を繰り返します。繰り返し処理の内部では、forward() 関数による順方向の計算によって出力の誤差を求め、誤差をもとに olearn() 関数と hleran() 関数を用いて結合荷重を調整します。

順方向の計算を担当する forward() 関数は、基本的に第 5 章章末問題で用いた forward() 関数と同じ処理を行います。学習を担当する関数のうち、olearn() 関数は出力層の重み調整を担当し、hlearn() 関数は中間層の重みを調整します。

```
1  # -*- coding: utf-8 -*-"""
2  bp.pyプログラム
3  バックプロパゲーションによる階層型ニューラルネットの学習
4  誤差の推移や，学習結果となる結合係数などを出力します
5  使いかた　c:¥>python bp.py
6  """
7  # モジュールのインポート
8  import math
9  import sys
10 import random
11
12 # グローバル変数
13 INPUTNO = 5          # 入力層のニューロン数
14 HIDDENNO = 3         # 中間層のニューロン数
15 OUTPUTNO = 5         # 出力層のニューロン数
16 ALPHA = 10           # 学習係数
17 SEED = 65535         # 乱数のシード
18 MAXINPUTNO = 100     # データの最大個数
19 BIGNUM = 100.0       # 誤差の初期値
20 LIMIT = 0.001        # 誤差の上限値
21
```

```
22  # 下請け関数の定義
23  # forward()関数
24  def forward(wh,wo,hi,e):
25      """順方向の計算"""
26      # hiの計算
27      for i in range(HIDDENNO):
28          u = 0.0
29          for j in range(INPUTNO):
30              u += e[j] * wh[i][j]
31          u -= wh[i][INPUTNO] # しきい値の処理
32          hi[i] = f(u)
33      # 出力oの計算
34      o=0.0
35      for i in range(HIDDENNO):
36          o += hi[i] * wo[i]
37      o -= wo[HIDDENNO] # しきい値の処理
38      return f(o)
39  # forward()関数の終わり
40
41  # f()関数
42  def f(u):
43      """伝達関数"""
44      # シグモイド関数の計算
45      return 1.0/(1.0 + math.exp(-u))
46
47  # f()関数の終わり
48
49  # olearn()関数
50  def olearn(wo,hi,e,o,k):
51      """出力層の重み学習"""
52      # 誤差の計算
53      d = (e[INPUTNO + k] - o) * o * (1 - o)
54      # 重みの学習
55      for i in range(HIDDENNO):
56          wo[i] += ALPHA * hi[i] * d
57      # しきい値の学習
58      wo[HIDDENNO] += ALPHA * (-1.0) * d
59      return
60  # olearn()関数の終わり
61
62  # hlearn()関数
```

●図 6.B　bp.py プログラム（次ページに続く）

```
 63 def hlearn(wh,wo,hi,e,o,k):
 64     """中間層の重み学習"""
 65     # 中間層の各セルjを対象
 66     for j in range(HIDDENNO):
 67         dj = hi[j] * (1 - hi[j]) * wo[j] * (e[INPUTNO + k] - o) * o * (1 - o)
 68         # i番目の重みを処理
 69         for i in range(INPUTNO):
 70             wh[j][i] += ALPHA * e[i] * dj
 71         # しきい値の学習
 72         wh[j][INPUTNO] += ALPHA * (-1.0) * dj
 73     return
 74 # hlearn()関数の終わり
 75 
 76 # メイン実行部
 77 # 乱数の初期化
 78 random.seed(SEED)
 79 
 80 # 変数の準備
 81 wh = [[random.uniform(-1,1) for i in range(INPUTNO + 1)]
 82        for j in range(HIDDENNO)]          # 中間層の重み
 83 wo = [[random.uniform(-1,1) for i in range(HIDDENNO + 1)]
 84        for j in range(OUTPUTNO)]          # 出力層の重み
 85 hi = [0.0 for i in range(HIDDENNO + 1)] # 中間層の出力
 86 o = [0.0 for i in range(OUTPUTNO)]      # 出力
 87 err = BIGNUM                            # 誤差の評価
 88 # 学習データセット
 89 e = [[1, 0, 0, 0, 0, 1, 0, 0, 0, 0] ,
 90      [0, 1, 0, 0, 0, 0, 1, 0, 0, 0] ,
 91      [0, 0, 1, 0, 0, 0, 0, 1, 0, 0] ,
 92      [0, 0, 0, 1, 0, 0, 0, 0, 1, 0] ,
 93      [0, 0, 0, 0, 1, 0, 0, 0, 0, 1]]
 94 n_of_e = len(e)
 95 
 96 # 結合荷重の初期値の出力
 97 print(wh, wo)
 98 
 99 # 学習
100 count = 0
101 while err > LIMIT :
102     # 複数の出力層に対応
103     for k in range(OUTPUTNO):
```

```
104         err = 0.0
105         for j in range(n_of_e):
106             # 順方向の計算
107             o[k] = forward(wh, wo[k], hi, e[j])
108             # 出力層の重みの調整
109             olearn(wo[k], hi, e[j], o[k], k)
110             # 中間層の重みの調整
111             hlearn(wh, wo[k], hi, e[j], o[k], k)
112             # 誤差の積算
113             teacherno = INPUTNO + k
114             err += (o[k] - e[j][teacherno]) * (o[k] - e[j][teacherno])
115         count += 1
116         # 誤差の出力
117         print(count," ",err)
118 # 結合荷重の出力
119 print(wh,wo)
120 
121 # 学習データに対する出力
122 for i in range(n_of_e):
123     print(i)
124     print(e[i])
125     outputlist = []
126     for j in range(OUTPUTNO):
127         outputlist.append(forward(wh, wo[j], hi, e[i]))
128     print(['{:.3f}'.format(num) for num in outputlist])
129 # bp.pyの終わり
```

●図 6.B　bp.py プログラム

第7章

進化的計算と群知能

本章では、進化的計算と群知能を扱います。

進化的計算は、生物進化をシミュレートすることで最適化や知識獲得を行う枠組みです。ここではとくに、進化的計算の代表例である遺伝的アルゴリズムと遺伝的プログラミングを紹介します。

群知能は、生物の群れが示す知的な挙動にヒントを得た計算アルゴリズムです。群知能の例として、ここでは、粒子群最適化法、蟻コロニー最適化法、それに人工魚群アルゴリズムを取り上げて説明します。

7.1 進化的計算

7.1.1 生物進化と進化的計算

進化的計算（evolutionary computation）は、生物進化の過程をシミュレートすることで最適化や知識獲得を行う計算アルゴリズムです。ここで「生物の進化」とは、生物集団が世代交代を経て、より環境に適応した形質を獲得する過程のことです。進化的計算では、環境との相互作用や世代交代における遺伝的操作をシミュレートすることで、組み合わせ最適化問題を解いて、最適化に関する知識獲得を実現します。

生物の進化は、次のようなしくみによって生じます。まず前提として、生物は親から子へと遺伝情報を伝えます。このとき、遺伝情報を表現するのが**遺伝子**（gene）です。また、遺伝情報は**染色体**（chromosome）と呼ばれる物質に記録されています。染色体上には、さまざまな遺伝情報が記録されており、結果として染色体には数多くの遺伝子が含まれています。

遺伝情報を記録した染色体は、親から子へ受け継がれます。基本的には、子に受け継がれる遺伝情報は親の遺伝情報のコピーです。しかし、コピーを作成する際には、たとえば両親の遺伝情報が混ぜ合わされたり、あるいは遺伝情報の一部が放射線や化学物質の影響などで書き換えられたりします。前者を**交叉**（crossing）と呼び、後者を**突然変異**（mutation）と呼びます。

交叉や突然変異の結果、子の持つ染色体上の遺伝情報は親の遺伝情報と微妙に異なることになります。染色体上の遺伝子が変化すれば、生物の性質も変化します。このとき、生物の住む環境とよりよく適応する性質を獲得した生物個体は他の個体よりも生存に有利であり、子孫を作れる可能性も高くなります。環境との相互作用によって、生存により有利な個体が選ばれることを**選択**（selection）と呼びます。選択によって選ばれた子孫には生存に有利な遺伝情報が受け継がれますから、やがて生物集団のなかにこの遺伝情報が広がっていき、生物の新しい性質として定着します。このような現象を**進化**（evolution）と呼びます。

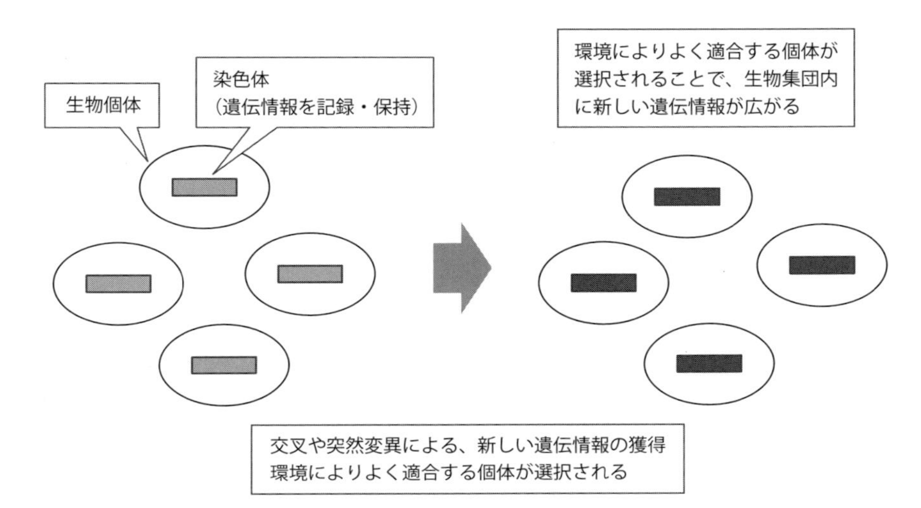

●**図 7.1**　生物の進化

進化的計算においては、生物の進化のしくみを利用して最適化を行います。このとき、染色体には、最適化を行う対象である問題の解を表現した情報を書き込みます。染色体上に書き込まれた問題の解を表現する遺伝情報を、**遺伝子型**（**genotype**）と呼びます。これに対して、遺伝情報を解読して本来の解の形式に書き下した情報を**表現型**（**phenotype**）と呼びます。

表現型の解情報は、たとえば数値であったり、方程式の係数であったり、あるいは、ある装置を組み立てるときにどこにどのような部品を使うのかといった設計上の指定方法であったりと、実に多様です。これらをどのように遺伝子型として表現するかは、進化的計算における主要な問題のひとつです（**図 7.2**）。

遺伝子型
染色体上に書き込まれた、問題の解を表現する遺伝情報

1010011000110101	1111111000110101	1000000100110101

問題ごとに、どのような対応関係を
取るのかを決定する必要がある

表現型
遺伝情報を解読して本来の解の形式に書き下した情報

$x = 5.34521$
$y = 0.22456$
$z = -1.3244$

$f(x) = 0.5x^3 + 3x^2 - 0.2x - 4$

構成要素 A,C,D,X,Y
および Z を利用

●**図 7.2**　遺伝子型と表現型

遺伝子型として表現された解情報は、表現型に変換することで、もとの解くべき問題における解の情報として評価することができます。そこで、親の染色体上に遺伝子型として表現された解情報に対して、遺伝的操作を加えて新たに子染色体を生み出します。子染色体の情報を表現型として解釈し評価することで、よりよい解情報を持った子染色体を選択することができます。このとき、環境への適応の程度を数値で表し、これを**適応度**あるいは**評価値**と呼びます。選択においては、適応度を手がかりに染色体を選びます。

以上の操作を繰り返すことで、染色体集団全体について、より環境に適応する、適応度の高い遺伝情報が広がっていきます（**図 7.3**）。これは、よりよく環境と相互作用することのできる生物個体の持つ遺伝情報が、集団のなかに広がることと対応します。つまり、進化をシミュレートしているのです。

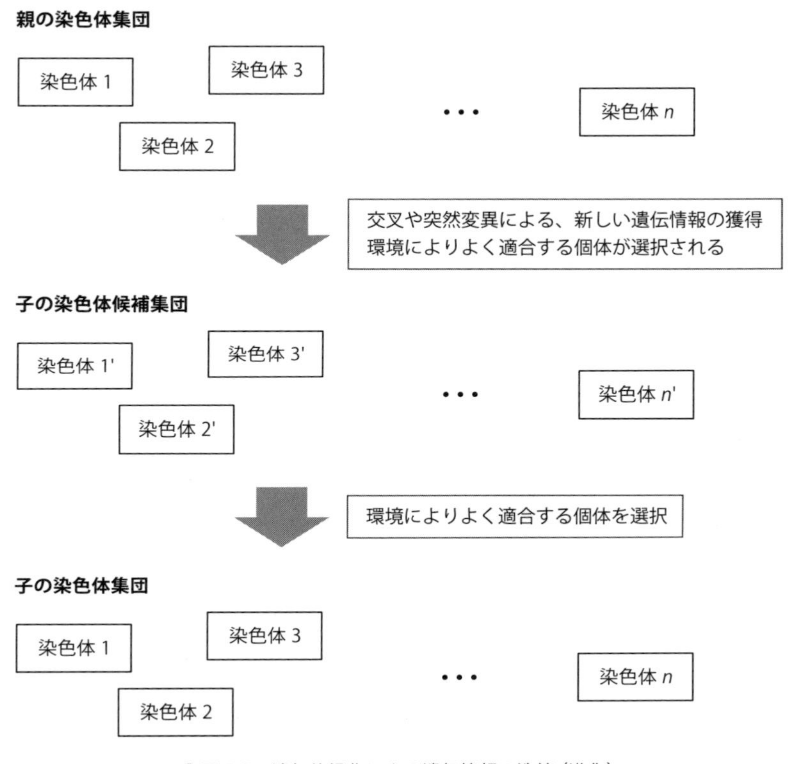

●図 7.3　遺伝的操作による遺伝情報の洗練（進化）

7.1.2　遺伝的アルゴリズムと遺伝的プログラミング

進化的計算の具体例に、**遺伝的アルゴリズム**（**Genetic Algorithm, GA**）や**遺伝的プログラミング**（**Genetic Programming, GP**）などがあります。以下では、遺伝的アルゴリズムの基本と、遺伝的プログラミングの特徴について説明します。

遺伝的アルゴリズムは、0/1 の並びであるビット列として表現された染色体に対して、交叉・突然変異・選択などの遺伝的操作を加えることで、よりよい染色体を作り出すためのしくみを与えます。

はじめに、染色体の表現方法を説明します。遺伝的アルゴリズムでは、染色体として 0 と 1 の数字を並べた表現を用います。具体的な表現方法は、解くべき問題に依存します。

たとえば、ある制約条件のもとで最適な組み合わせを探索する組み合わせ最適化問題を、遺伝的アルゴリズムを用いて解くことを考えます（**図 7.4**）。選択すべき項目を列挙し、それぞれについて選択に加える場合には 1 を、加えない場合には 0 を与えます。こうして作成した 0/1 の並びを、染色体として用います。なお、0 または 1 の値を保持するそれぞれの部分を、**遺伝子座**（**locus**）と呼びます。

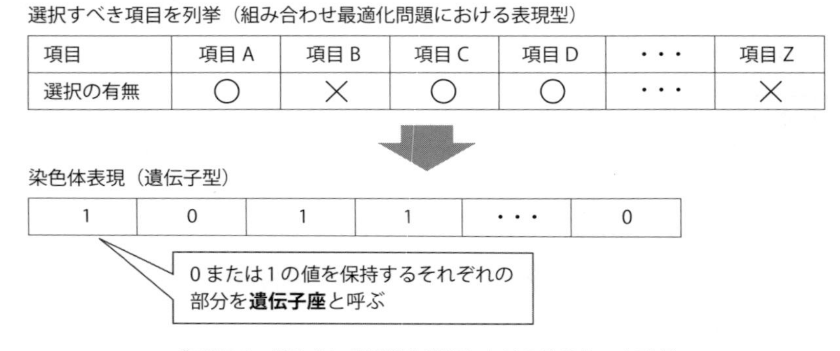

●**図 7.4**　組み合わせ最適化問題における染色体の表現例

次に、遺伝的アルゴリズムの処理の流れについて説明します。**図 7.5** に遺伝的アルゴリズムの処理の流れを示します。同図ではまじめに、染色体集団を初期化しています。染色体は 0/1 の並びで表現されますから、たとえば乱数を用いて初期化することが可能です。

染色体集団に含まれる染色体の個数は、あまり少ないと遺伝情報を保持しきれず、進化が進みません。逆に多すぎると、遺伝的操作に要する計算量が膨大になり、計算時間や必要とする記憶容量が非常に大きくなってしまいます。最適な集団のサイズは問題の性質にも依存しますから、理論的に決定するのは困難であり、問題ごとに実験的に決定する必要があります。

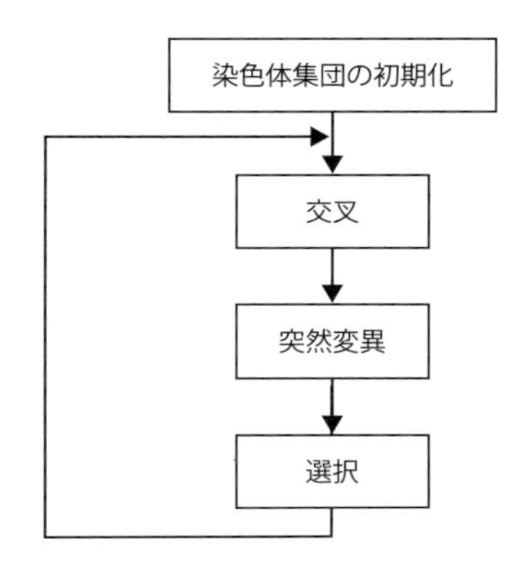

●図 7.5　遺伝的アルゴリズムの処理の流れ

初期集団を生成し終えたら、遺伝的操作を加えて染色体集団の進化を促します。遺伝的操作として、交叉や突然変異、選択を用います。

交叉は、親世代の染色体から両親となる染色体を選び出し、遺伝情報を混ぜ合わせることで子どもの染色体を生成します。**図 7.6** に、交叉の例を示します。

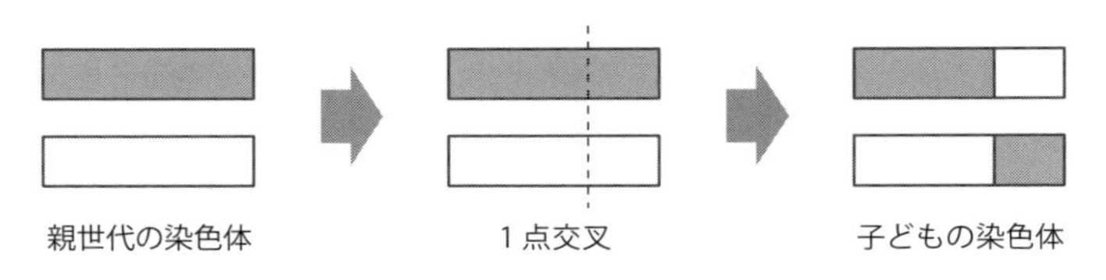

●図 7.6　交叉の例（1 点交叉）

同図では、両親となるふたつの染色体について、乱数で決定する場所から前後を交換して、子どもの染色体を 2 個生成しています。このように、1 点で前後を交換する方法を **1 点交叉**（**single point crossover**）と呼びます。交叉の方法には、1 点交叉の他に、2 点で交叉を行う **2 点交叉**、あるいは多くの点で交叉を行う方法である**多点交叉**や、さらに、すべての遺伝子座について確率的に交換を施す**一様交叉**などの方法があります（**図 7.7**）。

これらのうちどの方法を選ぶべきかは、問題の性質や遺伝的アルゴリズム全体の設計とも関係するため、実験的に決定する必要があります。なお、交叉を実施するためには、親となるふたつの染色体を選択する必要があります。親染色体の選択方法については、後述する世代交代時の選択手続きと同様の考えかたが必要になるため、あとでまとめて説明します。

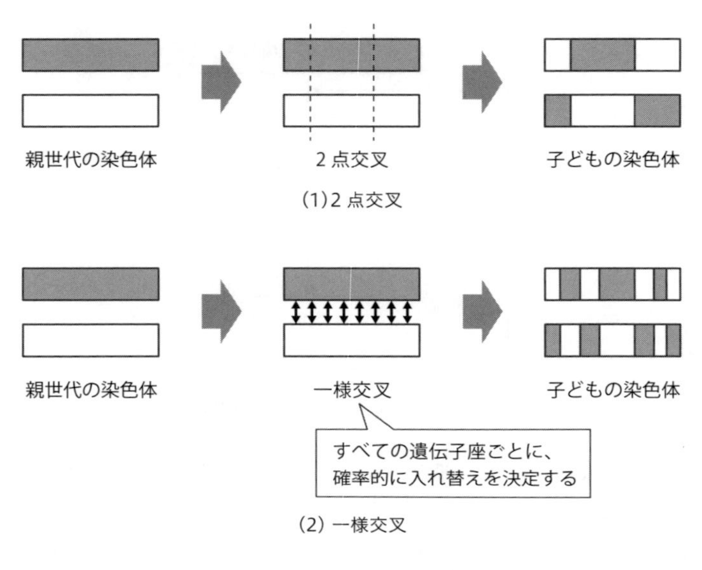

●図 7.7　2 点交叉と一様交叉

突然変異は、ランダムに遺伝情報を書き換える操作です。たとえば**図 7.8** (1) のように、遺伝情報の最小単位である遺伝子座に注目し、低い確率で遺伝子座の 0/1 を反転させる方法があります。これを、反転の点突然変異と呼びます。また (2) のように、ふたつの遺伝子座の間の遺伝情報を入れ替える転座と呼ばれる方法などがあります。突然変異の方法も、交叉の方法と同様、問題ごとに実験的に決定する必要があります。

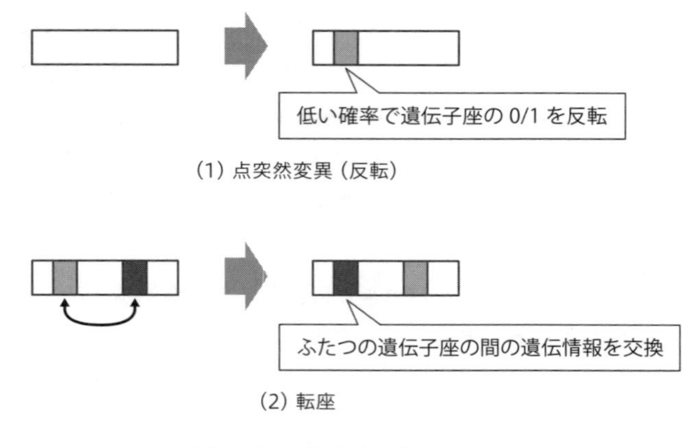

●図 7.8　突然変異の例

突然変異を生じさせる確率値は、一般には、数%程度の低い値を指定します。この値が大きすぎると、遺伝的操作によって獲得した形質がすぐに壊されてしまい、進化が進みません。逆に小さすぎると、遺伝情報の探索範囲が広がらず、やはり進化が停滞していまいます。どの程度に設定すべきかは、対象とする問題の性質や、染色体の表現方法、あるいは遺伝的操作の方法などとの兼ね合いで決定されるため、実験的に決定せざるを得ません。

交叉や突然変異によって次世代の染色体候補となる染色体集団が生成されたら、その集団のなかから実際に次世代に残すべき染色体を**選択**（**selection**）する必要があります。このとき、基本的には、適応度が高く環境によりよく適合する染色体を選択すべきです。しかし、単に適応度の高い染色体を選ぶだけでは遺伝情報の多様性が失われ、進化が停滞してしまいます。

極端な場合を考えると、たとえば適応度の一番高い染色体のみを選択したとします。すると、子世代の染色体集団はすべて同一の染色体となり、それ以上の進化は突然変異によるランダムな進化しか望めません。また、複数の染色体を選んだとしても、適応度の高い染色体ばかりを選ぶと、どれも似通った染色体である可能性が高く、やはり進化が進まなくなります。

こうしたことから、次世代の染色体の選択においては多様性を考慮して、適応度の高いものばかりでなく、低いものも選ばなければなりません。

以上のように選択においては、多様性を考慮しつつ、適応度の高い染色体を選ぶ方法が必要です。ひとつの方法として、**ルーレット選択**（**roulette wheel selection**）と呼ばれる方法があります。ルーレット選択は、染色体の適応度に応じた割り当て区画を持つルーレットを使って、確率的に染色体を選択する方法です。**図 7.9** にルーレット選択の原理を示します。

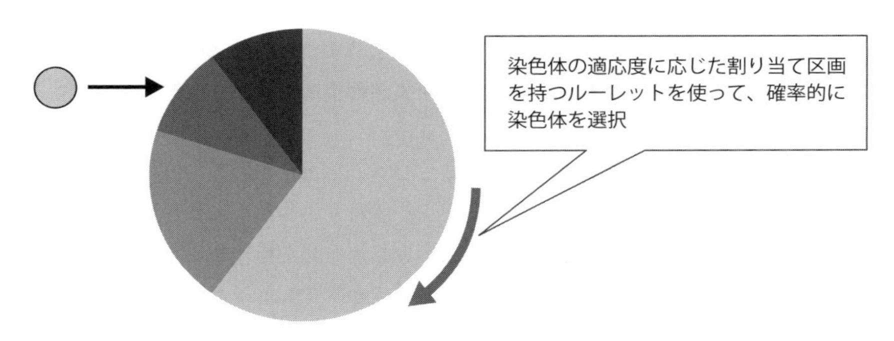

●図 7.9　ルーレット選択の原理

図 7.9 では、四つの染色体を対象としてルーレット選択を実施する場合を示しています。同図のように、それぞれの染色体の適応度に応じた面積をルーレット上に割り当て、このルーレットを使って選択対象となる染色体を選びます。すると、多くの場合は、面積の大きな区画に対応した染色体、すなわち適応度の高い染色体が選択されます。しかし、場合によってはそうでない染色体が選択される可能性もあり、比較的適応度の高くない染色体が選ばれる場合もあります。このことで、適応度の高い染色体を中心に選び出し、かつ多様性を維持することが可能になります。

選択の方法には、ルーレット選択の他に、**トーナメント選択**（**tournament selection**）や**ランク選択**（**rank selection**）などがあります。トーナメント選択は、ランダムに選んだ少数の染色体のなかから、適応度の高いものを選択します。これを繰り返すことで、ランダム性を加味したうえで適応度の高い染色体を選択します。ランク選択では、染色体を適応度順に並べて、上位から決められた個数の染色体を選びます。ランク選択は、染色体集団のなかで適応度の値にあまり差がない場合に有効です。

ここで、先に保留していた交叉時の選択について説明します。交叉において親となる染色体を選択する方法は、ここまで述べた世代交代の際の選択と同様の考えかたが必要です。すなわち、適応度の高い染色体を選ぶとともに、多様性を維持できるような選択方法が必要です。したがってこの場合も、ルーレット選択やトーナメント選択などの方法が有効です。

以上、交叉と突然変異、そして選択を経て、染色体集団は親世代から子世代へと世代交代を進めます。こうして得られた子世代の染色体集団に対して、さらに同様の操作を施すことで、次々と世代交代を行います。世代が進むに連れ、染色体集団の平均の適応度は徐々に上昇することが期待されます。

このように、遺伝的アルゴリズムでは、集団全体の平均値が向上することを目指します。遺伝的アルゴリズムは確率的な探索手法ですから、最適解が求まる保証はありません。あくまで、よりよい遺伝情報が染色体集団のなかに広がっていき、よりよい解が得られることを目指します。

遺伝的アルゴリズムは正解を求めるアルゴリズムではないので、世代交代についての明確な終了条件はありません。そこで、いずれかの時点で操作を打ち切る必要があります。打ち切りの目安としては、あらかじめ定めた世代数の上限や適応度の下限を超えた時点や、世代交代を進めても適応度が変化しなくなった時点などを選びます。

以上が、遺伝的アルゴリズムの概略です。ここで説明した基本的な操作からなる遺伝的アルゴリズムは、**単純 GA**（**simple GA**）と呼ばれます。実際に遺伝的アルゴリズムを利用する場合には、単純 GA の方法をもとに、遺伝的操作においてさまざまな工夫をするのが普通です。そのひとつに、**エリート保存戦略**があります（**図 7.10**）。

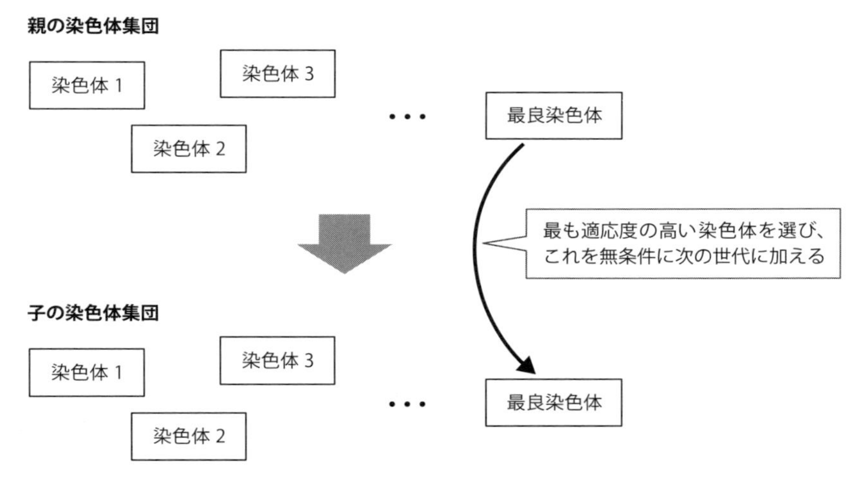

●図 7.10　エリート保存戦略

同図で、親世代の染色体のうち、他と比べて適応度の高い染色体を**エリート**と呼びます。エリートのなかから、たとえば最も適応度の高い染色体を選び、これを無条件に次の世代に加えます。こうすることで、最良の染色体を必ず次世代に伝えることができます。これをエリート保存戦略と呼びます。

単純 GA では、染色体の表現に 0/1 の 2 値を用いますが、各遺伝子座に多値の整数を用いたり、実数を用いることも可能です。さらに、染色体表現に木構造を導入することで、多様なデータ構造を表現できるように拡張することが可能です。染色体表現に木構造を利用するよう拡張した遺伝的アルゴリズムを、**遺伝的プログラミング**と呼びます。

遺伝的プログラミングでは、木構造で表された染色体に対して、部分木を単位として遺伝的操作を施します（**図 7.11**）。

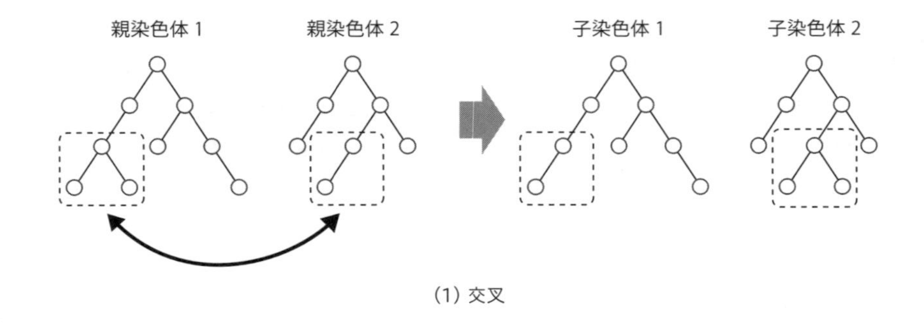

(1) 交叉

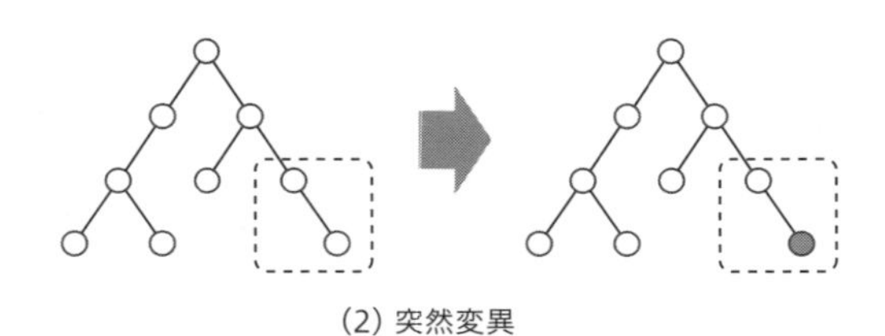

(2) 突然変異

●図 7.11　遺伝的プログラミングにおける、遺伝的操作の例

遺伝的プログラミングは、遺伝的アルゴリズムと比較して、より多様なデータ構造を扱うことが可能です。このため、対象とする問題によっては染色体表現が容易となり、問題により対応した遺伝的操作を行うことができます。

7.2 群知能

ここでは、生物の群れが示す知的な挙動にヒントを得たアルゴリズムである**群知能**（Swarm Intelligence）を扱います。具体的実装として、粒子群最適化法・蟻コロニー最適化法・人工魚群アルゴリズムを取り上げます。

7.2.1 粒子群最適化法

粒子群最適化法（Particle Swarm Optimization, PSO）は、魚の群れに代表される生物の群れの挙動をシミュレートすることで最適値を探索する最適化手法です。

粒子群最適化法では、解を探索すべき探索空間のなかを、複数の粒子を飛び回らせることで最適解を探索します。ここで粒子とは、生物個体を抽象化した存在です。

最適化の対象は N 次元の関数であり、探索空間は N 次元空間です。探索空間内に粒子を適当に配置し、時刻の進展に従って粒子を移動させることで、探索空間内の最適解を探します。このとき、粒子が記憶を持つことと、群れ全体で記憶を共有することで、単なるランダム探索ではなく方向性を持った探索が可能となります。

図 7.12 に、$N=2$、すなわち探索空間が 2 次元の場合を例にとって、粒子群最適化法を説明します。図 7.12（1）では、初期時刻において粒子を配置するようすを示しています。初期状態では、探索空間のなかのどの場所に最適解が存在するかわかりませんから、たとえばある範囲のなかにランダムに粒子を配置します。各粒子は、自分自身の現在位置の情報とともに、探索空間内をどちらに向かって移動するかの情報である速度の情報も持っています。

同図の（2）では、時刻の進展によって粒子が探索空間内を飛び回るようすを示しています。粒子はある時刻における自分の位置から、自分の持つ速度情報に従って移動します。このとき、過去の記憶を使って速度成分を逐次調節します。利用する過去の記憶は、次のふたつです。

（1）自分自身の記憶（自分が過去に得た最良解の値と、そのときの位置）
（2）群れ全体としての記憶（群れ全体として、過去に得た最良解の値と、そのときの位置）

上記（1）は、自分が初期位置から移動してきた道筋において、最もよい評価値を得ることのできた位置座標に関する記憶です。この情報に基づき、過去最良の位置に向けて速度を調整します。（2）は、自分自身ではなく、群れ全体のなかで過去に得た最もよい評価値に対応した座標についての情報です。この情報を用いることで、群れ全体として過去の記憶を共有し、過去に最良解を与えた場所に向けて速度を修正します。粒子群最適化法では、このようにして、過去に経験した最良の値を得る場所を中心的に探索します。

同図（3）は、探索の終了時のようすを示しています。探索の終了条件としては、たとえば一定時刻経過後であるとか、群れの持つ最適解が時刻によって変化しなくなった場合などを指定します。

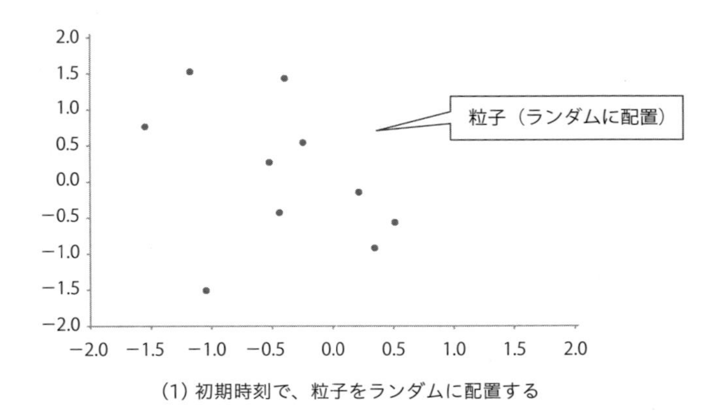

(1) 初期時刻で、粒子をランダムに配置する

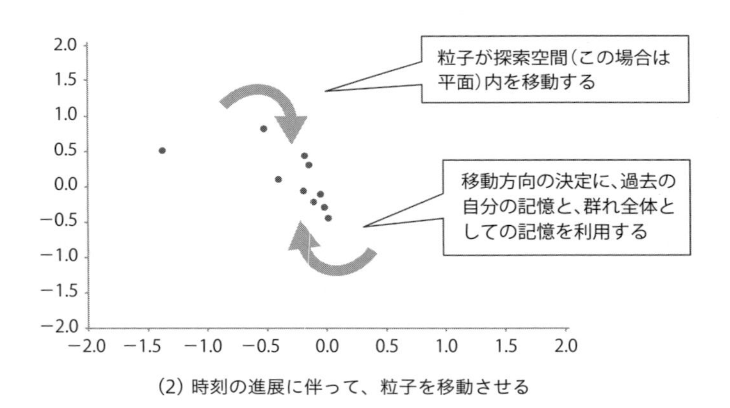

(2) 時刻の進展に伴って、粒子を移動させる

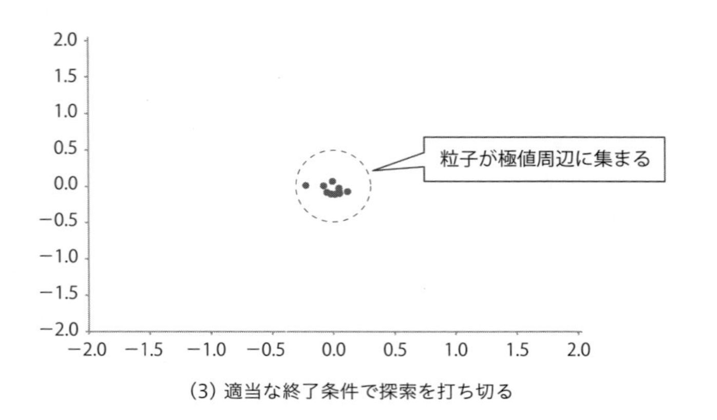

(3) 適当な終了条件で探索を打ち切る

●図 7.12　粒子群最適化法の手続き

粒子群最適化法の計算手続きを示します。計算は比較的かんたんで、すべての粒子について以下の計算式を世代ごとに繰り返し計算します。

$$v_{t+1} = w \cdot v_t + c_1 \cdot r_1 \cdot (bpos - pos_t) + c_2 \cdot r_2 \cdot (gbpos - pos_t) \quad ①$$
$$pos_{t+1} = pos_t + v_{t+1} \quad ②$$

ただし、

v_t：時刻 t における速度

pos_t：時刻 t における位置

w：慣性定数

c_1：ローカル質量

c_2：グローバル質量

r_1, r_2：乱数 $(0 \leq r_1 < 1, 0 \leq r_2 < 1)$

$bpos$：過去に自分が到達した最良評価値を与える位置

pos：現在位置

$gbpos$：群れ全体としてそれまでの最良評価値を与える位置

上式で、式①は速度の更新式であり、式②は速度の式①を用いた位置の更新式です。式②を用いて実際の時刻における粒子の位置を計算するために、式①を用いて逐次粒子の速度を更新します。

式①において、第 2 項は自分自身の記憶に基づく調整のための項であり、第 3 項は群れ全体としての記憶に基づく調整項です。いずれの項にも乱数が係数として掛け合わせられており、速度調整に対する影響の度合いはランダムに決められます。

粒子群最適化法を用いた関数の極値探索の例を**図 7.13** に示します。同図で、関数 $f(x, y) = x^2 + y^2$ の極小値を求めています。この関数は原点 (0, 0) で極小となります。粒子群最適化法を用いて探索を進めると、同図のように、時刻の進展に伴って粒子が原点周辺に集まっていきます。

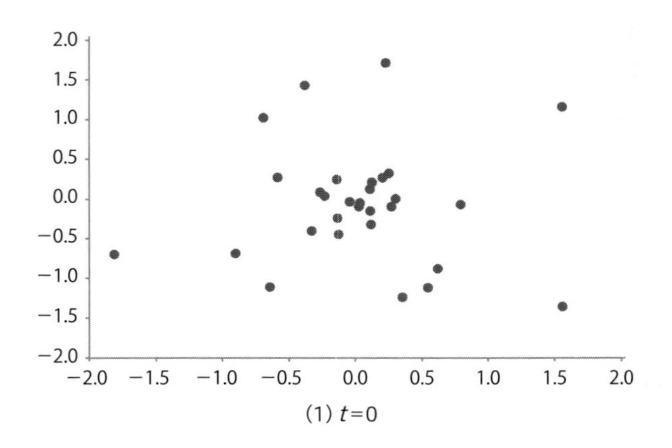
2.0
1.5
1.0
0.5
0.0
−0.5
−1.0
−1.5
−2.0
−2.0 −1.5 −1.0 −0.5 0.0 0.5 1.0 1.5 2.0

(1) $t=0$

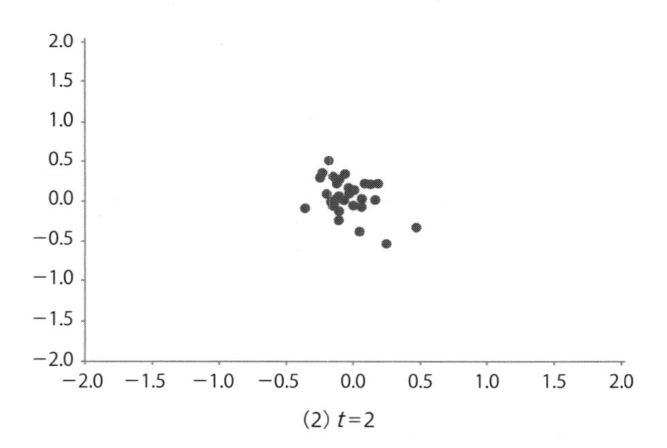
2.0
1.5
1.0
0.5
0.0
−0.5
−1.0
−1.5
−2.0
−2.0 −1.5 −1.0 −0.5 0.0 0.5 1.0 1.5 2.0

(2) $t=2$

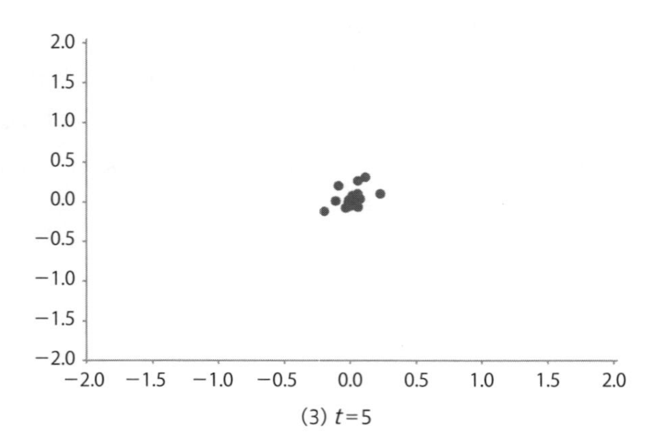
2.0
1.5
1.0
0.5
0.0
−0.5
−1.0
−1.5
−2.0
−2.0 −1.5 −1.0 −0.5 0.0 0.5 1.0 1.5 2.0

(3) $t=5$

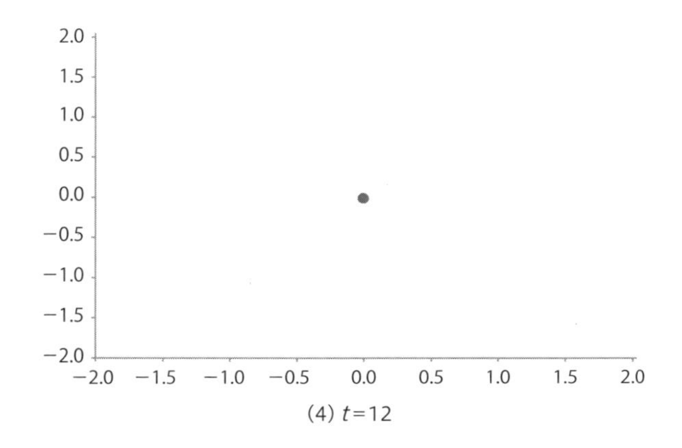

●図 7.13 粒子群最適化法を用いた関数の極値探索の例
時刻の進展に伴って粒子が原点周辺に集まっていく

7.2.2 蟻コロニー最適化法

蟻コロニー最適化法（**Ant Colony Optimization, ACO**）は、最短経路を探索することに特化した最適化アルゴリズムです。蟻の群れが餌場と巣穴の間の最短経路を見つけ出すしくみをシミュレートした群知能アルゴリズムです。

図 7.14 に、蟻コロニー最適化法による最短経路探索のしくみを示します。同図において、蟻の巣穴と餌場の間の最短経路を探索します。基本的には、蟻はランダムに経路を選んで巣穴と餌場の間を往復します。しかし、蟻は移動に際して足からフェロモンを出します。フェロモンは化学物質であり、蟻を引きつける性質を持っています。経路選択においては、経路上のフェロモンの濃度が高いほうが選択されやすくなります。また、フェロモンは揮発性を有し、時間とともに濃度が低くなる性質があります。

以上の設定で、蟻の集団の歩行シミュレーションを実行します。シミュレーションの開始直後は、経路上にはフェロモンがありませんから、蟻はランダムに経路を選択します。経路上にはフェロモンが塗られますが、遠回りの経路ではフェロモンが順次蒸発してしまいます。これに対し近道の経路では、先に塗られたフェロモンが蒸発する前に蟻が再びその経路上を歩行することで、新たにフェロモンが上塗りされます。すると、フェロモンに引かれて他の蟻も集まってきます。蟻が集まればさらにフェロモンが上塗りされますから、最終的には近道の経路のみが蟻たちに選択され、最短経路上に蟻の行列ができあがります。

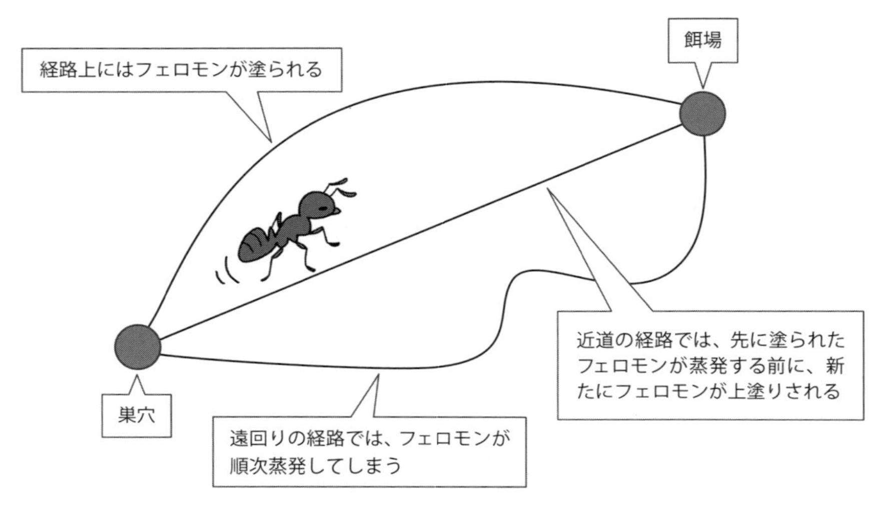

●図 7.14　蟻コロニー最適化法による最短経路探索のしくみ

蟻コロニー最適化法は、最適経路探索に特化したアルゴリズムとして、ネットワークトラフィックの最適化問題や工作機械の最適配置問題への応用などがなされています。

7.2.3　人工魚群アルゴリズム

人工魚群アルゴリズム（**Artificial Fish Swarm Algorithm, AFSA**）は、粒子群最適化法を発展させた最適化手法です。人工魚群アルゴリズムでは、魚の群れに見られる以下のような挙動をシミュレートすることで最適化を実行します。

（1）**回避**：魚の密集した箇所を回避する
（2）**捕食**：他の魚の現在の位置に対する評価値を調べ、よりよい位置にいる魚の場所に移動する
（3）**追尾**：よりよい評価値を与える位置にいる魚に近づく
（4）**ランダム移動**：ランダムに移動する

人工魚群アルゴリズムは、粒子群最適化法と比較してよりよい探索性能を示す場合がある反面、探索アルゴリズムが複雑で実装が難しいという欠点もあります。

章末問題

粒子群最適化法による関数の極値探索プログラム、pso.py プログラムを作成しましょう。具体的には、7.2.1 項の図 7.13 のような実行例を与えるプログラムを作成します。計算方法は、同項で示した式①と式②を用いて、乱数で初期化した粒子群を時刻 $t=0$ から順に移動させていきます。

シミュレーションの条件は次の通りです。

極値探索対象の関数

$f(x, y) = x^2 + y^2$

シミュレーションにおける各定数の値

N = 30　　　　　# 粒子の個数
TIMELIMIT = 50　# シミュレーション打ち切り時刻
W = 0.3　　　　　# 慣性定数
C1 = 1.2　　　　# ローカル質量
C2 = 1.2　　　　# グローバル質量

粒子の初期位置 (x, y) の範囲

$-2 \leq x \leq 2 \quad -2 \leq y \leq 2$

pso.py プログラムでは、粒子の表現に Python のクラスを使うのが便利です。そこで粒子を表現するクラスである Particle クラスを定義し、Particle 内部に次の時刻の状態を計算する optimize() メソッドを作成します。また Particle クラスのコンストラクタには、粒子の初期位置や初速度を乱数で初期化する機能を準備します。Particle クラスの概略は次の通りです。

```
1  # クラス定義
2  # Particleクラス
3  class Particle:
4      """粒子を表現するクラスの定義"""
5      def __init__(self):  # コンストラクタ
6          self.x = random.uniform(-2.0, 2.0)  # x座標の初期値
7          self.y = random.uniform(-2.0, 2.0)  # y座標の初期値
8           （以下、必要な変数を初期化する）
9
10     def optimize(self):  # 次時刻の状態の計算
11         r1 = random.random()   # 乱数r1の設定
12         r2 = random.random()   # 乱数r2の設定
13         # 速度の更新
14         self.vx = W * self.vx ¥
15                 + C1 * r1 * (self.bestpos_x - self.x) ¥
16                 + C2 * r2 * (gbestpos_x - self.x)
17          （以下、状態更新の計算を記述する）
```

章末問題　解答

粒子群最適化法による関数の極値探索プログラム pso.py プログラムの実装例を**図 7.A** に示します。

pso.py プログラムでは、粒子を表現する Particle クラスを定義し、Particle クラスの機能を使って粒子の運動を計算します。メイン実行部では、粒子を *N* 個作成し、TIMELIMIT まで時刻を進めることでシミュレーションを実行します。このとき、粒子の運動を表現するために、matplotlib をインポートしてグラフ表示を行っています。グラフ表示の例を**図 7.B** に示します。

```
1  # -*- coding: utf-8 -*-
2  """
3  pso.pyプログラム
4  粒子群最適化法による関数の極値探索プログラム
5  結果をグラフ描画します
6  使いかた　c:¥>python pso.py
7  """
```

```
 8  # モジュールのインポート
 9  import random
10  import numpy as np
11  import matplotlib.pyplot as plt
12  
13  # 定数
14  N = 30          # 粒子の個数
15  TIMELIMIT = 50  # シミュレーション打ち切り時刻
16  W = 0.3         # 慣性定数
17  C1 = 1.2        # ローカルな質量
18  C2 = 1.2        # グローバルな質量
19  SEED = 65535    # 乱数の種
20  
21  # クラス定義
22  # Particleクラス
23  class Particle:
24      """粒子を表現するクラスの定義"""
25      def __init__(self): # コンストラクタ
26          self.x = random.uniform(-2.0, 2.0)     # x座標の初期値
27          self.y = random.uniform(-2.0, 2.0)     # y座標の初期値
28          self.value = calcval(self.x, self.y)   # 評価値
29          self.bestval = self.value              # 最適値
30          self.vx = random.uniform(-1.0, 1.0)    # 速度のx成分の初期値
31          self.vy = random.uniform(-1.0, 1.0)    # 速度のy成分の初期値
32          self.bestpos_x = self.x                # 最適位置（x座標）
33          self.bestpos_y = self.y                # 最適位置（y座標）
34  
35      def optimize(self): # 次時刻の状態の計算
36          r1 = random.random()  # 乱数r1の設定
37          r2 = random.random()  # 乱数r2の設定
38          # 速度の更新
39          self.vx = W * self.vx ¥
40                  + C1 * r1 * (self.bestpos_x - self.x) ¥
41                  + C2 * r2 * (gbestpos_x - self.x)
42          self.vy = W * self.vy ¥
43                  + C1 * r1 * (self.bestpos_y - self.y) ¥
44                  + C2 * r2 * (gbestpos_y - self.y)
45          # 位置の更新
46          self.x += self.vx
47          self.y += self.vy
48          # 最適値の更新
```

●図 7.A　pso.py プログラム（次ページに続く）

```
49          self.value = calcval(self.x, self.y)
50          if self.value < self.bestval:
51              self.bestval = self.value
52              self.bestpos_x = self.x
53              self.bestpos_y = self.y
54
55  # Particleクラスの定義の終わり
56
57  # 下請け関数の定義
58  # calcval()関数
59  def calcval(x, y):
60      """評価値の計算"""
61      return x * x + y * y
62
63  # calcval()関数の終わり
64
65  # setgbest()関数
66  def setgbest():
67      """群中の最適位置と最適値の設定"""
68      global gbestval
69      global gbestpos_x
70      global gbestpos_y
71      for i in range(N):
72          if ps[i].value < gbestval :
73              gbestval = ps[i].bestval
74              gbestpos_x = ps[i].bestpos_x
75              gbestpos_y = ps[i].bestpos_y
76  # setgbest()関数の終わり
77
78  # メイン実行部
79  # 初期化
80  random.seed(SEED)  # 乱数の初期化
81  # 粒子群の生成
82  ps = [Particle() for i in range(N)]
83  # 群中の最適位置と最適値の設定
84  gbestpos_x = ps[0].bestpos_x
85  gbestpos_y = ps[0].bestpos_y
86  gbestval = ps[0].bestval
87  setgbest()
88
89  # グラフデータの初期化
```

```
90  xlist = []
91  ylist = []
92
93  # 探索
94  for t in range(TIMELIMIT):
95      print("t = ",t)
96      for i in range(N):
97          ps[i].optimize()  # 次時刻の状態を計算
98          setgbest()
99          # グラフデータの追加
100         xlist.append(ps[i].x)
101         ylist.append(ps[i].y)
102     # グラフの表示
103     plt.clf()  # グラフ領域のクリア
104     plt.axis([-2, 2, -2, 2])   # 描画領域の設定
105     plt.plot(xlist, ylist, ".")  # プロット
106     plt.pause(0.01)
107     # 描画データのクリア
108     xlist.clear()
109     ylist.clear()
110 plt.show()
111 # pso.pyの終わり
```

●図 7.A　pso.py プログラム

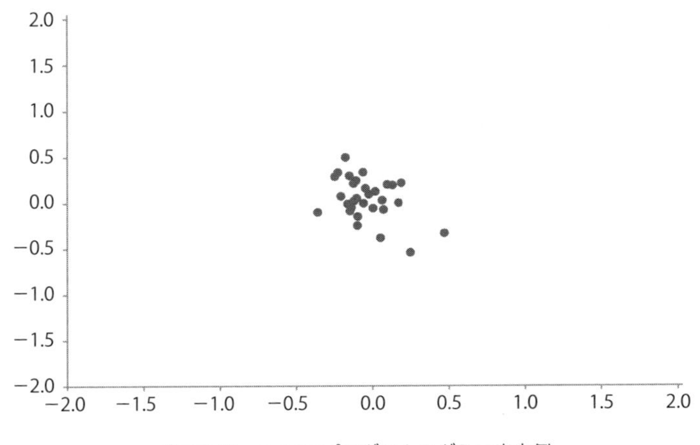

●図 7.B　pso.py プログラムのグラフ出力例

第8章

自然言語処理

本章では、日本語や英語などの自然言語による表現をコンピュータで処理する技術である、自然言語処理を取り上げます。

自然言語処理の技術は人工知能研究の初期から研究が進められ、20世紀の終わりまでに一定の成果を得るまでに発展しました。その後、深層学習の出現に伴い、統計的処理や機械学習を基礎技術とした自然言語処理技術が発展しつつあります。ここでは、まず前者を従来型の自然言語処理として紹介し、次に後者の技術を説明します。さらに、音声認識についても取り上げます。

8.1 従来型の自然言語処理

まず、人工知能研究の初期から行われてきた、従来型の自然言語処理技術を紹介します。ここで紹介する技術は、のちほど述べる機械学習による自然言語処理においても、基礎技術として用いられています。

8.1.1 自然言語処理の階層

従来型の自然言語処理技術においては、自然言語で記述された情報を**図 8.1** に示すような階層的手続きによって処理します。

図 8.1 において、**形態素解析**（**morphological analysis**）は、与えられた自然言語文字列から**形態素**を抽出し、その文法的な役割を判別する処理です。ここで形態素とは、自然言語文を構成する最小の文法的要素であり、一般には単語と呼ばれています。形態素解析により、文を構成するそれぞれの形態素が切り出されて、各々の品詞情報などがわかります。

構文解析（**syntax analysis**）では、形態素解析で得られた形態素に関する情報を利用して、形態素がどのようにして文を構成しているのかを解析します。構文解析によって「どの形態素が主語や述語などの役割を持つのか」「形態素同士の修飾関係はどうなっているのか」などがわかります。

意味解析（**semantic analysis**）では、形態素解析や構文解析によって得られた情報から、与えられた文の意味を解析し、自然言語による表現とは独立の意味表現を作成します。さらに**談話理解**（**discourse understanding**）では、複数の文からなる文章の意味を読み取ります。

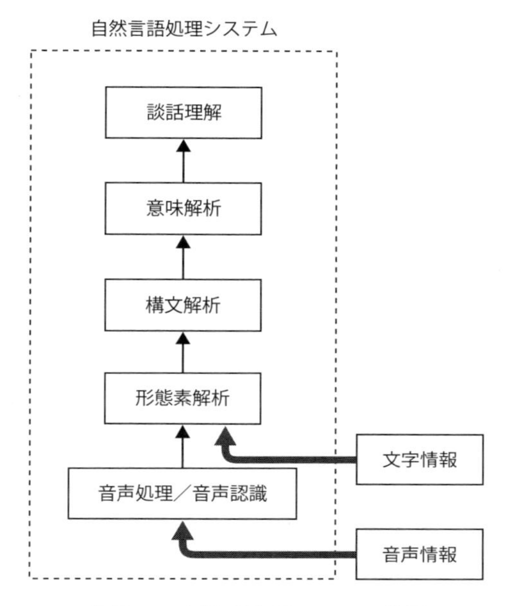

●図 8.1　自然言語処理システムの階層

以上では、記号列によって表現された自然言語データについての処理手順を述べました。さらに、図 8.1 の下段に示した音声処理および音声認識の技術を用いることで、音声によって表現された自然言語データを記号列に変換し、以降同様の手順で処理を進めることができます。

以下では、それぞれの処理過程の具体的内容について説明します。

8.1.2　形態素解析

形態素解析では、与えられた文字列から形態素を切り出し、辞書と照合することでその形態素の役割を決定します。**図 8.2** に、日本語の文に対する形態素解析の結果の例を示します。

図 8.2 は、形態素解析ツール **MeCab** を利用して、「形態素解析では、形態素を切り出し、その役割を決定します。」という文を解析した結果を示しています。MeCab はフリーの形態素解析ソフトウェアです（詳しくは参考文献を参照してください）。

入力文

「形態素解析では、形態素を切り出し、その役割を決定します。」

解析結果

形態素	名詞 , 一般 , *,*,*,*, 形態素 , ケイタイソ , ケイタイソ
解析	名詞 , サ変接　　　続 ,*,*,*,*, 解析 , カイセキ , カイセキ
で	助詞 , 格助詞 , 一般 ,*,*,*, で , デ , デ
は	助詞 , 係助詞 ,*,*,*,*, は , ハ , ワ
、	記号 , 読点 ,*,*,*,*,、 ,、 ,、
形態素	名詞 , 一般 ,*,*,*,*, 形態素 , ケイタイソ , ケイタイソ
を	助詞 , 格助詞 , 一般 ,*,*,*, を , ヲ , ヲ
切り出し	動詞 , 自立 ,*,*, 五段・サ行 , 連用形 , 切り出す , キリダシ , キリダシ
、	記号 , 読点 ,*,*,*,*,、 ,、 ,、
その	連体詞 ,*,*,*,*,*, その , ソノ , ソノ
役割	名詞 , 一般 ,*,*,*,*, 役割 , ヤクワリ , ヤクワリ
を	助詞 , 格助詞 , 一般 ,*,*,*, を , ヲ , ヲ
決定	名詞 , サ変接続 ,*,*,*,*, 決定 , ケッテイ , ケッテイ
し	動詞 , 自立 ,*,*, サ変・スル , 連用形 , する , シ , シ
ます	助動詞 ,*,*,*, 特殊・マス , 基本形 , ます , マス , マス
。	記号 , 句点 ,*,*,*,*,。 ,。 ,。

●図 8.2　形態素解析の結果（日本語の場合の例、形態素解析ツール MeCab を利用）

英語やドイツ語などでは、文を構成する単語は、はじめから空白で区切られており、形態素解析において区切りを解析する必要はありません。これに対して日本語の文には空白による形態素の区切りが含まれていませんから、形態素解析において区切りを見つけて、**分かち書き**の表現を獲得する必要があります。図 8.2 では、入力された日本語文の分かち書き表現が、出力各行の先頭に示されています。

形態素解析では、辞書を用いることで形態素の役割を決定します、同図では、各行の 2 項目以降に、それぞれの形態素の役割や原形、読みなどが示されています。たとえば先頭の「形態素」は名詞であり、読みは「ケイタイソ」であることが示されています。また 8 行目の「切り出し」は動詞であり、その原形は「切り出す」であることがわかります。

形態素解析は、従来型の自然言語処理において構文解析や意味解析の前処理として重要であるだけでなく、後述する機械学習や深層学習を利用した自然言語処理においても、同様に前処理として用いられます。

8.1.3　構文解析

構文解析は、形態素解析の結果を用いて、与えられた文がどのような構造で構成されているのかを調べます。構文解析を行うためには、文の構造に関する知識である**文法**（**grammar**）の知識が必要です。

文法の表現方法にはさまざまな手法がありますが、ここでは、**句構造文法**（**phrase structure grammar**）によって文法を表現する例を示します。句構造文法は、言語学者の**チョムスキー**（**Noam Chomsky**）が提唱した文法理論です。

句構造文法では、文法は次の四つの要素から構成されます。

（1）書き換え規則
（2）終端記号
（3）非終端記号
（4）開始記号

上記のうち、（1）の**書き換え規則**（**rewrite rule**）が句構造文法の中心となる構成要素です。（2）～（4）の**終端記号**（**terminal symbol**）、**非終端記号**（**nonterminal symbol**）および**開始記号**（**start symbol**）は、書き換え規則のなかに現れる記号です。

書き換え規則のかんたんな例を**図 8.3** に示します。

①　<S> → <NP> <VP>
②　<NP> → <ADJ> <NP>
③　<NP> → <N> <PAR>
④　<VP> → <ADV> <VP>
⑤　<VP> → <V>
⑥　<N> → 花
⑦　<ADJ> → きれいな
⑧　<PAR> →が
⑨　<V> → 咲く
⑩　<ADV> → あざやかに

●**図 8.3**　書き換え規則の例

図 8.3 では、10 個の書き換え規則の集合によって、ひとつの文法規則を表しています。各規則において右向きの矢印の左側に置かれた記号が、規則の適用によって右側の記号に書き換えられることを表しています。

たとえば規則①は、<S> という記号が、<NP> <VP> という記号に書き換えられることを示しています。ここでカッコ < > で囲まれた記号列が、非終端記号です。非終端記号は、書き換え規則を構成するための記号であり、書き換えの途中に現れる記号です。

書き換え規則⑥では、<N> という非終端記号が矢印の左側に置かれ、矢印の右側には文を構成する具体的な単語である「花」が置かれています。「花」のような、実際の文の構成要素である記号を終端記号と呼びます。

書き換え規則を適用して、文を生成する方法を示します。書き換え規則を適用するためには、書き換えをスタートするための記号を決める必要があります。これが開始記号であり、図 8.3 の例では <S> で示されています。

開始記号 <S> から書き換えを行うため、矢印の左辺に <S> が現れる規則を探します。すると、規則①が見つかります。そこで、<S> をふたつの非終端記号の並びである <NP> <VP> に書き換えます。

<S>　→　<NP> <VP>　(規則①)

次に <NP> を書き換えます。非終端記号 <NP> を書き換える規則は複数ありますが、たとえば規則③を適用して <NP> を <N> <PAR> に書き換えます。

<NP> <VP>　→　<N> <PAR> <VP>　(規則③)

続いて、規則⑤を適用し、<VP> を <V> に書き換えます。

<N> <PAR> <VP>　→　<N> <PAR> <V>　(規則⑤)

最後に、規則⑥・⑧・⑨を適用して、すべての非終端記号を終端記号に書き換えます。これで、「花が咲く」という文を生成することができました。

→　花　が　咲く　(規則⑥・⑧・⑨)

ここで、書き換えの過程を**図 8.4** のような木構造で表現することを考えます。同図は、書き換えの過程を上から下に木構造の枝分かれで示しており、最下段には終端記号の並びによる文が記載されています。同図のようなデータ構造を**構文木**（**syntax tree**）と呼びます。構文木は、文の構造、すなわち構文を表現したデータ構造です。

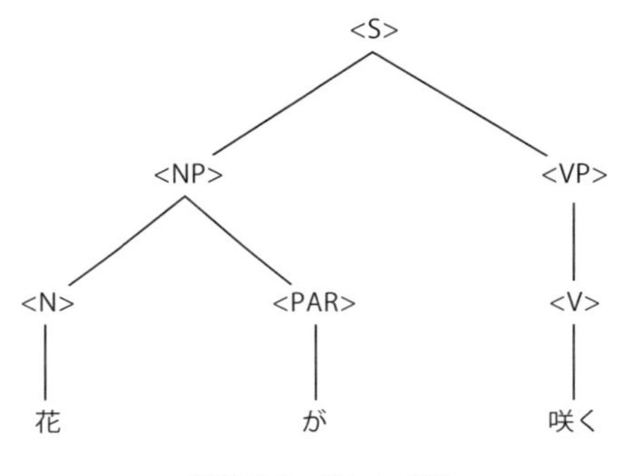

●図 8.4　構文木の例

さて、上記の書き換えの過程で、適用する規則の選択を変更することで別の文を生成することも可能です。たとえば、規則①を使って <S> を書き換えたあと、規則③の代わりに規則②を使って、<NP> を <ADJ> <NP> と書き換えます。その後、規則③を適用して以下のように順に書き換えを進めます。

<S>
→　<NP> <VP>　（規則①）
→　<ADJ> <NP> <VP>　（規則②）
→　<ADJ> <N> <PAR> <VP>　（規則③）

さらに <VP> を書き換えるのに規則④を用い、あとで規則⑤を適用します。

→　<ADJ> <N> <PAR> <ADV> <VP>　（規則④）
→　<ADJ> <N> <PAR> <ADV> <V>　（規則⑤）

最後に、規則⑥から⑩を適用し、すべての非終端記号を終端記号に書き換えます。

→　きれいな　花　が　あざやかに　咲く　（規則⑥～⑩）

次の例では、少し変わった印象の文を生成します。

<S>
→　<NP> <VP>　（規則①）
→　<ADJ> <NP> <VP>　（規則②）
→　<ADJ> <ADJ> <NP> <VP>　（規則②）
→　<ADJ> <ADJ> <ADJ> <NP> <VP>　（規則②）
→　<ADJ> <ADJ> <ADJ> <N> <PAR> <VP>　（規則③）
→　<ADJ> <ADJ> <ADJ> <N> <PAR> <V>　（規則⑤）
→　きれいな　きれいな　きれいな　花　が　咲く（規則⑥〜⑨）

以上、ここまでの説明では、句構造文法を用いた文生成を扱いました。自然言語処理においては、生成だけでなく構文の解析を行う必要があります。そこで次に、句構造文法を用いた構文解析の方法を示します。

構文解析では、形態素の並びの情報を受け取って構文木を構成します。このためには、大別して**トップダウン**（**top-down**）による方法と**ボトムアップ**（**bottom-up**）による方法が可能です。

トップダウンによる方法では、開始記号から始めて書き換えを進め、入力文と一致する過程を探索します。ボトムアップによる方法では、入力された形態素をまとめ上げ、全体として矛盾がないように統合していきます。以下ここでは、トップダウンによる素朴な方法を示します。なお、実際のシステム構築にあたっては、構文解析を効率的に進める手法として **CYK 法**（**Cocke-Younger-Kasami alogorithm**）や **LR 法**などを用います。

たとえば、「花　が　あざやかに　咲く」という形態素の並びを入力として受け取ったとしましょう。この文を、図 8.3 の書き換え規則を用いてトップダウン的に解析します。このためには、同図の書き換え規則を使って順番に文を生成し、生成した文の一部が入力と一致しなくなったら別の規則を使って文を生成し直すことを繰り返します。

まず、開始記号 <S> から、規則①を使って書き換えを行います。開始記号に対する書き換え規則は規則①だけですから、これは選択の余地がありません。

<S>
→　<NP> <VP>　（規則①）

続いて、非終端記号 <NP> を書き換えます。<NP> の書き換えは、規則②または規則③を利用することができます。はじめに、規則②を使って書き換えを実施してみます。

<S>
→　<NP> <VP>　（規則①）
→　<ADJ> <NP> <VP>　（規則②）

ここで、先頭の <ADJ> を書き換えるために、規則⑦を適用します。

<S>
→　<NP> <VP>　（規則①）
→　<ADJ> <NP> <VP>　（規則②）
→　きれいな <NP> <VP>　（規則⑦）
　　（構文解析失敗）

この時点で、生成された「きれいな <NP> <VP>」が、入力文である「花　が　あざやかに　咲く」と一致しないことがわかります。これは、<NP> の書き換えに規則②を用いたことが原因です。そこで、規則②の代わりに規則③を用いて書き換えを試みます。すると、下記のように入力文の先頭部分と一致する終端記号列を得ることができます。

<S>
→　<NP> <VP>　（規則①）
→　<N> <PAR> <VP>　（規則③）
→　花　が　<VP>　（規則⑥、⑧）

次に、<VP> を書き換えます。<VP> は規則④または⑤を使って書き換えることができます。とりあえず、規則④を使って書き換えてみましょう。

<S>

→　<NP> <VP>　（規則①）

→　<N> <PAR> <VP>　（規則③）

→　花　が　<VP>　（規則⑥、⑧）

→　花　が　<ADV> <VP>　（規則④）

さらに、<ADV> を規則⑩を使って書き換えます。すると、書き換えによって得られた終端記号の並びは、入力文と一致します。

<S>

→　<NP> <VP>　（規則①）

→　<N> <PAR> <VP>　（規則③）

→　花　が　<VP>　（規則⑥、⑧）

→　花　が　<ADV> <VP>　（規則④）

→　花　が　あざやかに　<VP>　（規則⑩）

書き換えを繰り返すと、最終的に、次のような書き換えの系列を得ます。

<S>

→　<NP> <VP>　（規則①）

→　<N> <PAR> <VP>　（規則③）

→　花　が　<VP>　（規則⑥、⑧）

→　花　が　<ADV> <VP>　（規則④）

→　花　が　あざやかに　<VP>　（規則⑩）

→　花　が　あざやかに　<V>　（規則⑤）

→　花　が　あざやかに　咲く　（規則⑨）

以上の書き換えの過程を構文木として表現すると、**図 8.5** のようになります。構文木が手に入ったので、構文解析は終了です。

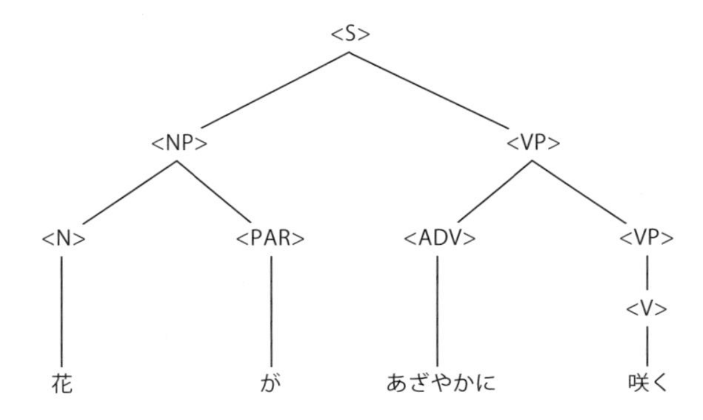

●図 8.5　構文解析の結果得られた構文木

チョムスキーによると、句構造文法は四つのタイプに分類することができます。四つのタイプは、制約の厳しい順に、**正規文法**（**regular grammar**）・**文脈自由文法**（**context-free grammar**）・**文脈依存文法**（**context-sensitive grammar**）・一般の句構造文法となります。

正規文法では、書き換え規則として矢印の左には非終端記号がひとつのみ置かれ、右には終端記号のみか、あるいは終端記号ひとつと非終端記号ひとつが置かれます。正規文法は、文字列処理に用いられる**正規表現**（**regular expression**）と同等の表現能力を有します。

文脈自由文法では、書き換え規則として、矢印の左には非終端記号がひとつのみ置かれますが、矢印の右には制約なく記号が置かれます。矢印の左に非終端記号がひとつのみ置かれるということは、文のなかで単語の前後関係に拘束されずに終端記号が出現するということを意味します。これを、文脈に依存しないという意味に捉え、**文脈自由文法**と呼ぶのです。文脈自由文法は、自然言語の文法定義だけでなくプログラミング言語の文法定義のツールとして用いられることもあります。

文脈依存文法は、次のような形式の書き換え規則を許容する文法です。

a A b → a w b

上記で、A は非終端記号であり、a・b・w は非終端記号または終端記号です。文脈依存文法では、単語の前後関係に依存する文法を記述することができます。

以上の三つの文法に、制約のない一般の句構造文法を加えて、チョムスキーは句構造文法を四つのタイプに分類しました。

8.1.4　意味解析

意味解析（semantic analysis）は、形態素解析や構文解析の結果を利用して、自然言語による表現とは独立の意味表現を作成します。意味表現の方法として、**フィルモア**（Charles J. Fillmore）の提唱した**格文法**（case grammar）が有名です。

格文法では、主格や目的格など言語によって表現された**表層格**（surface case）から、言語に依存しない**深層格**（deep case）を抽出することで意味を表現します。**表 8.1** に、深層格の例を示します。

●**表 8.1**　格文法における深層格の例（第 8 章文献（4）による）

格の名称	説　明
動作主格（A）	動作の主体
経験者格（E）	心理事象を体験する者
道具格（I）	出来事の原因や刺激を与えるもの
対象格（O）	移動や変化の対象物
源泉格（S）	移動の起点や変化における初期状態
目標格（G）	移動の終点や変化の最終状態
場所格（L）	出来事が生じる場所
時間格（T）	出来事が生じる時間

表 8.1 にあるように、格文法では、動詞などからなる述語を中心として格を構成します。たとえば、表 8.1 の最初の行にある動作主格は、動作の主体を表します。これは英語では主語に当たる語です。また日本語では、格助詞「が」を伴った動作の主体を表す語が対応します。英語と日本語では、動作主格に対応する単語（英語なら「I」、日本語なら「私が」など）は当然異なり、文のなかでの出現順も異なる場合があります。つまり、表層格の表現は言語ごとに異なります。しかし深層格では、同じ意味の表現は、言語によらずに統一的に表現することが可能です。

このように、格文法による意味表現を用いれば、与えられた言語の種類によらずに、かつ与えられた具体的な自然言語文の言い回しに影響されずに、文の意味を表現することが可能です。

8.1.5　統計的自然言語処理

ここまで説明した自然言語処理手法を用いて、具体的な言語処理システムを作成することを考えます。原理的には、文法や意味表現の枠組みを人間が手作業で作成し、それに合わせて処理プログラムを書くことで実現することができます。この方法でも、限定された範囲の自然言語文であれば処理が可能です。

しかし、より一般的で現実的な自然言語処理システムを構成しようとすると、システムの実現に要求される文法記述や意味処理が非常に複雑になるため、人手でそれらを構成することは非常に困難になってしまいます。このため、20世紀に研究された多くの自然言語処理システムでは、言語表現の範囲を限定するなどして問題を単純化することでシステムを構築していました。

より一般的な自然言語処理システムを構築するためには、人手で処理知識を構成するのではなく、自動的に知識を構成する必要があります。このために、大規模コーパスから統計的処理によって自然言語の特徴を抽出する方法が研究されました。これを、**統計的自然言語処理**（**statistical natural language processing**）と呼びます。ここで**コーパス**（**corpus**）とは、自然言語で記述された文章のデータベースです。近年、とても人手では扱うことのできない規模の大規模なコーパスが、自然言語処理に導入されています。

統計的自然言語処理の手法のひとつに、***n*-gram**（エヌグラム）による言語モデルの生成手法があります。*n*-gramとは、文字や形態素の*n*個の並びを意味します。たとえば、先の図8.2に示した例文について、形態素の2-gramを構成する場合を**図8.6**に示します。同図では、分かち書き処理後の入力文から、ふたつの形態素のつながりである2-gramを生成しています。

入力文（分かち書き処理後）

```
形態素 解析 で は 、 形態素 を 切り出し 、その 役割 を 決定 し ます 。
```

2-gram

```
形態素   →  解析
解析     →  で
で       →  は
は       →  、
、       →  形態素
形態素   →  を
を       →  切り出し
切り出し →  、
、       →  その
その     →  役割
役割     →  を
を       →  決定
決定     →  し
し       →  ます
ます     →  。
```

●**図8.6**　*n*-gramの構成例（形態素の2-gramの場合）

n-gram は、形態素や文字の連鎖に関する情報を扱うことが可能です。たとえば、大規模コーパスから形態素の 2-gram を作成することで、形態素の連鎖に関する統計的性質を獲得することが可能です。形態素の連鎖に関する性質とは、ある特定の形態素の次に来やすい形態素はなにか、逆にめったに現れない形態素はなにか、といった性質です。この性質は、言い換えれば一種の文法であり、自然言語の解析や文生成に利用することができます。

たとえば図 8.6 では、「形態素」という語につながるのは「解析」と「を」であり、それ以外の語はつながりません。こうした解析を、大規模コーパスを対象として行えば、ふたつの形態素の連鎖についての一般的な性質を確率値として求めることができます。これを利用することで、文の解析や生成を行うことができるのです。この方法は、次節で説明する統計的機械翻訳に応用されています。

統計的自然言語処理で用いられる別の手法として、**tf-idf 法**があります。tf-idf 法は、文書に含まれるある単語がどの程度重要であるかを示す指標です。tf-idf 法によって重要な単語がわかると、文書の要約や文書検索にその単語を利用することができます。

tf-idf 法では、**tf**（**term frequency**）、すなわちある文書内でのその単語の出現割合と、**idf**（**inverse document frequency**）、すなわちすべての文書中でのその単語の出現割合の逆数を用いて重要度を計算します。計算式は次の通りです。

tf-idf = tf × idf

tf 値は、単語の含まれる文書全体の総単語数と、文書内でのその単語の出現回数の比率として求めます。

tf = (その単語の出現回数) / (文書全体の総単語数)

idf 値は、対象とする文書の総数と、その単語の含まれる文書数の割合の逆数の対数値として求めます。

idf = log((文書の総数) / (その単語の含まれる文書数))

tf-idf 値の計算例を示します。今、「人工知能」という単語の tf-idf 値を求めるために100個の文書を調べたところ、そのうちの1個の文書内にのみ10回「人工知能」という単語が出現したとしましょう。また、「人工知能」という単語が出現した文書は1000語の単語で構成されていたとします。

すると、tf値は次の計算から0.01となります。

tf＝(その単語の出現回数)/(文書全体の総単語数)
　＝10/1000
　＝0.01

idf値は、以下の計算で求まります。

idf＝log((文書の総数)/(その単語の含まれる文書数))
　＝log(100/1)
　＝2

以上により

tf-idf＝tf×idf
　＝0.01×2
　＝0.02

となり、この場合の「人工知能」という単語のtf-idf値は0.02となります。

tf-idf値は、ある文書中でその単語が繰り返されているとその単語は文書の内容と密接に関連した重要語であるという考えかたによるtf値と、多くの文書中で特定の文書にのみ出現する単語は特徴的な単語であるとするidf値の考えかたを組み合わせた指標です。こうしたことから、tf-idfを用いることで、文書からキーワードを抽出したりキーワードを手がかりに文書要約や文書検索を行うことができるのです。

8.1.6　機械翻訳

機械翻訳（**machine translation**）は、自然言語処理技術の代表的な応用技術のひとつで、異なる自然言語で記述された文章を相互に自動変換する技術です。有用性も高く、人工知能研究の初期から研究が進められました。

機械翻訳の実現方法として当初検討されたのは、ふたつの言語間で単語レベルでの対応関係を調べて相互変換し、得られた単語の語順を並べ直す方法です。この方法では自然言語文の表現の多様さを扱うことが難しかったため、適用範囲はごく限定された言語表現にとどまりました。(**図 8.7**)。

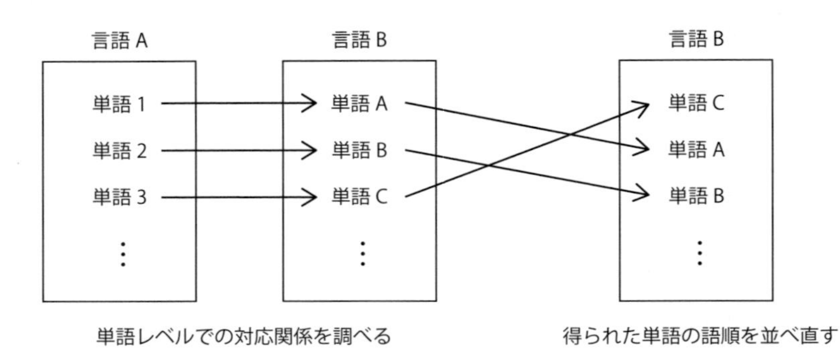

●**図 8.7**　機械翻訳（1）　単語の対応と語順の知識による方法

次に、自然言語を解析して中間的な意味表現を抽出し、意味表現から別の言語の表現を生成する方法が検討されました（**図 8.8**）。この方法では、原理的には、多様な自然言語の表現を扱うことが可能です。しかし実際には、自然言語の多様さを十分に表現できるような文法知識や辞書を手作業で作成することは極めて困難です。そこでこの方法でも、扱える文の種類や表現の範囲は十分なものにはできませんでした。

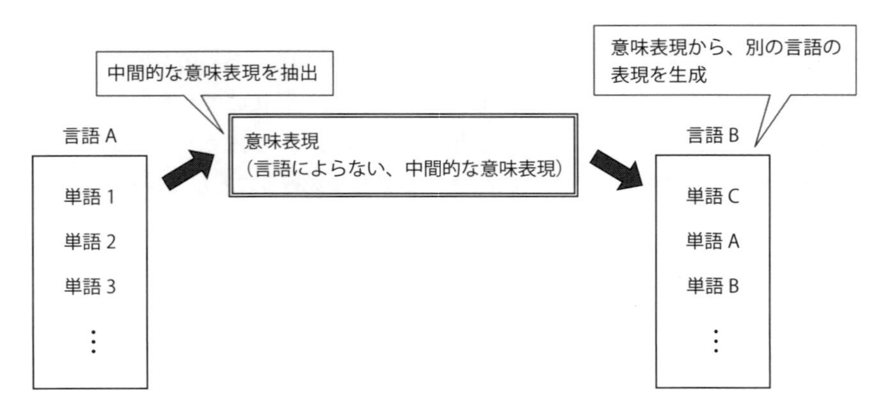

●**図 8.8**　機械翻訳（2）　中間的な意味表現を用いる方法

近年、機械翻訳でも統計的手法が用いられています。統計的方法では、あらかじめ 2 言語間で訳語や訳文のペアを作り、それらが出現する確率を統計的に決定しておきます。翻訳時には、確率の高い組み合わせを優先して利用することで、統計的に最も適切な訳文を生成します（**図 8.9**）。

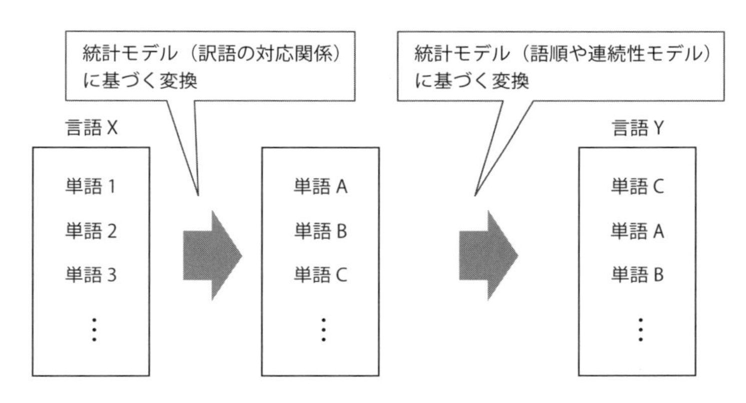

●図 8.9　機械翻訳（3）　統計的手法による機械翻訳

統計的手法による機械翻訳では、統計モデルの表現にニューラルネットワークを用いることもできます。深層学習の発展によりニューラルネットワークの利用技術が向上したことで、ニューラルネットワークを用いた機械翻訳の翻訳精度が飛躍的に向上しました。ニューラルネットワークなどの機械学習と自然言語処理の関係については、次節で改めて説明します。

8.2　機械学習による自然言語処理

8.2.1　機械学習と自然言語処理

ここまで述べたように、自然言語処理技術は、手作りで文法や辞書を構成する従来の手法から、大規模コーパスを前提とした統計的手法へと発展してきました。一般に、大規模データの処理には統計的手法だけでなく、機械学習――とくに**深層学習**が有効です。自然言語処理においても、深層学習の応用が進められています。

深層学習の手法を自然言語処理に適用する場合、自然言語で表現されたデータをニューラルネットワークに与える方法を考えなければなりません。たとえば、日本語の自然言語文を形態素で分かち書きした場合を考えます。個々の形態素は、当然、漢字やひらがなで記述されています。これらをニューラルネットワークに入力として与えるためには、なんらかの方法で自然言語の表現を数値表現に変換しなければなりません。

自然言語を数値的に扱うためのひとつの方法として、**1-of-N 表現**または **one-hot ベクトル**と呼ばれる方法があります。例として、「きれいな赤い花が咲く」という日本語文を、1-of-N 表現で記述する場合を考えます。**図 8.10** に手順を示します。

まず、形態素解析の技術を用いて、入力文を分かち書き文に変換します。次に、形態素の種類と同じ次元数のベクトルを用いて、形態素ごとにそれぞれ異なるベクトル表現を割り当てます。同図で形態素は 4 種類ありますから、4 次元のベクトルを用意します。そのうえで、先頭から出現順に、「きれいな」に (1 0 0 0) を割り当て、次の「赤い」には (0 1 0 0) を割り当てる、といった具合に、形態素にベクトルを割り当てます。

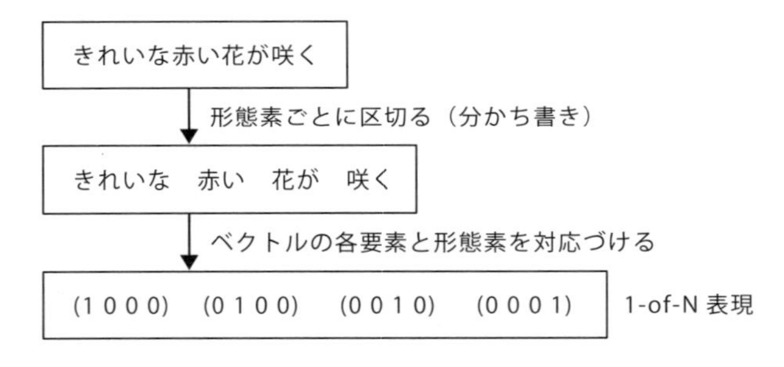

●**図 8.10**　1-of-N 表現 (one-hot ベクトル) による自然言語文のベクトル表現

1-of-N 表現では、ひとつの形態素を表すベクトルが、形態素の種類だけの次元、すなわち要素を持ちます。このため、ある程度の規模の文章を対象として 1-of-N 表現によるベクトル表現を作成すると、ベクトルの要素数は数万程度となってしまいます。ひとつの形態素の表現にこのような高次元のベクトルを用いて、かつ形態素の個数だけベクトルを用意するのですから、1-of-N 表現を用いる自然言語処理システムは大規模なデータを処理するしくみが必要となります。このためには、たとえば深層学習の技術が利用されます。

1-of-N 表現をそのまま用いるのではなく、1-of-N 表現を用いて、ひとつのベクトルを用いてある文に含まれる形態素を一括して表現する方法があります。これを、

bag-of-words 表現と言います。**図 8.11** に、bag-of-words 表現の作成方法を示します。同図にあるように、ある文を構成する形態素を 1-of-N 表現のベクトルによって列記し、これらベクトルの和を求めます。

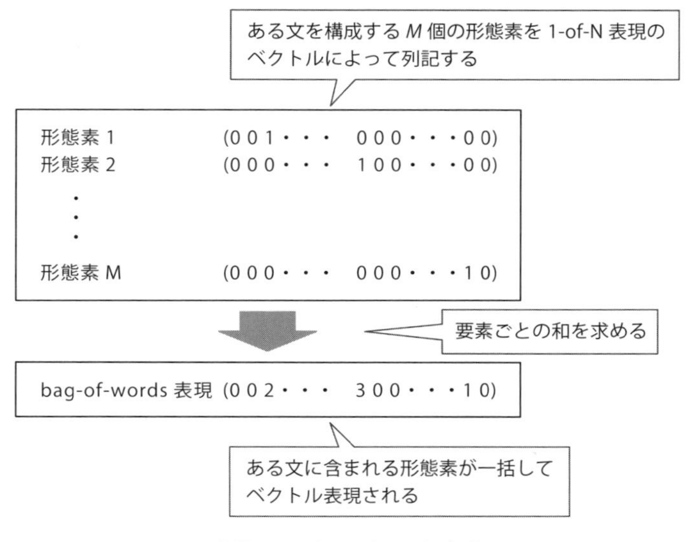

●**図 8.11**　bag-of-words 表現

bag-of-words 表現によって、ある文に含まれる形態素が一括してベクトル表現されるので、その文の意味を表現することが可能です。また、どのような形態素が同じ文のなかで使われるのかという、**共起関係**（**collocation**）を調べることもできます。

8.2.2　Word2vec

bag-of-words 表現は自然言語処理に有用な技術ですが、形態素の出現順や前後関係などの情報は失われてしまいますから、文の持つ情報のすべてを表現できるのではありません。これに対して、ニューラルネットワークを用いて、より精密な表現を記述するモデルとして **Word2vec** が提案されています。

Word2vec は、単語の共起関係をニューラルネットで表現する手法です。Word2vec の基本的な考えかたを**図 8.12** に示します。

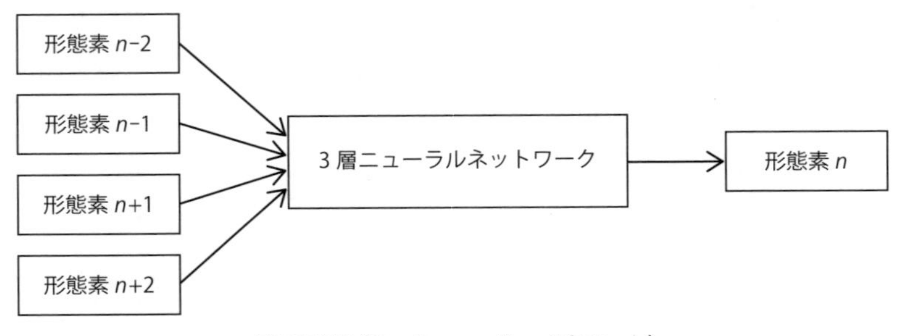

(1) CBOW (Continuous Bag-Of-Words)

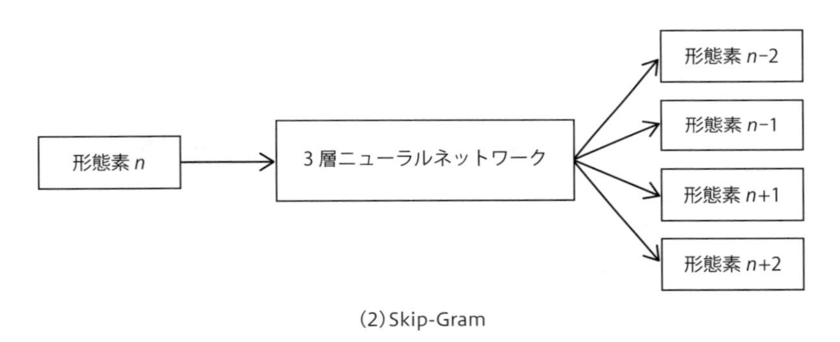

(2) Skip-Gram

●**図 8.12**　Word2vec の基本的な考えかた　形態素の連鎖についての学習により、ニューラルネットワーク内に形態素に関する情報を蓄積する

図 8.12 に示すように、Word2vec には 2 通りのモデルがあります。ひとつは、**CBOW**（**Continuous Bag-Of-Words**）と呼ばれるモデルで、もうひとつは **Skip-Gram** と呼ばれる方法です。なお図中の形態素は、1-of-N 表現で記述した多次元ベクトルです。

CBOW は、ある形態素の前後に出現する形態素を入力として、間に挟まれる形態素を出力とする 3 層のニューラルネットです。CBOW のニューラルネットは、前後の形態素に挟まれた部分に当てはまる最適な形態素を学習します。このために、学習データセットを作成し、CBOW のネットワークをトレーニングして、適切な形態素が出力されるように学習を進めます（同図（1））。

Skip-Gram は、CBOW の逆のようなモデルです。同図（2）のように、ある形態素を入力として与えて、その前後に出現する形態素を出力するようなニューラルネットワークを学習によって獲得します。

こうして学習を進め、ニューラルネットワークの学習が終わったら、ネットワークのパラメタである結合荷重を取り出します。この結合荷重が、形態素を数値で表したデータ表現であると考えます。つまり Word2vec では、ニューラルネットワークの学習を利用して、形態素に関する情報をベクトル表現として取り出します。このとき得られるベクトル表現を、**分散表現**（**distributed representation**）と呼びます。

Skip-Gram を例として、分散表現の獲得方法を説明します。学習終了後、入力として 1-of-N 表現の形態素が与えられた場合を考えます。1-of-N 表現のベクトルは、ベクトルのある要素のみが 1 で、残りは全部 0 です。すると、入力層の人工ニューロンのうち、要素 1 に対応したひとつの人工ニューロンのみが発火し、残りの人工ニューロンはなにも出力しません。このため、入力層から中間層に与えられる信号は、発火した入力層の人工ニューロンからの信号だけになります。この信号の値は、入力層から中間層への結合荷重の値です。そこで、この結合荷重の値を、入力された形態素の分散表現であると考えます。

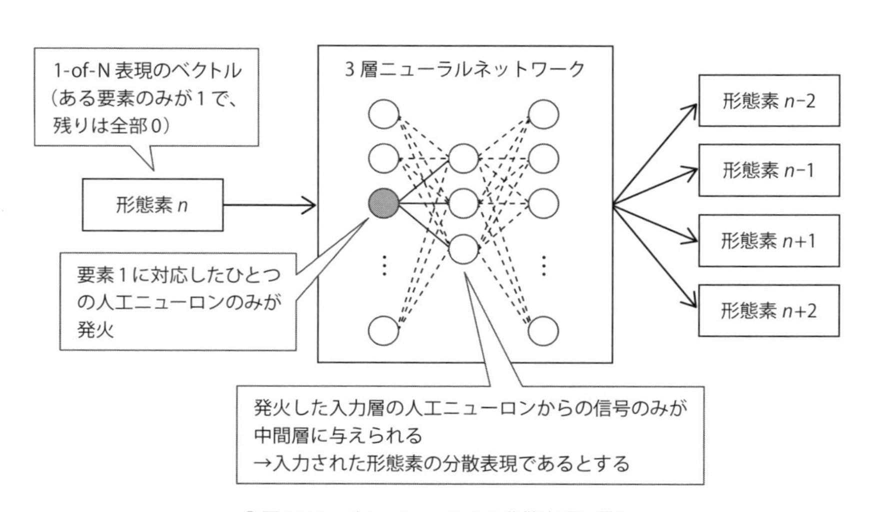

●図 8.13　Skip-Gram による分散表現の獲得

中間層の人工ニューロンの個数は通常数百程度ですから、分散表現のベクトルは数百次元となります。したがって、分散表現のベクトルは、数万次元の 1-of-N 表現のベクトルよりも要素数がはるかに小さくなります。また、1-of-N 表現のベクトルの要素はほとんどが 0 で 1 カ所だけが 1 の隙間だらけのベクトルですが、分散表現のベクトルは各要素が値を持つベクトルです。この結果、1-of-N 表現のベクトルは形態素のラベルとしての意味しかありませんが、分散表現のベクトルは、各要素の値が形態素のさまざまな特徴を表す数値となっていると考えることができます。

さらに、**図 8.14** の方法の分散表現によって形態素を表現すると、同じような文脈に出現する似たような意味の形態素には、それぞれ似たような分散表現ベクトルに対応することになります。そこで、これを用いて類似した単語を調べたり、ベクトル同士の演算を適用することにより、概念の足し算や引き算が可能になります。このように、分散表現による形態素の表現は、1-of-N 表現のベクトルでは表現できない情報を保持することが可能です。

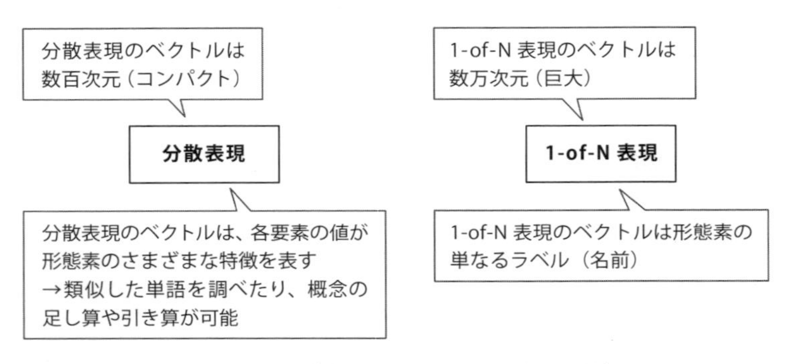

●図 8.14　分散表現を用いたベクトル表現の利点

8.3 音声認識

8.3.1 音声の認識

音声認識（voice recognition, speech recognition）は、自然言語処理システムにおいて、文字の代わりに音声による入力を可能とするための認識技術です。

図 8.15 に、一般的な音声認識システムの構成を示します。音声認識システムへ音声が与えられると、音声に含まれる音響信号の特徴を抽出します。次に、音響信号の特徴を、あらかじめ構築した辞書（データベース）と照合します。その結果として、音声に対応した単語列を出力します。

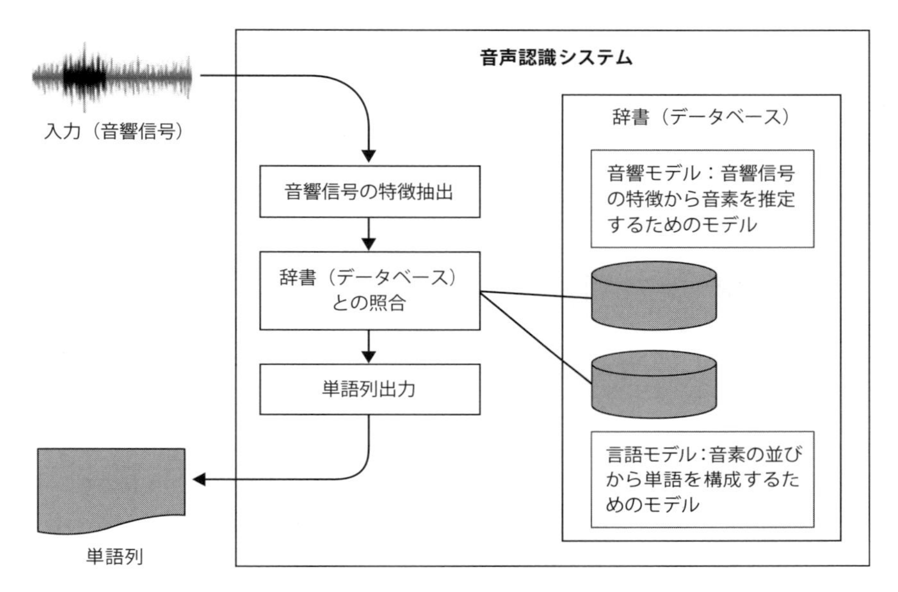

●図 8.15　音声認識システムの構成

音響信号の特徴を捉えるためには、時間軸上あるいは周波数軸上での解析を行います。抽出した音響信号の特徴量は、データベース上の**音響モデル**（**acoustic model**）と比較し、言語を表現する音素を決定します。さらに、音素の並びから単語列を形成するために、データベース上の**言語モデル**（**language model**）と比較し、最も確率の高い単語列を生成します。

これらの処理には、近年では深層学習の利用が積極的に進められています。たとえば、単語を構成する音素の並びかたのモデルである言語モデルについて、従来は*n*-gram によるモデルが用いられていました。これを *n*-gram の代わりにリカレントネットワーク、とくに LSTM を用いてモデル化することで、より高精度な認識システムを構成することが可能となります。

8.3.2　音声応答システム

音声応答システムは、音声によって入力を与え、操作や検索の結果を音声で返すようなシステムです（**図 8.16**）。音声応答システムは、音声認識システムと音声合成システムから構成されます。

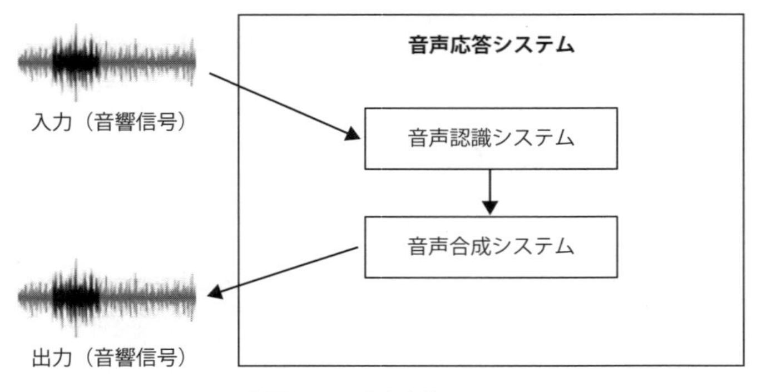

●図 8.16　音声応答システム

音声合成（**speech synthesis, voice synthesis**）は、音声認識とは逆に、与えられた文章を音声に直す処理です。方法として、たとえば音素を組み合わせて音声を合成する**コーパスベース音声合成**（**corpus-based speech synthesis**）や、統計的に作成した生成モデルによる**統計的パラメトリック音声合成**（**statistical parametric speech synthesis**）などの方法があります。後者については、音声認識の場合と同様に、深層学習の適用によって合成の品質が近年非常に向上しています。

章末問題

本章で説明したように、日本語の形態素解析における分かち書きの解析では、辞書を用いるのが一般的です。本文で紹介した MeCab も辞書を使っています。MeCab は広く利用されている標準的な形態素解析ツールであり、インストールや利用も容易で、Python のプログラムのなかから用いることもできます。さらに言えば、MeCab 以外にもいくつかの種類の形態素解析ツールが公開されています。したがって、日本語の分かち書き表現が必要な場合には、MeCab やその他の形態素解析ツールを利用するのがよいでしょう。

しかしここでは、あえて辞書を用いないで、簡易的な分かち書き解析を行ってみます。ここで用いる方法は、字種の違いを利用することで形態素の分かち書きを獲得する方法です。ここで字種として、ひらがな・カタカナ・漢字の 3 種類を考えます。分かち書きを作成するために、入力された日本語表現を先頭から一文字ずつ調べて、字種が変化したところが形態素の区切りであると判断します。

たとえば、次のような日本語表現について、分かち書き表現を作成することを考えます。

「ひらがなカタカナ漢字の字種区分による分かち書きの解析」

字種の変化した部分に空白を挿入すると、次のような分かち書き表現を得ます。

「ひらがな　カタカナ　漢字　の　字種区分　による　分　かち　書　きの　解析」

この結果は、必ずしも完全な分かち書き表現とはなっていませんが、おおむね正しい結果となっています。このような方法で分かち書き表現を生成するプログラムを、Python を用いて作成しましょう。

アルゴリズムは単純で、日本語文字列の先頭から字種を調べていき、異なる字種間に空白を入れるだけです。また、このようなプログラムにおける字種の判別には、正規表現を用いるのがかんたんです。Python には、正規表現を扱う標準モジュールとして re が用意されています。re モジュールを用いると、たとえば文字 ch がひらがなかどうかを判別する if 文の条件判定は、次のように記述できます。

```
if re.match('[ぁ-ん]', ch): # ひらがな
```

ここで、'[ぁ-ん]' は、ひらがな一文字にマッチします。同様に、カタカナや漢字一文字にマッチする表現は、次のように記述します。

```
[ァ-ン] # カタカナの正規表現
[一-龥] # 漢字の正規表現
```

章末問題　解答

簡易的な形態素分離プログラム morph.py プログラムを**図 8.A** に示します。morph.py プログラムでは、問題文で示した正規表現を利用して字種を判定し、字種の変わり目で空白を出力することで分かち書き表現を作成します。プログラムに含まれる whatch() 関数では、字種をひらがな・カタカナ・漢字・それ以外に分類し、

分類結果を 0 から 3 の整数で返します。メイン実行部では、whatch() 関数を利用して、字種が変化した部分で空白を出力します。

```
1  # -*- coding: utf-8 -*-
2  """
3  morph.pyプログラム
4  正規表現を利用した簡易的な形態素分離プログラム
5  使いかた　c:¥>python morph.py
6  """
7  # モジュールのインポート
8  import re
9  
10 # 下請け関数の定義
11 # whatch()関数
12 def whatch(ch):
13     """字種の判定"""
14     if re.match('[ぁ-ん]' , ch):  # ひらがな
15         chartype = 0
16     elif re.match('[ァ-ン]' , ch):# カタカナ
17         chartype = 1
18     elif re.match('[一-龥]' , ch):# 漢字
19         chartype = 2
20     else :                       # それ以外
21         chartype = 3
22     return chartype
23 # whatch()関数の終わり
24 
25 # メイン実行部
26 # 解析対象文字列の設定
27 inputtext = "ひらがなカタカナ漢字の字種区分による分かち書きの解析"
28 # 分かち書き文の生成
29 outputtext = ""
30 for i in range(len(inputtext) - 1):
31     print(inputtext[i], end = "")
32     if whatch(inputtext[i]) != whatch(inputtext[i + 1]):
33         print(" ", end = "")
34 print(inputtext[-1:])
35 # morph.pyの終わり
```

●図 8.A　morph.py プログラム

第9章

画像認識

本章では、画像データの認識とその応用に関する技術を取り上げます。

はじめに画像データの取り扱いの基礎について触れ、画像の特徴抽出の方法を説明します。次に、画像認識技術の応用例として、文字認識・顔の認証・画像検索を取り上げます。

9.1 画像の認識

9.1.1 画像認識の基礎

コンピュータ上では、画像データは**画素**（**ピクセル、pixel**）の集合として表現されます。**図 9.1** に、コンピュータ上での静止画像の表現の方法を示します。通常、コンピュータ上では、画素の形として正方形を用いるのが普通であり、正方形の画素を縦横に一定の個数だけ並べることで静止画像を表現します。

静止画像の各画素は、色情報を数値で表現します。多くの場合、カラー画像の色情報は光の三原色である赤・緑・青の各成分の輝度値として表現されます。この方法を **RGB** と呼びます。これらの輝度値は、適当な整数で表現されます。

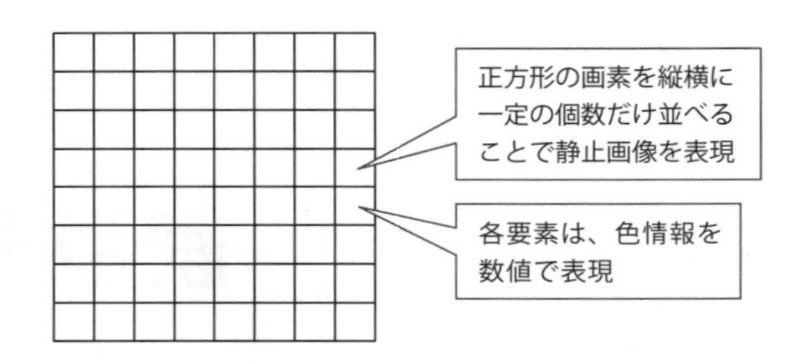

●図 9.1　静止画像の表現

動画像は、静止画像を時間軸方向に並べることで表現します（**図 9.2**）。動画像を構成する静止画像を**フレーム**と呼びます。1 秒間あたりのフレーム数である**フレームレート**（**frames per second, fps**）は、映画では 1 秒間に 24 枚（24fps）、テレビ放送では約 30 枚（約 30fps）です。

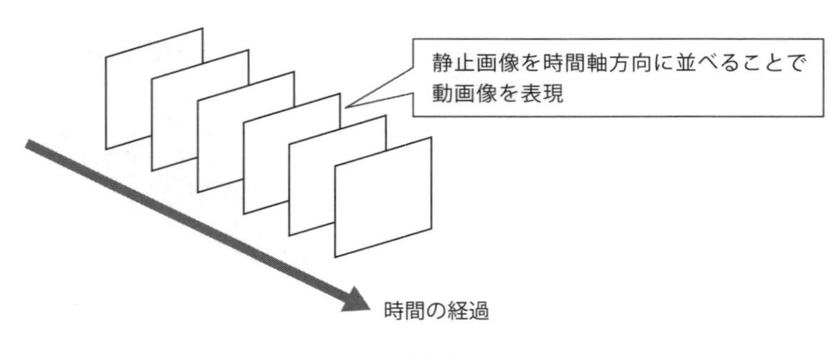

●図 9.2　動画像の表現

画像認識は、静止画像や動画像として与えられた画像から文字や数字を読み取ったり、画像の特徴を抽出することで画像になにが写っているのかを識別する技術です。また、画像認識の結果を利用して具体的な情報処理を進める技術を**画像理解**と呼びます。

カメラなどの画像入力装置から得られた画像には、ノイズなど画像認識の対象とならない情報が含まれているのが普通です。そこで画像認識を進めるためには、ノイズ軽減など、与えられた画像に対する前処理が必要となります。前処理の方法のひとつに、画像フィルタの適用があります。

空間フィルタは、第6章で紹介した畳み込みニューラルネットにおける畳み込み演算処理を、画像に対して適用する処理です。すなわち、フィルタの各要素の値を対応する画像の画素値に乗じて合計した値をフィルタの出力値として、フィルタを画像全体にわたって移動しながら適用することでフィルタ出力画像を構成します（**図 9.3**）。

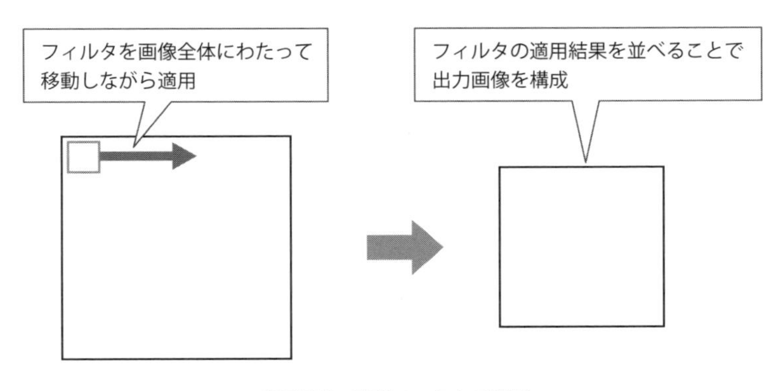

●**図 9.3**　空間フィルタの適用

画像フィルタの一例として、**図 9.4** に 3×3 の空間フィルタの例を示します。同図の（1）は**平均化フィルタ**（**averaging filter**）です。同図で、平均化フィルタは 3×3 の領域に含まれる 9 個の画像の値を平均化し、中央の画素の値として出力するフィルタです。平均化フィルタは隣接する画素の変化値を小さくするので、写真によく見られるゴマ塩状のノイズを目立たなくする働きがあります。

同図（2）の**メディアンフィルタ**（**median filter**）は、9 個の画素のうちの 5 番目の輝度のものをフィルタの出力とします。メディアンフィルタは、平均化フィルタ同様ノイズ軽減の働きがあるとともに、平均化フィルタよりも見た目のボケが小さい特徴があります。(3) は画像のエッジを検出するフィルタで、9 個の画素のうちの最大値から最小値を引いた値を出力するフィルタです。画像のエッジ検出には、MAX-MIN フィルタの他に、**ソーベルフィルタ（Sobel filter）**や**ラプラシアンフィルタ（Laplacian filter）**などがあります。

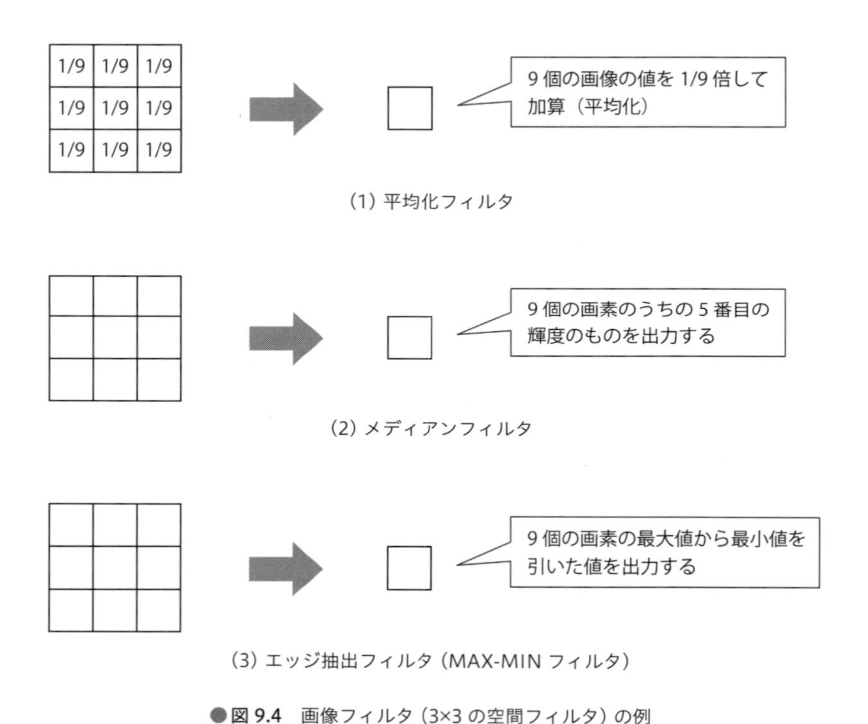

●**図 9.4**　画像フィルタ（3×3 の空間フィルタ）の例

画像によっては、輝度を調節することで認識しやすくなり場合があります。この場合、全体的な輝度を上下させたり、輝度分布を変更するなどの処理が可能です。輝度分布を調節するには、入力画像と出力画像の輝度値の対応関係を表すトーンカーブを利用します。

図 9.5 で、傾き 1 の直線で表したトーンカーブは、入力された画像に対してなにも変換を施さないことを意味します。直線の上下に描いたふたつの曲線では、傾きが 1 より大きい部分ではコントラストが強調され、1 より小さい場合にはコントラストが抑えられます。トーンカーブとして適当な曲線を用いることで、たとえば画像の暗い部分のコントラストを強調するような変換が可能です。

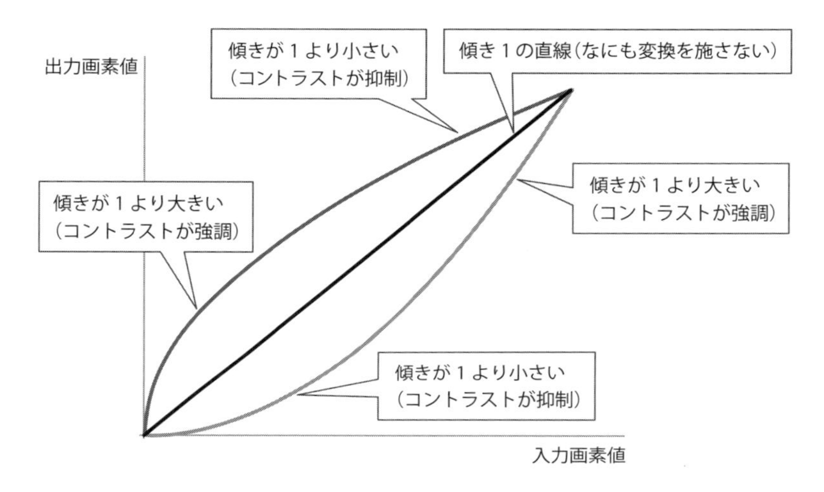

●図 9.5　トーンカーブ

画像認識の前処理として、画像の変形が必要になる場合があります。たとえば人物の顔を認識する場合には、画像のなかから顔の写っている場所を拡大し、場合によっては回転させる必要があります。また逆に、画像を縮小することで認識しやすくする場合もあります。さらに、画像の縦横比を変更したり、長方形の領域が台形として写っている場合には逆の変換によりもとの形を復元するなどします。このような処理は、画像に対する演算処理として表現することが可能です（**図 9.6**）。

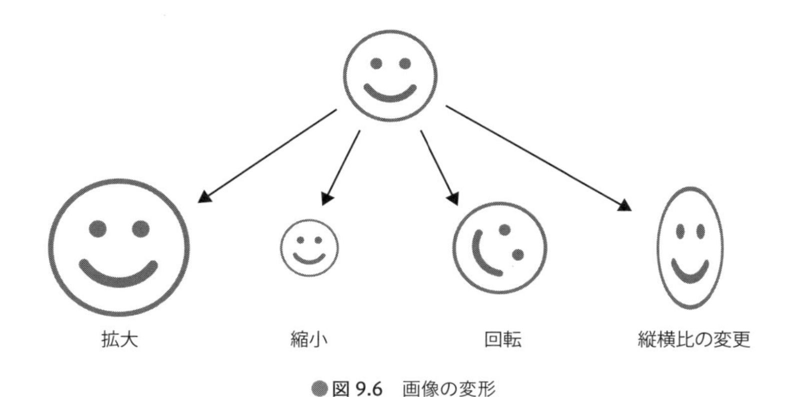

●図 9.6　画像の変形

動画像は、静止画像を時間軸上に並べることで表現されます。つまり、複数の静止画像をある時間間隔で並べることで動画像を表現します。この場合のそれぞれの静止画像をフレームと呼びます。動画像を扱う場合には、各フレームに対する処理の他、フレーム間での処理が可能です。

たとえば、2 枚の連続するフレームの差分を求めることで、画像に含まれる物体の運動を検出することができます。単なる差分ではなく、フレーム内の物体の時間的移動をベクトルとして表現すると、**オプティカルフロー**（**optical flow**）と呼ばれる情報を取得することができます。

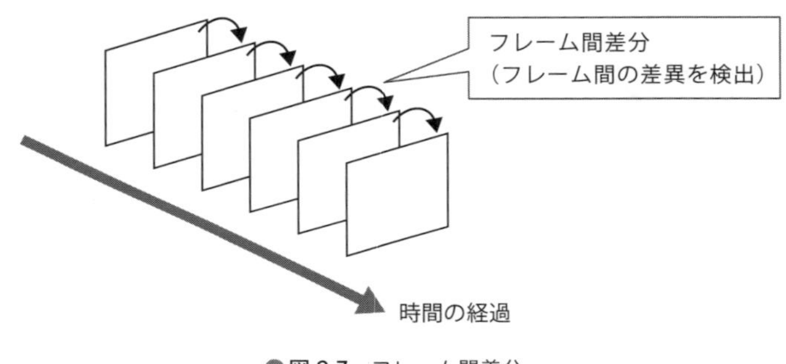

●図 9.7　フレーム間差分

9.1.2　画像の特徴抽出

画像を認識するためには、与えられた画像のなかから、なんらかの特徴を抽出する必要があります。たとえば、画像のなかのどの部分に注目するかを決める領域抽出は、画像のなかの特徴的な領域を取り出すための技術です。

領域抽出は、どのような基準で領域を定義するかによってさまざまな方法を選択することが可能です。たとえば、画像のなかで類似した輝度を持つ隣接画素の集合は、ある特徴領域を構成する場合があります。この場合、輝度を手がかりに領域を抽出することができます。また、エッジ抽出フィルタを使って輝度変化の顕著な部分を見つけ、これを手がかりに特徴領域を検出することもできます。

領域抽出では、空間的な手がかりだけでなく、周波数領域での特徴を利用することもできます。画像の周波数領域での特徴とは、画像の濃淡の変化がどの程度であるかを数値的に表した特徴のことです。**テクスチャ解析**（**texture analysis**）と呼ばれる手法では、画像の変化のようすを高速フーリエ変換を用いて求めることで、類似したテクスチャを持つ領域を抽出します。

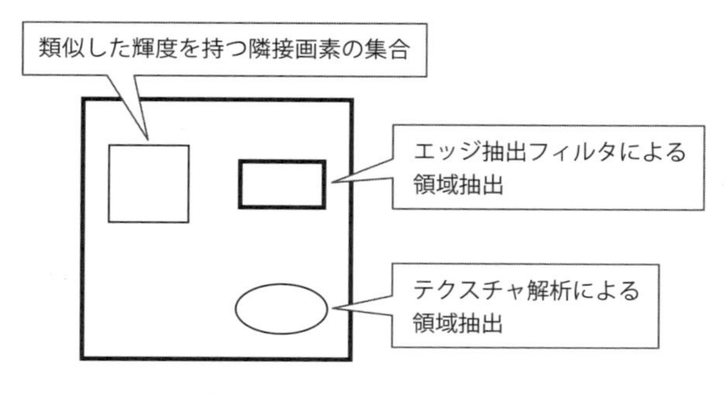

●図 9.8　画像からの領域抽出

9.1.3　テンプレートマッチング

テンプレートマッチング（**template matching**）は、テンプレートと呼ばれる小さな画像と対象画像を比較し、テンプレートとよく似た領域を対象画像から見つけ出す手法です。たとえば**図 9.9** において、対象画像にさまざまな図形が含まれているときに、テンプレートとして与えられた特定の図形を探し出すには、対象画像全域にわたってテンプレートを比較していき、最もよく似ている領域を見つけ出します。

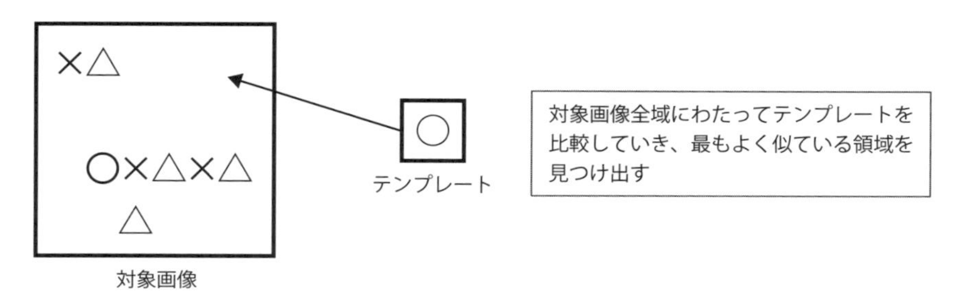

●図 9.9　テンプレートマッチング

対象画像の一部とテンプレートを比較するには、両者を画素単位で比較し、類似度を計算します。類似度の計算方法として、たとえば、画素単位の差分の二乗和を求める方法があります。すなわち、対象画像 I とテンプレート T を重ね合わせ、対応する画素の値 Ix, y と Tx, y について、以下を求めます。

$$\sum (Ix, y - Tx, y)^2$$

これは機械学習などで用いる二乗誤差と同じ考えかたによるもので、誤差が最小となる位置がテンプレートとマッチした場所となります。

なお、テンプレートマッチングを実施するためには、対象画像のなかに含まれるテンプレートに対応する領域が、テンプレートと同じ大きさや輝度になっている必要があります。そのため、対象画像に対して、フィルタリングや変形といった前処理が必要です。

9.2 画像認識技術の応用

ここでは、画像認識技術の応用分野として、文字認識・顔認証・類似画像の検索について取り上げて説明します。

9.2.1 文字認識

文字認識は、対象画像に含まれる文字を読み取る技術であり、**OCR**（**Optical Character Recognition, Optical Character Reader**）として実用化されています。OCRは、対象とする文字が印刷文字か手書き文字かによって分類されます。手書き文字の認識については、紙に記録された静的な文字情報を対象とする場合と、ペンの動きなどの動的な情報を利用するオンライン文字認識の場合に分類されますが、後者はOCRとは異なる技術です。

文字認識の素朴な方法は、テンプレートマッチングによる方法です。すなわち、認識対象となるテンプレートを用意し、対象画像との類似度を計算することで、最も類似度の高い文字を認識結果とします。この方法は印刷文字で認識対象が限られている場合には適用可能ですが、さまざまな字体が含まれていたり、画像の変形に対しては対応が難しく、さらに、手書き文字に対しては適用が困難です。

テンプレートマッチングのように文字を画像として直接扱う代わりに、文字の特徴を抽出して特徴量のベクトルを作成し、特徴ベクトルの類似度によって文字を認識する方法があります。この方法では、文字を構成する縦棒や横棒などの直線や、連続した図形だが途中で曲がっている曲線などの特徴を抽出し、それらの分布状況を特徴量として数値化します。そのうえで、あらかじめ用意した特徴量のデータと比較することで文字を認識します。特徴量を適切に選ぶことで、単なるテンプレートマッチングでは認識できない手書き文字などについても認識が可能となります。

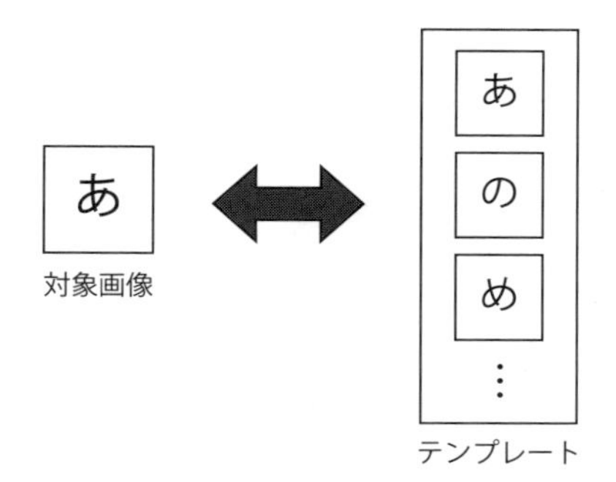

（1）テンプレートマッチングによる素朴な方法

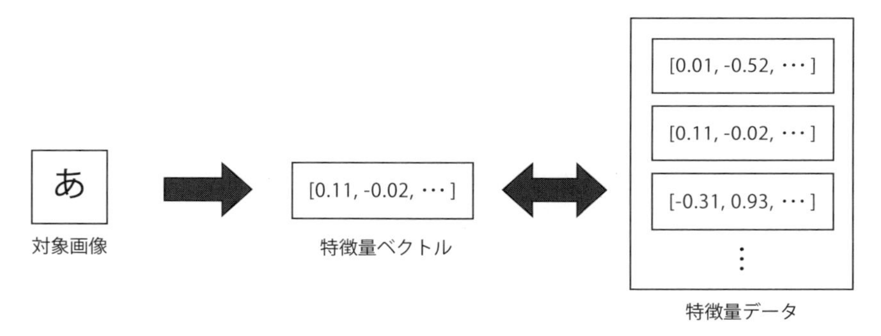

（2）特徴量に基づく方法

●**図 9.10**　文字認識

文字は単なる画像ではなく、言語の表現です。そこで、言語としての特徴を用いることで、文字認識の精度を向上させることが可能です。たとえば、得られた文字の並びが形態素の表現として適切かどうかや、文法知識と照らし合わせて自然言語の表現としてありうるかなどについて調べることで、文字認識の精度を改善することが可能です。たとえば**図 9.11** で、漢字「私」のあとに続く文字の候補として「あ」「の」「め」が挙がったとします。この場合、自然言語の表現としては、「の」を採用するのが自然です。

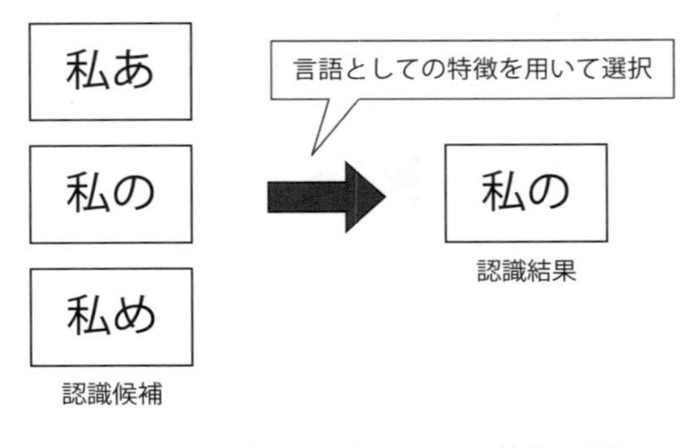

●図 9.11　文字の言語表現としての特徴の利用

9.2.2　顔認証

顔認証は、画像のなかから人の顔を探し出し、その顔画像が誰の顔であるかを識別する技術です。顔認証は、たとえばスマートフォンの利用者認証や、監視カメラ画像からの特定の人物の抽出などに広く用いられています。

顔認証を実現するためには、まず、画像のなかから顔の写っている領域を抽出する必要があります。この技術を顔認識と呼びます。顔認識のためには、顔を特徴づける先験的知識を利用し、画像全体から顔領域を抽出します。顔領域の画像的な性質には、たとえば目の領域では、目の部分とその直下の部分では目の部分のほうが輝度が低いとか、顔のなかでは鼻の領域は輝度が高い、などがあります。これらをヒューリスティックとして利用することで、画像のなかから顔の領域を探し出します。

次に、得られた顔領域の特徴を用いて、その顔が誰なのかを識別します。これを**顔照合**と呼びます。顔照合の方法として、たとえば、顔領域から目や鼻などの特徴的部分を手がかりとして画像領域の大きさや向きを正規化したうえで、あらかじめ用意されたテンプレート画像を照合することで顔を特定します。近年では、顔照合に深層学習の技術を導入することで精度の向上が図られています。たとえば畳み込みニューラルネットワークを用いることで、従来を上回る照合精度が得られています。

●図 9.12　顔認証

9.2.3　類似画像の検索

画像認識の応用として、画像データベースに格納された大量の画像データから類似画像を探し出す画像検索の技術があります。

画像データの検索には、**TBIR**（**Text Based Image Retrieval**）や**CBIR**（**Content Based Image Retrieval**）の手法を用います。TBIR は、個々の画像にあらかじめ与えられたキーワードを用いて画像検索を実現する手法です。これに対して CBIR は、画像そのものを対象として画像を検索する手法です。以下では、CBIR による画像検索の手法について述べます。

画像検索においても、画像を直接比較照合する方法の他、画像の特徴量に基づく検索方法が用いられています。画像の特徴量として、たとえば輝度情報の分布や、形の特徴を用いることができます。また、画像からハッシュ値を求め、ハッシュ値を特徴ベクトルとして利用することも可能です。ここでハッシュ値とは、ある画像データに対応する、ハッシュ関数の出力値です。またハッシュ関数とは、あるディジタルデータが与えられた際に、そのデータに対してなんらかの計算を施すことで、データを反映した数値を得る計算のことです。画像検索におけるハッシュ値の計算には、**pHash**（**perceptual hash**）や**average Hash** などのアルゴリズムを用います。これらの方法により特徴量を抽出して特徴ベクトルを作成し、これを検索の対象とします。

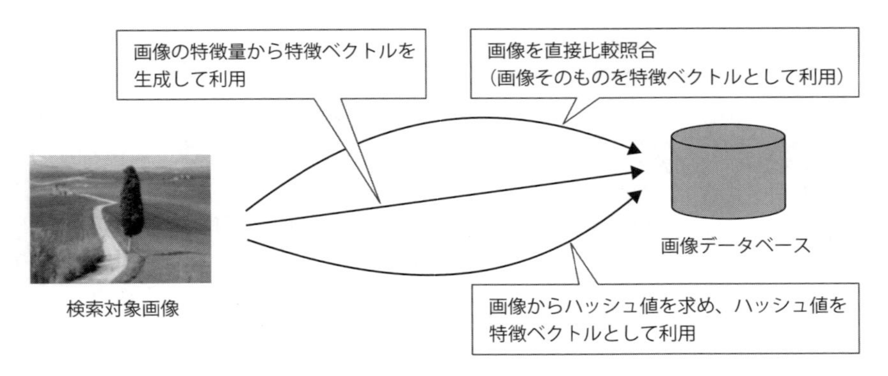

●図 9.13　特徴ベクトルに基づく類似画像の検索

特徴ベクトルの作成に、深層学習を用いることもできます。たとえば、畳み込みニューラルネットを用いて特徴ベクトルを作成する場合、はじめに畳み込みニューラルネットを分類問題として学習させます。画像の区別を行うように畳み込みニューラルネットを学習させたのち、ネットワーク後段の重みの値を取り出して、これを特徴ベクトルとして利用します。畳み込みニューラルネットは画像の特徴を学習しますが、とくにネットワーク後段においては、ネットワークの前段で分類した幾何学的特徴をもとに、より高次の特徴を分類していると考えられます。そこで、ネットワーク後段の重みベクトルが、対応する画像の特徴を表現していると考えるのです。

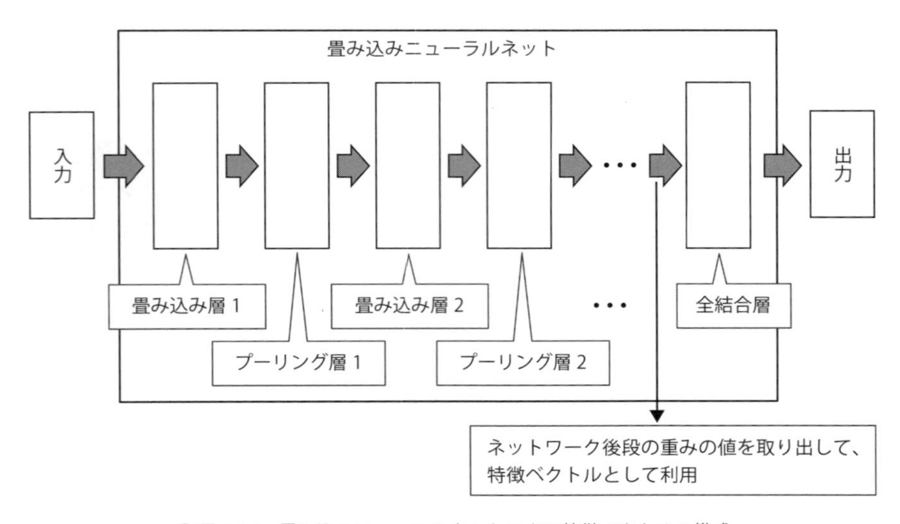

●図 9.14　畳み込みニューラルネットによる特徴ベクトルの構成

章末問題

Python を用いて、画像フィルタのアルゴリズムを実装してみましょう。画像フィルタの計算アルゴリズムは、畳み込みニューラルネットにおける畳み込み演算やプーリングの処理に応用可能です。

はじめに、画像フィルタの計算方法を考えましょう。かんたんにするために処理対象画像を正方形とし、画像のサイズを縦横の画素数を INPUTSIZE で表します（**図 9.A**）。画像データは、float の数値としてリストに格納されているものとします。これに対して、画像フィルタの縦横のサイズは、ここでは例として 3×3 に固定して考えます（**図 9.B**）。

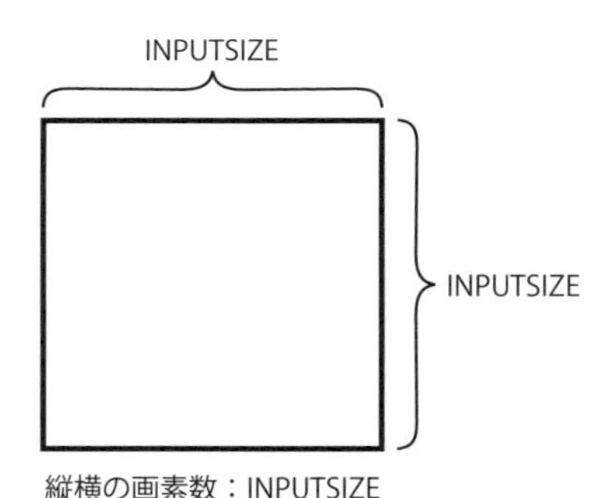

●**図 9.A** 処理対象の画像データ

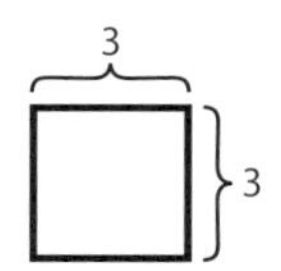

●**図 9.B** フィルタの構成（ここでは、3×3 の固定サイズとする）

フィルタ適用のアルゴリズムは、畳み込みニューラルネットの畳み込み演算と同じです。つまり、フィルタを、処理対象の画像データ全体に対して積和演算として適用し、一回り小さな画像を作成します（**図 9.C**）。フィルタの適用は画像のどこから始めてもかまわないのですが、たとえば左上から右下に 1 ピクセルずつ動かしながらフィルタを適用します。フィルタの出力値は、画像とフィルタの対応する要素を掛け合わせて加えた値です。もし計算結果が負の値となったら、画素値としては不適切ですから 0 にすることにします。これは、伝達関数として第 5 章で紹介したランプ関数（ReLU）を利用することに相当します。

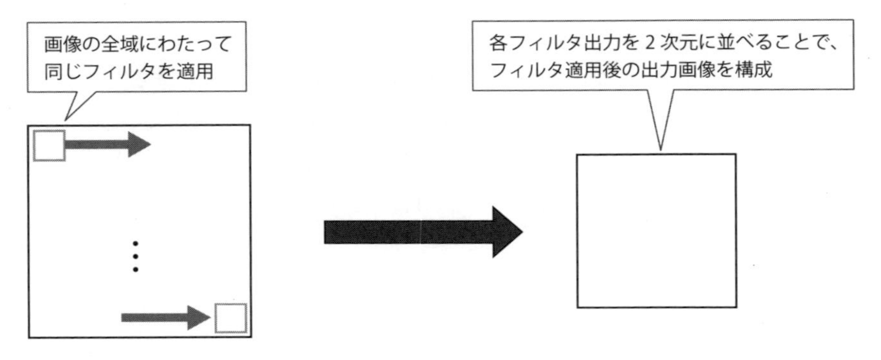

●図 9.C　フィルタの適用方法

フィルタとして、本文で紹介した平均化フィルタや、**ラプラシアンフィルタ**を実装してみましょう。ラプラシアンフィルタは、画像の輪郭を抽出する性質のフィルタです（**図 9.D**）。

0	1	0
1	−4	1
0	1	0

●図 9.D　ラプラシアンフィルタ

単純な画像にラプラシアンフィルタを適用して、その結果を調べます。今、**図 9.E**（1）のような画像にラプラシアンフィルタを適用すると、同図（2）の結果を得ます。同図（2）は、同図（1）の輪郭を抽出した結果となっています。

```
0 0 0 0 0 0 0 0 0 0 0
0 0 0 0 0 0 0 0 0 0 0
0 0 0 0 0 0 0 0 0 0 0
0 0 0 1 1 1 1 0 0 0 0
0 0 0 1 1 1 1 0 0 0 0
0 0 0 1 1 1 1 0 0 0 0
0 0 0 1 1 1 1 0 0 0 0
0 0 0 0 0 0 0 0 0 0 0
0 0 0 0 0 0 0 0 0 0 0
0 0 0 0 0 0 0 0 0 0 0
0 0 0 0 0 0 0 0 0 0 0
```

（1）入力画像

```
0.000 0.000 0.000 0.000 0.000 0.000 0.000 0.000 0.000 0.000 0.000
0.000 0.000 0.000 0.000 0.000 0.000 0.000 0.000 0.000 0.000 0.000
0.000 0.000 0.000 1.000 1.000 1.000 1.000 0.000 0.000 0.000 0.000
0.000 0.000 1.000 0.000 0.000 0.000 0.000 1.000 0.000 0.000 0.000
0.000 0.000 1.000 0.000 0.000 0.000 0.000 1.000 0.000 0.000 0.000
0.000 0.000 1.000 0.000 0.000 0.000 0.000 1.000 0.000 0.000 0.000
0.000 0.000 1.000 0.000 0.000 0.000 0.000 1.000 0.000 0.000 0.000
0.000 0.000 0.000 1.000 1.000 1.000 1.000 0.000 0.000 0.000 0.000
0.000 0.000 0.000 0.000 0.000 0.000 0.000 0.000 0.000 0.000 0.000
0.000 0.000 0.000 0.000 0.000 0.000 0.000 0.000 0.000 0.000 0.000
0.000 0.000 0.000 0.000 0.000 0.000 0.000 0.000 0.000 0.000 0.000
```

（2）ラプラシアンフィルタの出力画像

●**図 9.E**　ラプラシアンフィルタの働き

次に、以上のフィルタ処理の方法を応用して、畳み込みニューラルネットワークの**プーリング処理**を実装しましょう。プーリング処理は、入力画像のある小領域のなかから代表値を取り出す処理です。ここでは、小領域として 2×2 の領域を対象とし、代表値として、最大値を利用しましょう。

プログラムは、2×2 の領域内から最大値を探し出し、それを出力の画素値とする処理を、入力画像全体に対して繰り返します。たとえば、**図 9.F**（1）のような入力画像に対しては、2×2 の領域中の最大値を順に検出することで、同図（2）のような出力画像を得ます。同図において、出力画像は入力画像の画素数の 1/2 の大きさとなっています。

```
00000000
03004050
00000000
22222222
11111111
00000000
30701030
06050103
```

(1) 入力画像

```
3.000 0.000 4.000 5.000
2.000 2.000 2.000 2.000
1.000 1.000 1.000 1.000
6.000 7.000 1.000 3.000
```

(2) 最大値プーリングの出力画像

●図 9.F　プーリング処理

章末問題　解答

はじめに、フィルタ処理プログラム filter.py を**図 9.G** に示します。filter.py プログラムは、標準入力から画像データを読み込んで、プログラムに組み込んだ空間フィルタを適用し、結果を出力します。画像データは、数値をテキストで表現したファイルに格納しておきます。

画像データの入力には getdata() 関数を利用します。getdata() 関数は、標準入力からデータを読み込んで、リスト im[][] に値を格納します。

フィルタの適用には filtering() 関数を利用します。filtering() 関数は、下請け関数として calcfilter() 関数を利用し、入力画像全体にわたってフィルタを適用し、結果をリスト im_out[][] に格納します。

```
1 # -*- coding: utf-8 -*-
2 """
3 filter.pyプログラム
4 空間フィルタの適用
```

```
 5  2次元データを読み取り、空間フィルタを適用します
 6  使いかた  c:¥>python filter.py < data1.txt
 7  """
 8  # モジュールのインポート
 9  import math
10  import sys
11  
12  # グローバル変数
13  INPUTSIZE = 11    # 入力数
14  
15  # 下請け関数の定義
16  # getdata()関数
17  def getdata(im):
18      """画像データの読み込み"""
19      n_of_e = 0   # データセットの行数
20      # データの入力
21      for line in sys.stdin :
22          im[n_of_e] = [float(num) for num in line.split()]
23          n_of_e += 1
24      return
25  # getdata()関数の終わり
26  
27  # filtering()関数
28  def filtering(filter,im,im_out):
29      """フィルタの適用"""
30      for i in range(1,INPUTSIZE - 1):
31              for j in range(1,INPUTSIZE - 1):
32                  im_out[i][j] = calcfilter(filter,im,i,j)
33      return
34  # filtering()関数の終わり
35  
36  # calcfilter()関数
37  def calcfilter(filter,im,i,j):
38      """フィルタの適用"""
39      sum = 0.0
40      for m in range(3):
41              for n in range(3):
42                  sum += im[i - 1 + m][j - 1 + n] * filter[m][n]
43      if sum < 0 : # 結果が負の場合は0とする
44          sum = 0
45      return sum
```

●図 9.G　filter.py プログラム（次ページに続く）

```
46  # calcfilter()関数の終わり
47  
48  # メイン実行部
49  np = 1.0 / 9.0
50  
51  filter = [[0,1,0],[1,-4,1],[0,1,0]]           # ラプラシアンフィルタ
52  #filter = [[np,np,np],[np,np,np],[np,np,np]]  # 平均フィルタ
53  
54  im = [[0.0 for i in range(INPUTSIZE)]
55        for j in range(INPUTSIZE)]              # 入力データ
56  im_out = [[0.0 for i in range(INPUTSIZE)]
57              for j in range(INPUTSIZE)]        # 出力画像
58  
59  # 入力データの読み込み
60  getdata(im)
61  
62  # フィルタの適用
63  filtering(filter,im,im_out)
64  
65  # 結果の出力
66  for i in im_out:
67      for j in i:
68          print("{:.3f} ".format(j),end = "")
69      print()
70  
71  # filter.pyの終わり
```

●図 9.G　filter.py プログラム

次に、pooling.py プログラムを**図 9.H** に示します。pooling.py プログラムは、プログラム内部で初期化した入力画像データを格納するリスト im[][] について、2×2 の領域についての最大値プーリングの処理を適用します。プーリング処理には、pool() 関数および maxpooling() 関数を利用します。

```
1  # -*- coding: utf-8 -*-
2  """
3  pooling.pyプログラム
4  プーリングの処理
5  2次元データを読み取り、プーリングを施します
6  使いかた　c:¥>python pooling.py
```

```
7   """
8   # モジュールのインポート
9   import math
10  import sys
11
12  # グローバル変数
13  INPUTSIZE = 8    # 入力数
14
15  # 下請け関数の定義
16  # pool()関数
17  def pool(im,im_out):
18      """プーリングの計算"""
19      for i in range(0, INPUTSIZE, 2):
20          for j in range(0, INPUTSIZE, 2):
21              im_out[int(i / 2)][int(j / 2)] = maxpooling(im,i,j)
22      return
23  # pool()関数の終わり
24
25  # maxpooling()関数
26  def maxpooling(im,i,j):
27      """最大値プーリング"""
28      # 値の設定
29      max = im[i][j]
30      # 最大値の検出
31      for m in range(2):
32          for n in range(2):
33              if max < im[i + m][j + n]:
34                  max = im[i + m][j + n]
35      return max
36  # maxpooling()関数の終わり
37
38  # メイン実行部
39  im = [[0, 0, 0, 0, 0, 0, 0, 0],
40        [0, 3, 0, 0, 4, 0, 5, 0],
41        [0, 0, 0, 0, 0, 0, 0, 0],
42        [2, 2, 2, 2, 2, 2, 2, 2],
43        [1, 1, 1, 1, 1, 1, 1, 1],
44        [0, 0, 0, 0, 0, 0, 0, 0],
45        [3, 0, 7, 0, 1, 0, 3, 0],
46        [0, 6, 0, 5, 0, 1, 0, 3]
47       ]                                   # 入力データ
```

●図 9.H　pooling.py プログラム（次ページに続く）

```
48  im_out = [[0.0 for i in range(INPUTSIZE)]
49              for j in range(INPUTSIZE)]      # 出力データ
50
51
52  # プーリングの計算
53  pool(im,im_out)
54
55  # 結果の出力
56  for i in range(int(INPUTSIZE / 2)):
57      for j in range(int(INPUTSIZE / 2)):
58          print("{:.3f} ".format(im_out[i][j]),end = "")
59      print()
60
61  # pooling.pyの終わり
```

●図 9.H　pooling.py プログラム

第10章

エージェントと強化学習

本章では、内部状態を有し環境と相互作用するエージェントを取り上げます。

エージェントには、実体を持たないソフトウェアエージェントと、実際に体を有するロボットがあります。ここでは、最初にソフトウェアエージェントを取り上げ、次にロボットについて考察します。さらに、エージェントの学習機構としてよく用いられる強化学習について説明します。

10.1 ソフトウェアエージェント

10.1.1 エージェントとセル・オートマトン

エージェント（agent）は、内部状態を有し、環境や他のエージェントと相互作用することのできるシステムです。**図 10.1** で、エージェントは内部に記憶を有しており、内部状態を保持します。時刻の経過とともに、エージェントは外部環境や他のエージェントと相互作用を繰り返し、自分自身の内部状態を更新します。

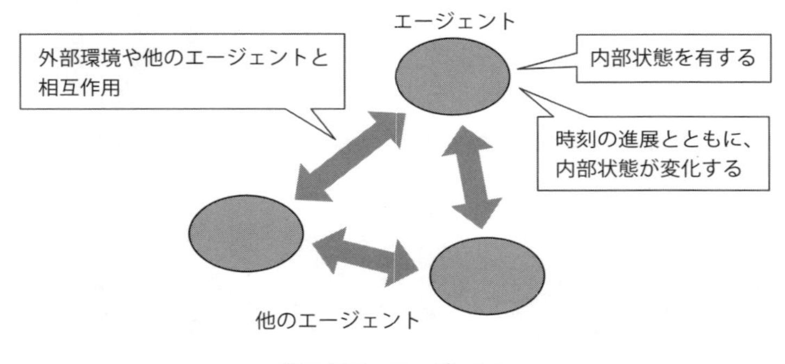

●図 10.1　エージェント

エージェントには、コンピュータネットワークやプログラムの世界で働く**ソフトウェアエージェント**と、実際に体を持ち、実世界で活動できるハードウェアエージェント、すなわち**ロボット**があります。ここではまず、ソフトウェアエージェントについて検討します。

ソフトウェアエージェントを考えるにあたり、その基礎となる概念として**セル・オートマトン**（cellular automaton, CA）について説明します。第 2 章で述べたように、セル・オートマトンはフォン・ノイマンが提唱したソフトウェアエージェントの一種です。

セル・オートマトンは、内部状態を持ったセルが他のセルと相互接続し、時刻の進展とともに内部状態を変化させるという情報処理モデルです。相互接続の方法はさまざまですが、たとえばセルを 1 次元に並べて隣同士を接続すると、**図 10.2** に示すような 1 次元セル・オートマトンができあがります。同図では、セルの状態は 0 または 1 のふたつだけとしています。また、接続先は隣接するセルのみとしています。

このようなセル・オートマトンを、1次元2状態3近傍セル・オートマトンと呼びます。

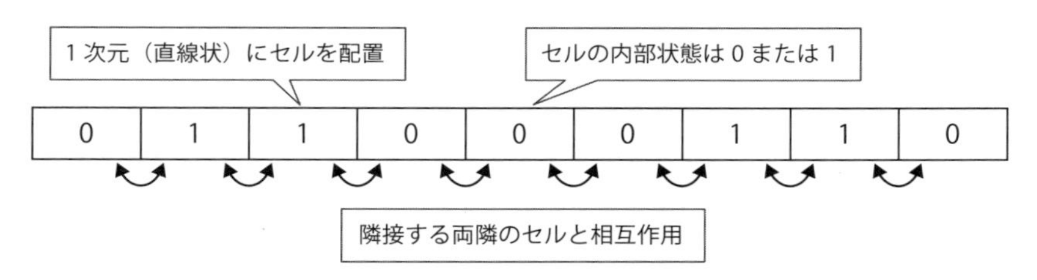

●**図 10.2**　1次元2状態3近傍セル・オートマトン

1次元2状態3近傍セル・オートマトンの時間発展を計算するためには、時刻の進展によって内部状態がどう変化するのかを決めるルールが必要です。このルールは、自分と両隣の、合計3個のセルの状態の組み合わせに対して、次の時刻で自分の内部状態をどうするかを決定します。内部状態は0または1の2状態ですから、合計3個のセルの状態の組み合わせは、(0 0 0) から (1 1 1) までの全部で8通りあります。ルールは、このそれぞれに対して、次の時刻の自分の内部状態として0または1を決定します。

たとえば、**表 10.1** のようなルールを利用する場合を考えます。同表のルールを使って、ある状態におけるセル・オートマトンの、次の時刻での状態を計算します。**図 10.3** に、いくつかの例を示します。

●**表 10.1**　1次元2状態3近傍セル・オートマトンにおける遷移ルールの例1（ルール18）

パターン	次の時刻の状態
111	0
110	0
101	0
100	1
011	0
010	0
001	1
000	0

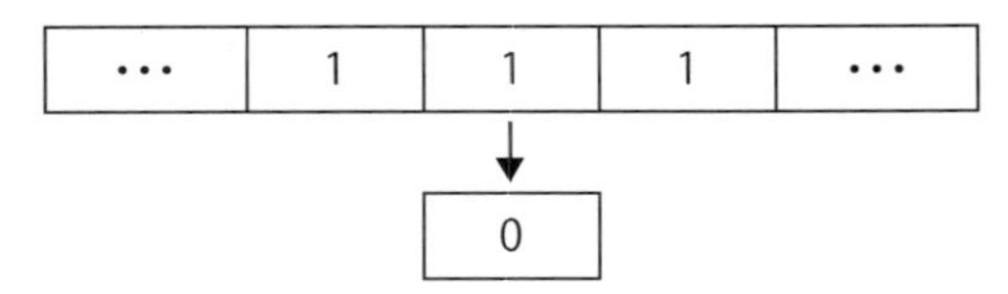

(1) 自分および左右のセルの状態がすべて 1 ならば、次の時刻の自分の状態は 0

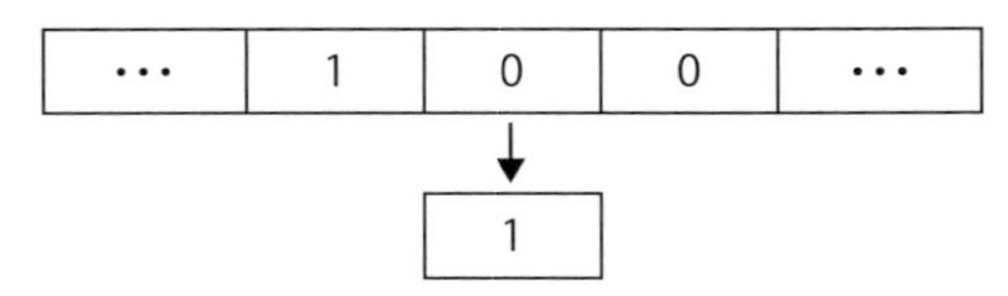

(2) 左のセルの状態が 1 で、自分と右のセルの状態が 0 ならば、次の時刻の自分の状態は 1

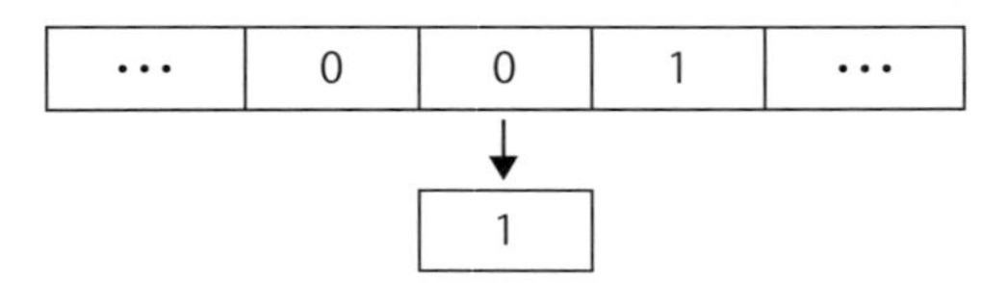

(3) 右のセルの状態が 1 で、自分と左のセルの状態が 0 ならば、次の時刻の自分の状態は 1

●**図 10.3**　表 10.1 のルール（ルール 18）による状態遷移の例

図 10.3（1）で、自分および左右のセルの状態がすべて 1 ならば、表 10.1 の一番上の行のパターンと一致しますから、次の時刻の自分の状態は 0 となります。(2) では左隣が 1 で自分と右隣が 0 なので、表 10.1 の上から 4 番目のパターンと合致し、次の時刻の状態は 1 となります。(3) も同様に、表 10.1 の下から 2 番目のパターンと一致するので、次の時刻では状態は 1 となります。

同表のルールは、1 次元 2 状態 3 近傍セル・オートマトンのルールの一例です。ルールは、**表 10.2** のようにどんなパターンに対しても次の時刻には状態 0 となるルールや、**表 10.3** のようにすべての状態に対して状態 1 を与えるルールなど、さまざまなルールが考えられます。ルールの種類は、次の時刻の状態が（00000000）から（11111111）までの 2^8 個、すなわち 256 個あります。これらのルールは、次の時刻の状態を 8 桁の 2 進数とみなした番号で区別します。たとえば表 10.2 は $(00000000)_2=(0)_{10}$ なのでルール 0 であり、表 10.1 は $(00010010)_2=(18)_{10}$ よりルール 18、また表 10.3 は $(11111111)_2=(255)_{10}$ なのでルール 255 と呼びます。

●**表 10.2**　1 次元 2 状態 3 近傍セル・オートマトンにおける遷移ルールの例 2（ルール 0）

パターン	次の時刻の状態
111	0
110	0
101	0
100	0
011	0
010	0
001	0
000	0

●**表 10.3**　1 次元 2 状態 3 近傍セル・オートマトンにおける遷移ルールの例 3（ルール 255）

パターン	次の時刻の状態
111	1
110	1
101	1
100	1
011	1
010	1
001	1
000	1

1 次元 2 状態 3 近傍セル・オートマトンの時間発展を計算するには、図 10.3 のような操作をすべてのセルに対して行います。たとえば、**図 10.4** のように、中央に状態 1 のセルを配置し残りのセルは状態 0 とした場合、ルール 18 によるセル・オートマトンでは、時刻の経過によって同図のような変化が生じます。

```
0000000000000000001000000000000000000
0000000000000000010100000000000000000
0000000000000000100010000000000000000
0000000000000001010101000000000000000
0000000000000010000000100000000000000
0000000000000101000001010000000000000
0000000000001000100010001000000000000
0000000000010101010101010100000000000
0000000000100000000000000010000000000
0000000001010000000000000101000000000
0000000010001000000000001000100000000
0000000101010100000000010101010000000
```

●**図 10.4**　1 次元 2 状態 3 近傍セル・オートマトンの時間発展例（ルール 18 を利用）

図 10.4 では、セルの状態を示す 0 と 1 の数値を横一直線に並べて、ある時刻における 1 次元セル・オートマトンの状態を表しています。先頭 1 行目がセル・オートマトンの初期状態であり、中央付近に状態 1 のセルがひとつだけ置かれています。時刻の進展に伴う状態変化を、上から下へと各行で表現しており、たとえば 2 行目は初期状態から 1 だけ時刻が進んだ状態を表しています。図 10.4 には 12 行の 1 次元セル・オートマトンが示されていますから、初期状態から 12 時刻分の変化が示されていることになります。

図 10.4 の時間発展を、もう少し先まで計算してグラフィカルに表示した例を、**図 10.5** に示します。図 10.5 では、部分的な繰り返しを伴った三角形が繰り返し描かれるようすが示されています。

同様に**図 10.6** は、ルール 110 を用いた場合のセル・オートマトンの時間発展です。同図では初期状態で右端に状態 1 のセルを配置しており、図 10.5 のルール 18 の場合と同様に、複雑な模様が繰り返し描かれています。こうしたパターンと類似のパターンは、貝殻の模様のような生物活動の結果や、ある種の物理現象によって描き出されることが知られています。

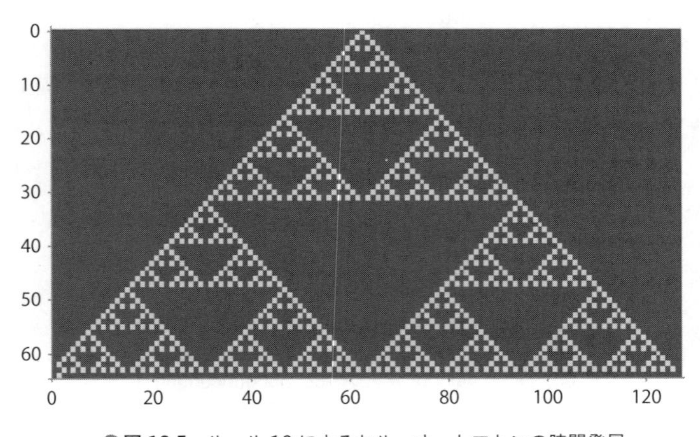

●**図 10.5**　ルール 18 によるセル・オートマトンの時間発展

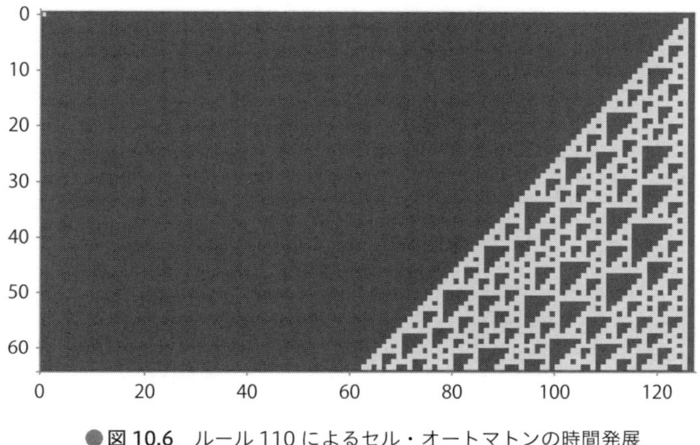

●図 10.6　ルール 110 によるセル・オートマトンの時間発展

セル・オートマトンは、物理現象や生物の働きのモデルとして利用できるだけでなく、社会現象のシミュレーションなどにも応用できます。たとえば、1 次元 2 状態 3 近傍セル・オートマトンを用いて、自動車の交通流のシミュレーションを行うことができます。今、1 次元セル・オートマトンを道路だと考え、セルの状態 1 を自動車がいる状態として、状態 0 を自動車がいない状態だと考えます。ここで、左から右に自動車が移動するとし、前方のセルが空いている場合には次の時刻に前方に移動、前方に自動車がいて塞がっている場合には移動できないものとします。

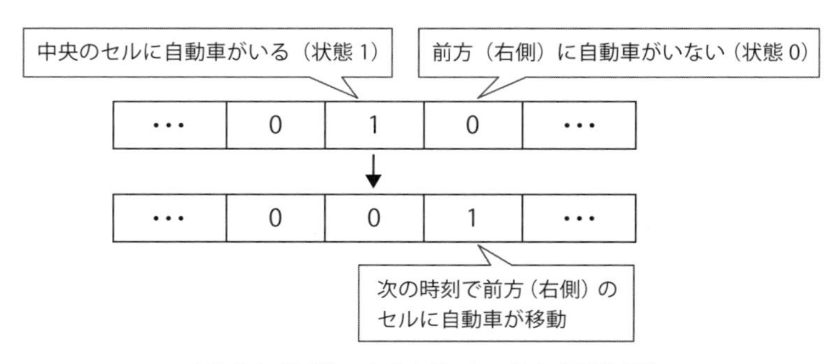

(1) 前方（右側）に自動車がいない場合（移動可能）

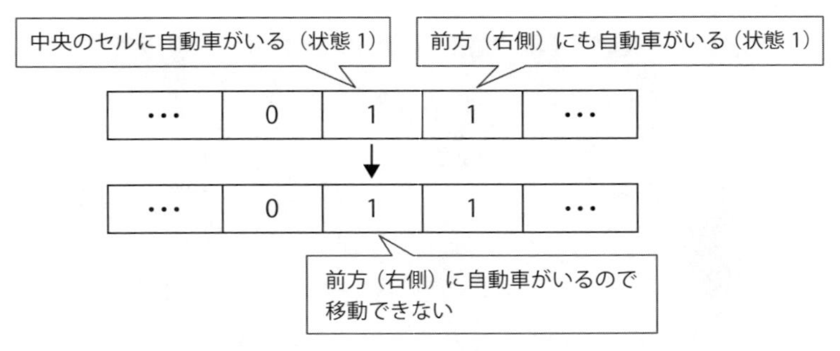

(2) 前方（右側）に自動車がいる場合（移動できない）

●**図 10.7**　1 次元 2 状態 3 近傍セル・オートマトンによる自動車移動のシミュレーション

たとえば**図 10.7**（1）では、中央のセルにのみ自動車がいて、前後にはなにもいない状態です。この場合、次の時刻では自動車は右隣（前方）のセルに移動します。また同図 (2) では、中央と、その右隣に自動車がいます。この場合、中央の自動車は右隣の自動車が邪魔になって先に進むことができません。その結果、1 時刻後にも中央のセルには自動車がいることになります。

以上の挙動を、セル・オートマトンのルールを使って記述することを考えます。ルールとしての表現は、みっつの連続するセルの状態に対して、次の時刻に中央のセルの状態がどうなるかを記述する形式です。

たとえば、同図 (1) の場合には、(0 1 0) という状態に対して中央のセルの次の時刻の状態が 0 になりますから、次のような遷移ルールとなります。

010　→　0

また、同図 (2) の場合であれば、(0 1 1) という状態に対して中央のセルの次の時刻の状態が 1 になりますから、次のように記述できます。

011　→　1

このようにして、(0 0 0) から (1 1 1) までの 8 通りのパターンについてのルールを構成すると、セル・オートマトンによる交通流のシミュレーションには**表 10.4** のようなルールを利用することになります。このルールは、ルール 184 に対応します。

●表 10.4 交通流シミュレーションにおけるルール（ルール 184）

パターン	次の時刻の状態
111	1
110	0
101	1
100	1
011	1
010	0
001	0
000	0

こうして構成した交通流のセル・オートマトンを用いると、車の渋滞のシミュレーションなどを行うことが可能です。設定を複雑化して、たとえば車線を増やしたり、右左折や信号を導入すると、都市計画などへの応用も可能です。

10.1.2 ソフトウェアエージェント

ソフトウェアエージェントは、内部状態を持つエージェントが、外界と相互作用しながら状態変化を繰り返すソフトウェアです。シミュレーションや人工生命などに応用されているとともに、インターネットに代表されるコンピュータネットワークシステム上で自律的に行動するプログラムシステムにも応用されています。

シミュレーションへの応用例として、ソフトウェアエージェントシステムによる避難行動のシミュレーションを紹介します。これは、火災などの場合に建物内や地下街から安全な場所へ移動する際に、どのような現象が生じるかを調べるシミュレーションです。エージェントは避難者をシミュレートし、自分のいる場所や周囲の状況、また周囲にいる他のエージェントのようすなどをもとに、ルールに従って次の行動を決定します。

このとき、エージェントの持つルールを設定することで、たとえばリーダーがいる場合といない場合の避難行動の違いなどを調べることができます。また、エージェントを配置する建物や地下街の構造や、通路や出入り口の設定などを変更することで、建造物の設計に関する指針を得ることができます。

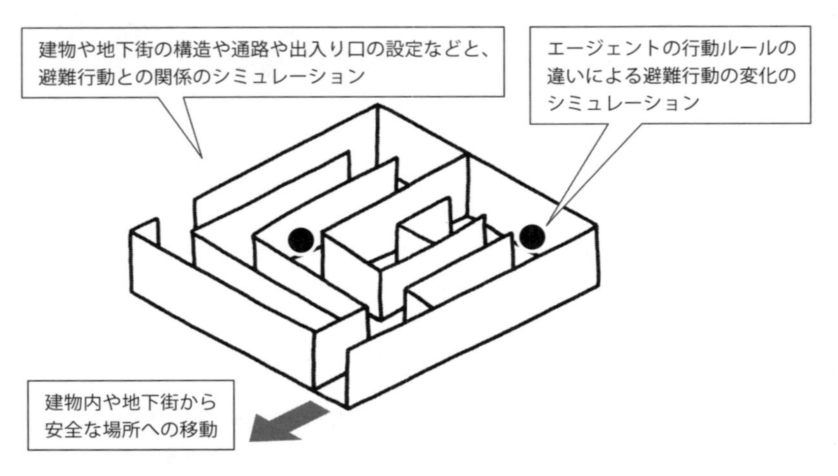

●図 10.8　避難行動のエージェントシミュレーション

シミュレーションへの応用とは別に、ネットワーク上で動作するソフトウェアエージェントの例として、第 1 章で説明した**クローラー**があります。Web 検索エンジンでは、あらかじめネットワークを検索して検索対象となる情報を集めておく必要があります。情報収集を自律的に行うのがクローラーです。

クローラーは、現在参照している Web ページに含まれるリンク情報を抽出し、リンク先のページを順に訪れます。リンクを次々とたどりながら、それらのページの情報をサーバに蓄積していきます。ソフトウェアエージェントとしてのクローラーは、ネットワーク環境という外界と相互作用するソフトウェアであって、Web ページの情報を順次集めることで内部状態を更新していきます。

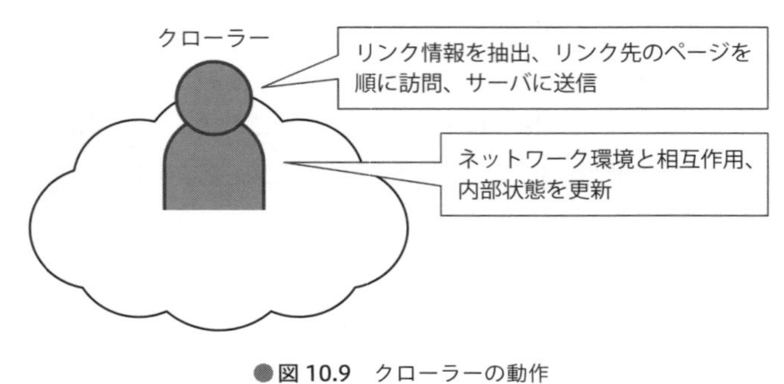

●図 10.9　クローラーの動作

この他にもソフトウェアエージェントには、たとえばゲームにおける AI プレーヤーがあります。ゲームの AI プレーヤーは、ゲームの世界のなかで、ゲーム環境や他のプレーヤーと相互作用することで処理を進めます。ゲーム AI プレーヤーについては、第 11 章で改めて取り上げます。

10.2 実体を持ったエージェント

10.2.1 ロボティックス

ロボティックス（robotics）は、ロボットを構築するための技術で、制御技術・センシング技術・知識処理技術などが融合した工学技術です。これらのうちで人工知能技術と直接関係するのは、ロボットビジョンに代表されるセンシング技術や、ロボットの運動制御や運動計画技術、あるいは自己位置推定技術などです。

ロボットの感覚系であるセンサには、**表 10.5** に示すようなさまざまなデバイスが用いられます。同表において、タッチセンサはロボットと外界との接触や衝突を検出します。圧力センサは、物理的な接触の有無だけでなく、接触圧力を計測します。

赤外線センサや超音波センサは、ロボットと外界の対象物との距離を測定します。位置センサは自分自身の位置を計測し、速度センサや加速度センサは自分自身の運動に関する情報を速度や加速度として検出します。

光センサは外界の明暗の検出し、カメラはロボットビジョンで処理すべき画像を取得します。

●**表 10.5**　ロボットのセンサ（代表例）

名　称	説　明
タッチセンサ	物理的接触の検出
圧力センサ	圧力の測定
赤外線センサ	赤外線による距離測定
超音波センサ	超音波を用いた距離測定
位置センサ	位置の検出（GPS など）
速度センサ	移動速度や回転速度の検出
加速度センサ	加速度の検出
光センサ	明暗などの測定
カメラ	明暗検出、ロボットビジョン

ロボットビジョンは、基本的には、画像処理技術や画像認識技術の一種です。しかしロボットビジョンは、一般の画像処理と比較して、より困難な条件下での処理が求められます。

一般の画像処理や画像認識においては、処理対象物体の位置や対象物体に与える照明は、処理の都合に応じて適切な設定が可能であるのが普通です。たとえば一般の顔認識技術であれば、人の顔を正面から一定の方向および距離で映し出し、対象物への照明も一定の方向から一定の明るさで与えるという条件づけが可能です。しかしロボットビジョンにおいては、ロボットとの位置関係から、角度や距離、照明の当たりかたなどを一定に保つことは困難です。したがって、一般の顔認識とロボットビジョンにおける顔認識では、ロボットビジョンの場合のほうがより難しい問題となります。

ロボットの運動制御と運動計画は、ある目的に沿ってロボットを動作させるための技術です。運動制御においては、ある目的に沿ってロボットのアクチュエータを制御し、たとえばロボットアームで対象物体をつかんだり、脚を交互に繰り出すことで二足歩行を実現したりします。運動計画においては、運動制御の機能を利用して、対象物体をロボットアームでつかんで移動させたり、二足歩行によって目的地まで移動する計画を作成します。

ロボットの自己位置推定は、実世界のなかを移動するロボットが今どこにいるのかを自ら推定する技術です。家庭に普及しているロボット掃除機は、部屋の地図を与えなくても、部屋の隅々まで掃除をしてくれます。このためには、移動しながら自分の位置を推定し、現在ロボットがいる部屋の地図を作成する必要があります。このように移動しながら自己位置を推定し、その結果から同時に地図を作成する技術を、**SLAM**（**Simultaneous Localization and Mapping**）と呼びます。SLAMは、ロボットの制御だけでなく、自動車の自動運転技術にも応用されています。

10.2.2　ロボットの身体性（身体性認知科学）

前項で紹介したロボティックスの技術は、工場の組み立てラインなどで利用される産業用ロボットに早くから応用されて実用化されました。産業用ロボットは、組み立てや溶接、塗装、工場内搬送などの分野で現在でも広く利用されています。産業用ロボットは、工場内など特定の環境で決められた作業を行う場合が主であり、そのような応用には、伝統的な制御技術を中心としたロボティックスの技術が有効です。

これに対して、より一般的な環境で問題に柔軟な対応ができる動作をするロボットを実現しようとすると、産業用ロボットの実現においては生じないような、さまざまな問題が発生します。たとえば惑星探査のために火星表面で動作するロボットを作成しようとすると、制御対象となる火星上のロボットが地球から非常に遠距離となるため、リアルタイムのリモート制御は不可能です。

そこで、ロボット自身に、予期できない問題に対して柔軟に対応できる処理能力が必要になります。しかしこのためには、外界の認識やモデル化、運動計画などについて、非常に多くの計算が必要となり、ロボットに搭載可能なコンピュータの能力では処理しきれなくなってしまいます。これは、第12章で述べるフレーム問題につながる、AI研究上の重要な問題です。

こうした問題に対処するために、**身体性認知科学**（**embodied cognitive science**）の考えかたが提唱されました（**図10.10**）。身体性認知科学では、ロボットと外界との相互作用に重きをおいて、相互作用の結果を積極的に利用します。結果として、精密な外界モデルや運動計画を必要とせず、いわば反射的な動作を中心として処理を進めます。このことで、情報処理能力の問題を解決します。

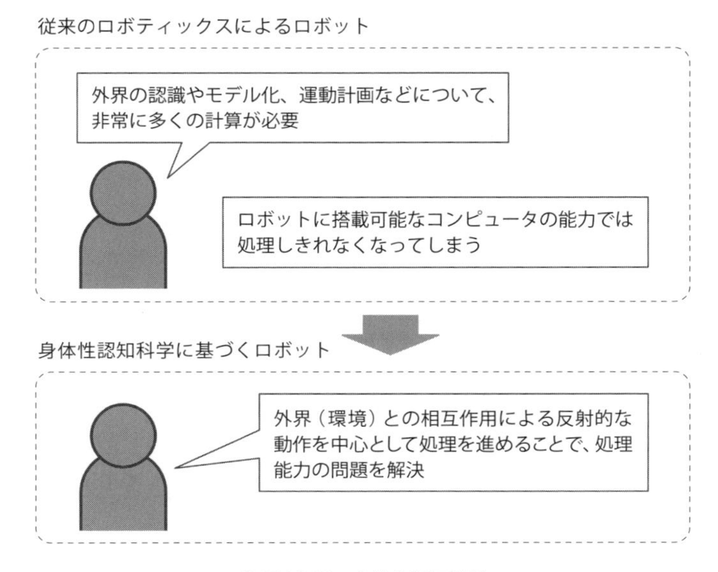

●図10.10　身体性認知科学

身体性認知科学に基づくロボットの具体的な構成方法として、**サブサンプションアーキテクチャ**（**subsumption architecture**）があります。サブサンプションアーキテクチャでは、階層構造を持った制御システムを利用して、各階層の処理機構が並列的に処理を進めます。

図 10.11 に、サブサンプションアーキテクチャに基づく移動ロボットの構成例を示します。同図では、みっつの階層からなる制御システムを示しています。

レベル 0 は最下層の処理機構で、ロボットを前進させる働きを持ちます。その上位にあるレベル 1 は、前進に伴って障害物と衝突しそうになったときに、衝突を回避する処理機構です。レベル 1 はレベル 0 の上位にあり、レベル 0 の処理機構の指示を上書きすることができます。同図の場合であれば、レベル 0 による前進処理を続けると障害物に衝突してしまう場合には、レベル 1 の処理結果が優先されて、衝突を回避します。それらの上位にはレベル 2 の目的行動処理機構が配置され、下位の機能を利用しつつ目的地へとロボットを誘導する処理が行われます。

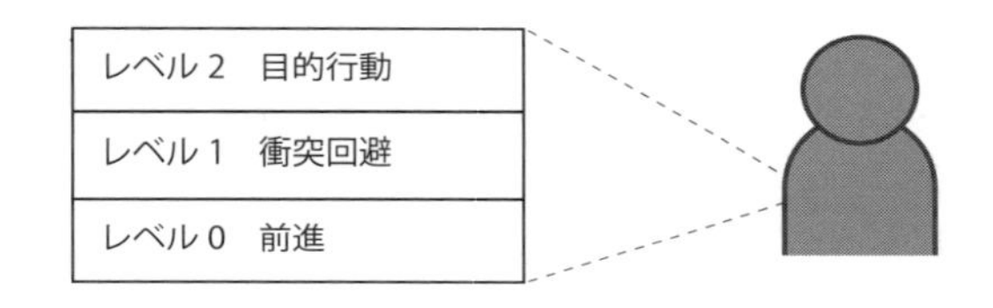

●**図 10.11**　サブサンプションアーキテクチャに基づく移動ロボットの構成例

サブサンプションアーキテクチャは、惑星表面探査ロボットや地雷除去ロボットなどに応用されている他、家庭用の掃除ロボットにも利用されています。

10.3 エージェントと強化学習

10.3.1　エージェントと機械学習

エージェントを環境のなかで効率的に活動させるためには、なんらかの方法でエージェントの制御知識を獲得しなければなりません。このためには、機械学習の手法が有効です。第 3 章で述べたように、エージェントの学習においては、機械学習でもとくに強化学習の手法が有効です。

強化学習は、個々の動作についての評価が得られないために教師あり学習が行えない場合でも、一連の動作が終了したあとに得られる報酬を手がかりに学習を進めることのできる学習手法です。たとえば、二足歩行の制御知識を獲得する場合を考えます。この場合、ロボットのさまざまな状態に対する制御知識は膨大であり、これらをひとつずつ教師あり学習によって獲得するのは現実的ではありません。

これに対して強化学習では、一定の時間うまく歩けた場合に歩行に用いた一連の制御知識にまとめて報酬を与えることで学習を進めます。この試行を何度も繰り返すうちに、二足歩行に役立つ制御知識には報酬が繰り返し与えられ、結果として有用な制御知識を獲得することが可能です（**図 10.12**）。

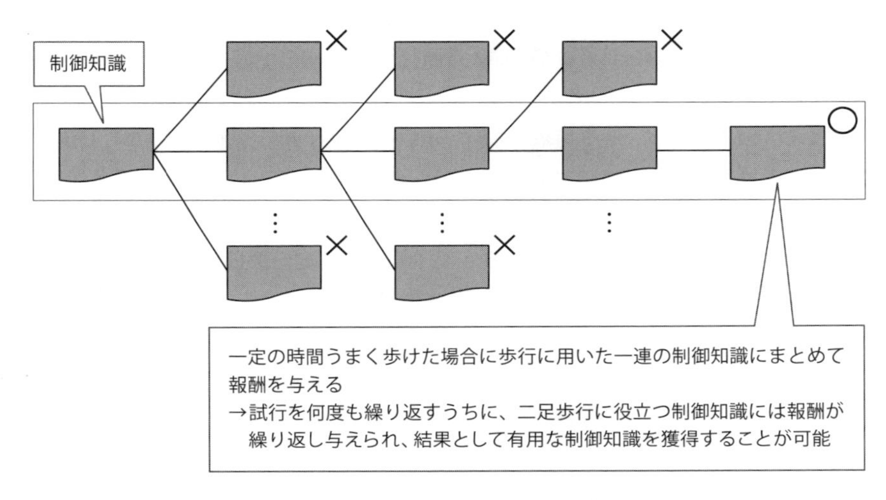

●図 10.12　強化学習による二足歩行知識の獲得

強化学習は、学習環境にノイズがある場合でも学習が進められる頑強さがあります。また、学習の途中で学習目標が変化するような動的環境にも対応することができます。こうした特徴は、実世界で動作するエージェントであるロボットの知識獲得に有用です。

強化学習を実現する方法のひとつに、**モンテカルロ法**（**Monte Carlo method**）による強化学習があります。一般に、モンテカルロ法は、ランダムな試行に基づく探索手法です。強化学習にモンテカルロ法を適用する場合、ランダムな行動による試行を繰り返し、一連の行動が終了してから、うまくいった行動の系列にまとめて報酬を与えます。このとき、個々の行動に対する評価は得られませんから、学習が進むのは一連の行動が終わってそれがうまくいった場合のみに限られます。試行を何度も繰り返すことで、うまくいく行動の系列の評価が高くなり、それ以外の行動には評価の得点が与えられません。そこで、よい結果が得られる行動の系列の評価が高くなり、結果として行動知識を獲得することが可能です。

10.3.2　Q 学習

強化学習を実現する別の方法として、**Q 学習**（**Q learning**）があります。Q 学習はモンテカルロ法と異なり、ひとつの行動を行うたびに、学習を進めることが可能です。以下では、Q 学習の具体的方法について説明します。

Q 学習の枠組みにおいては、ある局面における行動選択は **Q 値**（**Q value**）に従って決定します。Q 値は、後述する学習手続きに従ってあらかじめ決定しておきます。実際の行動制御においては、Q 値の高い行動を取ることで、最もよい最終結果に至ることができます。

たとえば**図 10.13** で、ある状態において選択可能な行動が 3 種類あったとします。このとき 2 番目の行動に対応する Q 値が最も高いので、この状態では 2 番目の行動を選択します。行動を選択すると、次の状態に遷移します。ここでも、あらかじめ決められた Q 値を調べて、最も高い Q 値に対応する行動を選択します。こうして行動選択を繰り返すことで、最もよい最終結果を得ることができます。

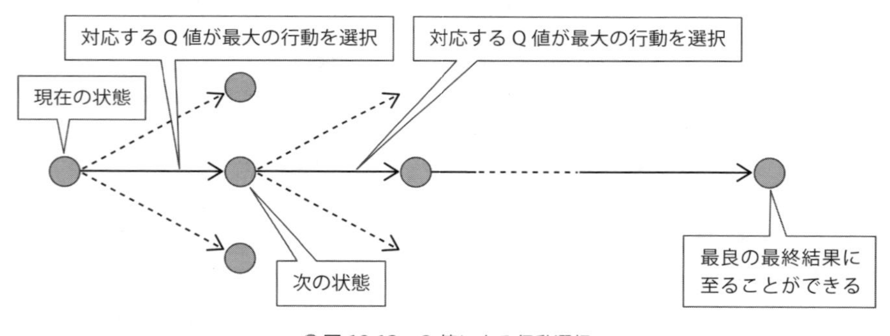

●図 10.13　Q 値による行動選択

同図に示すように、あらかじめ適切な Q 値がわかっていれば、最適な行動を順に選択することで最良の結果を得ることが可能です。Q 学習では、次のような手続きを繰り返すことで Q 値を学習します。

Q 学習の手続き

初期化
すべての行動に対応する Q 値を乱数で初期化する
学習ループ
以下を適当な回数だけ繰り返す

(1) 一連の行動の初期状態に戻る
(2) 次の行動を Q 値に基づいて選択し、行動する
(3) 報酬が与えられたら、報酬に比例した値を Q 値に加える。報酬が与えられなかったら、次の状態で選択可能な行動に対応する Q 値のうちの最大値に比例した値を Q 値に加える
(4) 目標状態に達するか、あらかじめ設定した条件に達したら、(1) に戻る
(5) (2) に戻る

上記手続きを、二足歩行の制御知識獲得を例に説明します。まず初期化の手続きでは、学習ループによる知識獲得に先立って、Q 値の初期値を乱数で決定します。この状態では制御知識である Q 値はでたらめな値ですから、当然、二足歩行をうまく行うことはできません。

Q 学習の本体となる上記の学習ループでは、繰り返し二足歩行を試みることで、Q 値をだんだんと改善していきます。まず学習ループの (1) で、スタート位置に二足歩行ロボットを立たせます。次に (2) の手続きに従って、各関節に与えるトルクを決定し、ロボットを少しだけ動かします。この状態では歩行は始まったばかりですから、(3) の条件判定における報酬の付与はありません。そこで、この状態でさらに次の行動に対応する Q 値を調べ、その最大値に比例した値を、直前に利用した Q 値に加算します。この処理を式で表すと、次のようになります。

$$Q(s,a) \leftarrow Q(s,a) + \alpha(r + \gamma max Q(s_{next}, a_{next}) - Q(s,a))$$

ただし、

s：状態
a：状態 s で選択した行動
$Q(s,a)$：状態 s における行動 a に対応する Q 値
α：学習係数 (0.1 程度)
r：行動の結果得られた報酬 (報酬が得られなければ 0)
γ：割引率 (0.9 程度)
$max Q(s_{next}, a_{next})$：次の状態で取りうる行動に対する Q 値のうちの最大値

この式では、現在の状態 s における行動 a に対応する Q 値である $Q(s, a)$ に対して、報酬 r や次のステップでの Q 値の最大値 $maxQ(s_{next}, a_{next})$ などに係数を乗じた値を加えることで、Q 値の学習を進めています。

続いて手続きの (4) に進みますが、まだ歩行を始めたばかりで目標状態には達していませんし、転倒するなどあらかじめ決めた条件にも該当しませんから、次の (5) に進みます。(5) では手続きの (2) に戻ることで、学習ループを続けます。

学習ループにおける繰り返しの過程で、もし転倒するなどあらかじめ決めた条件が生じたら、手続き (4) から手続き (1) へ戻り、二足歩行の初期状態に戻り、改めて歩行を開始します。もし、たまたまうまく歩けたら報酬が与えられ、上記の更新式に従って Q 値が更新されます。

以上の学習ループを繰り返すと、最初は Q 値がでたらめなので、ほとんど歩くことはできず、Q 値の改善は進みません。しかしたまたまうまく歩けて報酬が与えられると、報酬の与えられる直前の行動に対応する Q 値が増加します。その後、報酬を受け取ることのできそうな行動に対して順次 Q 値が加えられていくことで、次第に一連の Q 値が増加していきます。最後には、うまく歩ける行動選択に対応する一連の Q 値の値が大きくなり、二足歩行の知識獲得が完了します。

章末問題

Q 学習による行動知識獲得プログラム qlearning.py を作成しましょう。今、**図 10.A** に示すような枝分かれをした迷路について、スタートからゴールに至る道筋をたどるための行動知識を獲得することを考えます。迷路のスタート点はノード 0 で、ゴールはノード 6 であるとします。各ノードに向かう枝に Q1 から Q6 と名前をつけて、枝に対応する Q 値を Q 学習により求めます。

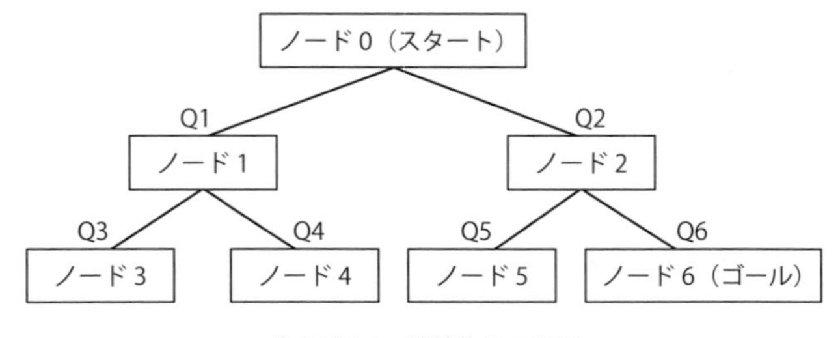

●**図 10.A**　迷路抜けの問題

ノード0では、ノード1またはノード2に向かう2種類の行動からひとつの行動を選択することが可能です。それぞれの行動に対応するQ値を、Q1およびQ2と表すことにします。同様に、ノード1からはノード3またはノード4に向かうことができます。そこでそれぞれの行動に対応するQ値を、Q3およびQ4と表します。さらに、ノード5とノード6に至る行動に対応するQ値をQ5およびQ6とします。

迷路抜けを繰り返す際に、ゴールのノード6に達すると、報酬が与えられます。それ以外のノードでは報酬は与えられません。

以上の設定のもとで、先に示したQ学習の手続きに従ってQ値を獲得するプログラムであるqlearning.pyを作成します。

まず、Q値の表現方法を考えます。Q値は、リストqvalue[]に格納することにしましょう。すると、Q学習の手続きにおける初期化手続きは、たとえばi番目のQ値については次のように記述することができます。

```
qvalue[i] = random.uniform(0,100)      # 0から100の間の乱数で初期化
```

次に、学習ループの処理を考えます。まず手続き(1)の「一連の行動の初期状態に戻る」は、状態を表す変数sを用意し、次のように、スタートのノード番号である0を変数sに代入します。

```
s = 0   # 行動の初期状態
```

手続き(2)の「次の行動をQ値に基づいて選択し、行動する」については、行動を選択するための関数であるselecta()関数を作成して対応します。selecta()関数は、現在の状態sとQ値を格納したリストであるqvqlue[]を引数として受け取り、次の状態を選択して、選択した状態のノード番号を返します。このとき、確率的な探索を可能とするために、**ε-greedy法**による行動選択を行います。

ε-greedy法は、基本的にはQ値に従って行動を選択するものの、一定の確率でランダムに行動を選択することで探索を進めるための手法です。ここでは、定数EPSILONで決められた確率でランダムに行動し、それ以外の場合にはQ値に従って行動を選択するものとします。なお、EPSILONの値は0.3としましょう。selecta()関数の概略は、次のようになります。

```
# selecta() 関数
def selecta(olds,qvalue):
    """ 行動を選択する """
    # ε -greedy 法による行動選択
    if random.random() < EPSILON:
        # ランダムに行動
        (ランダム行動の処理)
    else:
        # Q 値最大値を選択
        (Q 値最大値選択の処理)
# selecta() 関数の終わり
```

次に、手続き (3) における Q 値の更新については、updateq() 関数を用意して対応します。updateq() 関数は、報酬が与えられたら報酬に比例した値を Q 値に加え、それ以外の場合には、次の状態で選択可能な行動に対応する Q 値のうちの最大値に比例した値を Q 値に加えます。このうち、報酬が付与される場合の処理は次のようになります。

```
        # 報酬の付与
        qv = qvalue[s] + int(ALPHA * (REWARD - qvalue[s]))
```

ここで、ALPHA は学習係数であり、0.9 とします。また REWARD は報酬であり、1000.0 としましょう。

qlearning.py プログラムの実行例を**図 10.B** に示します。同図では、行動の繰り返しによって Q 値が変化し、学習の進展によって、ゴールへ向かう行動に対応する Q 値である Q2 および Q6 の値が増加していくようすが示されています。

学習の初期状態では、Q 値はランダムに設定されている

```
1  C:¥Users¥odaka>python qlearning.py
2  [69.43396974274387, 87.37597709801236, 14.746468834158332,
   98.83507365260908, 35.91095836699413, 78.7172598909215,
   10.388132081005597]
```

```
3  [69.43396974274387, 87.53353601694593, 14.746468834158332,
   98.83507365260908, 35.91095836699413, 78.7172598909215,
   10.388132081005597]
4  [69.43396974274387, 87.67533904398616, 14.746468834158332,
   98.83507365260908, 35.91095836699413, 78.7172598909215,
   10.388132081005597]
5  （以下、Q値の値が繰り返し出力される）
6  [69.43396974274387, 88.9512564838931, 218.01793010711037,
   98.83507365260908, 35.91095836699413, 78.7172598909215, 571.3881320810056]
7  [69.43396974274387, 88.9512564838931, 247.64106898368985,
   98.83507365260908, 35.91095836699413, 78.7172598909215, 613.3881320810056]
8  [69.43396974274387, 88.9512564838931, 278.0818939726114,
   98.83507365260908, 35.91095836699413, 78.7172598909215, 651.3881320810056]
9  C:¥Users¥odaka>
```

Q2

Q6

学習の最終状態では、ゴールへ向かう行動に対応するQ値であるQ2およびQ6の値が顕著に増加している

●図 10.B　qlearning.py プログラムの実行例

章末問題　解答

qlearning.py プログラムの実装例を**図 10.C** に示します。qlearning.py プログラムは、メイン実行部の他に、行動を選択するための関数である selecta() 関数と、Q値の更新を担当する updateq() 関数から構成されています。

メイン実行部では、はじめにQ値を格納するリストである qvalue を用意し、乱数で初期化しています。学習の本体となる繰り返しでは、本文で示したQ学習の手続きに従って、初期状態であるノード0から最下段のノードまでの移動を繰り返しつつQ値を学習します。学習においては、行動選択のために selecta() 関数を利用し、Q値の更新のために updateq() 関数を利用しています。

```
1  # -*- coding: utf-8 -*-
2  """
3  qlearning.pyプログラム
4  強化学習（Q学習）の例題プログラム
5  使いかた　c:¥>python qlearning.py
```

●図 10.C　qlearning.py プログラム（次ページに続く）

```
 6 """
 7 
 8 # モジュールのインポート
 9 import random
10 
11 # グローバル変数
12 GENMAX = 100    # 学習の繰り返し回数
13 NODENO = 7      # Q値のノード数
14 ALPHA = 0.1     # 学習係数
15 GAMMA = 0.9     # 割引率
16 EPSILON = 0.3   # 行動選択のランダム性を決定
17 REWARD = 1000.0 # 報酬
18 SEED = 32767    # 乱数のシード
19 
20 # 下請け関数の定義
21 # selecta()関数
22 def selecta(olds,qvalue):
23     """行動を選択する"""
24     # ε-greedy法による行動選択
25     if random.random() < EPSILON:
26         # ランダムに行動
27         if(random.randint(0,1) == 0):
28              s = 2 * olds + 1
29         else:
30              s = 2 * olds + 2
31     else:
32         # Q値最大値を選択
33         if (qvalue[2 * olds + 1]) > (qvalue[2 * olds + 2]):
34             s = 2 * olds + 1
35         else:
36             s = 2 * olds + 2
37     return  s
38 # selecta()関数の終わり
39 
40 # updateq()関数
41 def updateq(s,qvalue):
42     """Q値を更新する"""
43     if(s >= 3): # 最下段の場合
44         if s == 6:
45             # 報酬の付与
46             qv = qvalue[s] + int(ALPHA * (REWARD - qvalue[s]))
```

```
47            else:
48                # 報酬なし
49                qv = qvalue[s]
50        else:  # 最下段以外
51            if (qvalue[2 * s + 1]) > (qvalue[2 * s + 2]):
52                qmax = qvalue[2 * s + 1]
53            else:
54                qmax = qvalue[2 * s +2 ]
55            qv = qvalue[s] + ALPHA * (GAMMA * qmax - qvalue[s])
56        return  qv
57    # updateq()関数の終わり
58
59    # メイン実行部
60    qvalue = [0.0 for i in range(NODENO)]      # Q値を格納するリスト
61
62    # 乱数の初期化
63    random.seed(SEED)
64
65    # Q値の初期化
66    for i in range(NODENO):
67        qvalue[i] = random.uniform(0,100)      # 0から100の間の乱数で初期化
68    print(qvalue)
69
70    # 学習の本体
71    for i in range(GENMAX):
72        s = 0   # 行動の初期状態
73        # 最下段まで繰り返す
74        for t in range(2):
75            # 行動選択
76            s = selecta(s,qvalue)
77            # Q値の更新
78            qvalue[s] = updateq(s,qvalue)
79        # Q値の出力
80        print(qvalue)
81
82    # qlearning.pyの終わり
```

●図 10.C　qlearning.py プログラム

第11章

人工知能とゲーム

本章では、人工知能研究とゲームの関係を説明します。

ゲームは、人工知能研究の歴史の初期から題材として扱われてきました。ここではとくに、チェスや囲碁などのボードゲームについての研究を中心に説明し、その他の話題として、早押しクイズのチャンピオンとなったWatsonに関する研究などを取り上げて説明します。

11.1 チェスとチェッカー

第 2 章で紹介したように、チェスとチェッカーは人工知能研究の初期から扱われてきた題材です。ここでは、探索に代表される人工知能の基礎技術との関係から、チェスとチェッカーの人工知能研究について概説します。

11.1.1 初期のゲーム研究の成果
—探索とヒューリスティックに基づく方法—

初期のゲーム研究でよく題材とされたチェスとチッカーには、次のような共通の特徴があります。

① 2 人で対戦する
② どちらかが有利になると、相手方は不利になる
③ プレーヤーは、ゲームに関するすべての情報を知ることができる

このようなゲームを、**2 人ゼロ和完全情報ゲーム**と呼びます。さらに、チェスやチェッカーは、サイコロなどの確率的要素を含まない確定的なゲームです。こうした特徴は、あとで述べる囲碁や将棋についても共通です。

確定的な 2 人ゼロ和完全情報ゲームは、原理的には、可能なすべての手順を探索することで、ゲームの最適戦略を獲得することが可能です。この場合、2 人のプレーヤーがそれぞれ最善手を選択してゲームをプレイすると、結果は先手必勝、あるいは先手必敗、または引き分けのいずれかになります。チェスやチェッカー、あるいは後述する将棋や囲碁でも、すべての手順を探索できれば、そのゲームはこれらみっつのいずれかになってしまいます。

実際には、こうしたゲームでは盤面の状態の数は膨大であり、計算時間やデータ容量の制約から、すべての手順を探索することは現実には不可能です。そこで AI ゲームプレーヤーは、すべての手順を探索する代わりに限られた範囲の手順を探索して、その結果からゲームを有利な局面へ導く着手を探し出す努力をします。

チェスやチェッカーの AI ゲームプレーヤーは、**図 11.1** に示す**ゲーム木**（**game tree**）に対する**探索**（**search**）によって有利な局面を探し出し、その局面を実現する着手を探ります。同図では、ゲームの状態遷移をゲーム木によって表現しています。ゲーム木は、ゲームの初期状態を**根**（**root**）とし、先手と後手が着手を繰り返して盤面を

変更していくようすを**節点**（**node**）と**枝**（**branch**）で表現します。木の最下部には、ゲームの最終状態となる**葉節点**（**leaf**）が現れます。葉までたどり着くと、ゲームの勝敗が決定します。

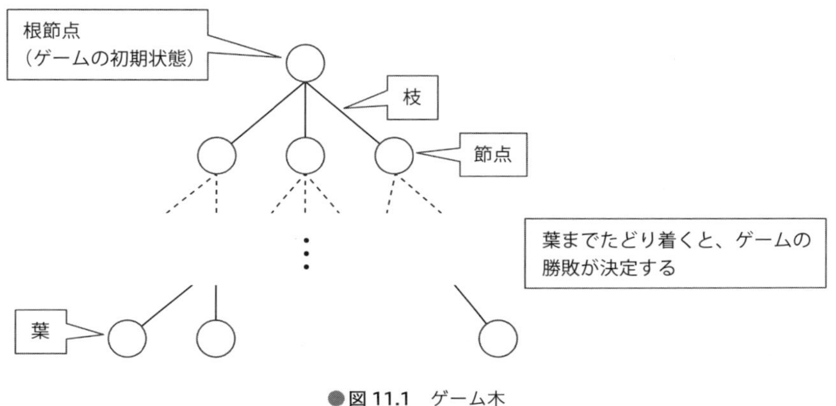

●図 11.1　ゲーム木

ゲーム木の表現を、チェスのゲームに対応させて考えてみましょう。

まず、根節点は、チェスの初期盤面、つまり、ゲーム開始前にルールに従って駒を盤面上に配置した状態に対応します。次に、先手がルールに従って、着手可能な手のなかからひとつの手を選択し、駒を動かします。先手が駒を動かし終えた状態が、根節点から枝を伝ってひとつだけ移動した先にある節点に対応します。先手の手の選択には複数の可能性がありますから、これらの節点は複数個になります。さらに次に後手が手を選択して盤面の状態が変化します。ここでも手の選択には複数の可能性がありますから、節点の数はさらに増えます。

これを繰り返して、ゲームの進展とともにゲーム木の段数が増えて節点の数も増え、ゲーム木が成長していきます。あるところまでゲームが進むと、節点のなかに最終状態であるチェックメイト（詰み）またはドロー（引き分け）の状態が発生します。この節点が葉節点となり、それ以上枝を伸ばすことはありません。

ゲーム木では、先手と後手が交互に枝を選択します。このとき、自分の手番では自由に枝を選択できます。したがって、探索においては、自分にとって最も有利な枝を選択します。これに対して相手の手番では、相手にとって最も有利な枝が選択されるため、ゼロ和ゲームにおいては自分にとって最も不利な枝が選択されることになります。

AI ゲームプレーヤーを構成するためには、ゲーム木を探索し、探索結果から自分にとって最善の手を選択するようなしくみを組み立てる必要があります。最もよいのは、ゲーム木を葉節点まで完全に探索しつくして、真の意味での最善手を求めることです。しかし前述のように、多くのゲームでは、葉まで探索を進めるのは困難です。そこで、ある程度の範囲まで探索を進めたのち、得られた途中の節点をなんらかの手段によって評価し、最良の節点を選びます。そのうえで、最良の節点に至る着手を選びます。

図 11.1 から、探索できる範囲の部分木を切り出したようすを**図 11.2** に示します。図 11.2 で、部分木の根に当たる節点が、現在の盤面の状態を表します。根から出る枝は、現在の盤面に対して着手可能な手を表します。枝の先には、着手後の盤面に対応する節点が置かれます。今、現在の盤面に対して自分の手番であったとすると、着手後の盤面に対する節点では、相手の手番となります。この節点に対しても一般に複数の着手が可能ですから、それぞれの節点から複数の枝が出ます。

前述のように、計算時間やメモリ容量の制約から、部分木の大きさに制約が生じます。同図で探索の限界と示した節点群は、部分木の葉に当たる節点です。これらの葉節点はゲームの途中の盤面に対応します。部分木の探索においては、これらゲームの途中の盤面のなかから、自分にとって最も有利な盤面を選択して、その盤面に至る手順を見つけます。

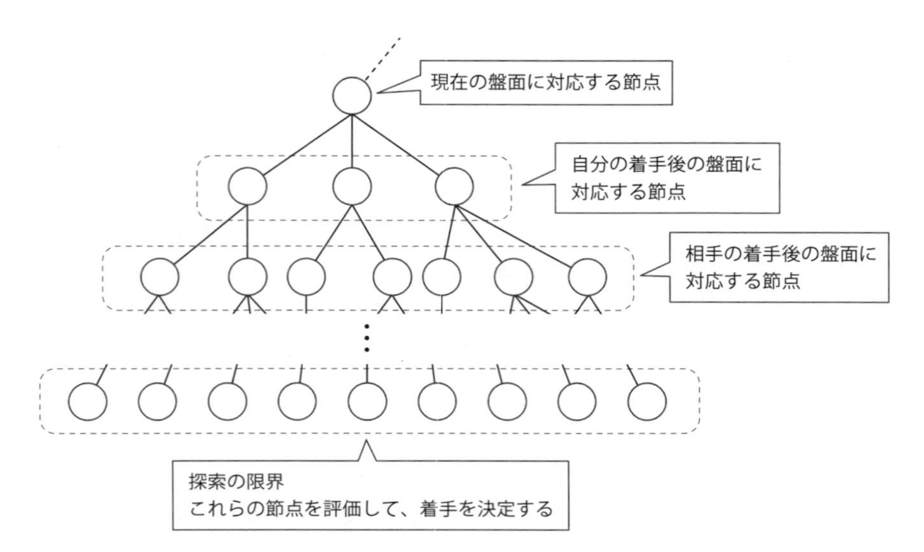

●**図 11.2**　ゲーム木の部分木に対する探索

最も有利な盤面を選択するためには、探索の限界において出現した、ゲームの途中の盤面を評価して点数をつける必要があります。このためには、**ヒューリスティック関数**（heuristic function）または**評価関数**（evaluation function）を用いて盤面に得点を与え、最も高得点の節点を選択します。

ここでヒューリスティックとは、先験的知識に基づく評価方法を意味します。ヒューリスティックはゲームごとに異なりますが、たとえばチェスの場合であれば、自分がゲームに勝つチェックメイトとなる節点、つまり相手のキングがどこにも逃げることができない状態に対応する節点には、最も高い評価値を与えます。また、敵の有力な駒を取ることのできる状態に対しては、相手の駒の価値に応じた得点を与えます。その他、優劣を評価しうるようなさまざまな項目を勘案して、得点を決定します。

盤面評価によって着手を選択するため、評価値を与えるヒューリスティックの構成方法は、AI ゲームプレーヤーの優劣に直結します。初期の AI プレーヤーでは、人間が正に経験的にヒューリスティックを構成していたため、システムの作り手のゲームに対する理解度が、AI ゲームプレーヤーの強弱に直結していました。

これに対して、機械学習を利用してヒューリスティックを構成する方法についての研究も進展し、プログラムが自動的にヒューリスティックを構成することが可能となっています。近年では深層学習を利用することによって、大規模なデータから精密なヒューリスティックを構成することで、人間を超える実力を有するゲームプレーヤーが構成されています。

部分木の探索においては、より高速に探索を行うアルゴリズムが求められます。その基本として、**アルファベータ法**（α - β pruning）と呼ばれる方法が古くから利用されています。

アルファベータ法は、**ミニマックス法**（minimax method）と呼ばれる探索アルゴリズムを効率化したアルゴリズムです。ミニマックス法の考えかたの説明を**図 11.3** に示します。

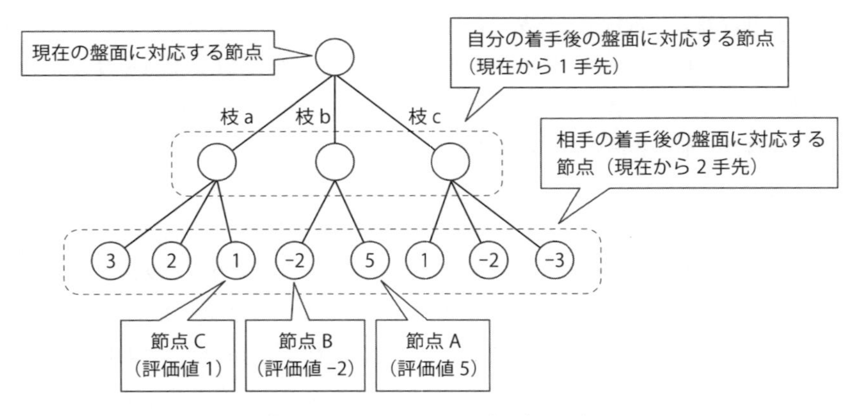

●図 11.3　ミニマックス法の考えかた

図 11.3 では、自分の手番となる場合を示しています。部分木として、自分の着手後に相手が着手したあとの、現在から 2 手先までを示しています。2 手先の盤面をヒューリスティックを用いて評価した結果、それぞれの節点についての評価値が図のようになったものとします。

2 手先で評価値が最も大きい節点は、同図中の節点 A です。この節点 A に至るためには、自分の番である 1 手目において、中央の枝（枝 b）を選ぶ必要があります。しかし枝 b を選んで着手すると、これに対応して相手は自分に不利になる節点 A ではなく、自分にとってより有利である評価値が−2 の節点 B を選びます。このため、相手が着手の選択を間違えない限り、枝 b を選択しても節点 A に至ることはできません。

同図の場合、実は 1 手目で枝 a を選ぶことで、自分に最も有利な結果を得ることができます。すなわち、枝 a を選ぶと、相手の着手によって遷移できる節点の評価値は、3、2 および 1 です。そこで相手は、自分にとって最も有利な評価値 1 を与える、節点 C を選びます。これは、枝 b を選んだ場合の評価値−2 や、枝 c を選んだ場合の評価値−3 と比較して、最もよい評価値です。

以上の考えかたの基本は、自分の手番では評価値の最も高いものを選び、相手の手番では評価値の最も低いものを選ぶ、というものです。そこで、**図 11.4** に示すように、葉節点から順に枝を選ぶことで、最初にどの枝を選ぶかを決定することができます。このように、最小値（ミニ）と最大値（マックス）を交互に選択することから、このアルゴリズムを**ミニマックス法**と呼びます。

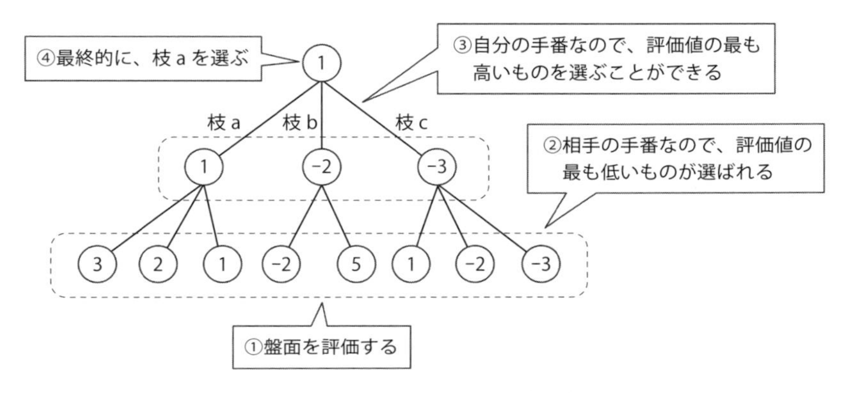

●図 11.4　ミニマックス法の探索手続き

ミニマックス法を用いることで、最適な着手を選択することが可能です。しかし、ミニマックス法をそのままアルゴリズムとして実装すると、無駄な部分があります。無駄を省いて探索を効率化したのがアルファベータ法です。アルファベータ法では、ミニマックス法の無駄を省くために**枝刈り**（**pruning**）を行います。

アルファベータ法における枝刈りの例を**図 11.5** に示します。図 11.5 で、枝 a について探索を行った結果、枝 a が選択された場合の最終盤面の評価値が 1 であることがわかったとします。次に枝 b に進み、節点 B の評価値を求めると、−2 であることがわかります。この時点で、枝 b を選択した場合の最終的な評価値は−2 よりもよくならないことが決まってしまいます。したがって、枝 b は枝 a よりも不利なので枝 b を選択することはなく、枝 b に関連した探索はこれ以上必要なくなります。同様に、枝 c についても、評価値が−2 の節点が見つかったところで、枝 c に関する探索を打ち切ることができます。

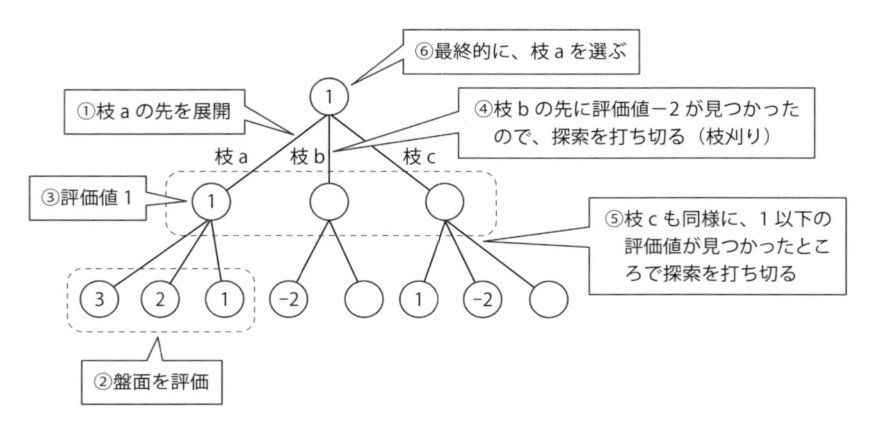

●図 11.5　アルファベータ法における枝刈りの例

基本的に部分木の探索では、できるだけ多段にわたって探索を進めるべきです。しかし、ゲームの最終状態まで探索が可能である場合を除くと、探索の段数をいくら増やしても十分とは言えません。なぜならば、探索を打ち切った節点のすぐ先に、まったく異なる状態が存在する可能性があるからです。これを**水平線効果**（**horizon effect**）と呼びます。

図 11.6 に、水平線効果の例を示します。同図で部分木のうちの点線で示した位置より上の部分が、探索の範囲です。AI ゲームプレーヤーシステムはこの点線より上の部分しか見ることができないので、これを水平線と呼びます。

同図において、水平線より下の部分には、探索されていない盤面状態に対応した節点を示しています。この部分がどうなっているのかは、ゲームプレーヤーシステムには知ることができません。同図に示したように、これらの節点のなかには、直前の手番における評価値とはまったく異なる評価値を与えるものが含まれている可能性があります。探索によって選ばれた節点について、もし水平線の先に評価値が非常に低い節点が続いている場合には、その節点を選択するのは大変な悪手であることになります。水平線効果は、探索を途中で打ち切る限り、探索に必ずついて回る問題です。

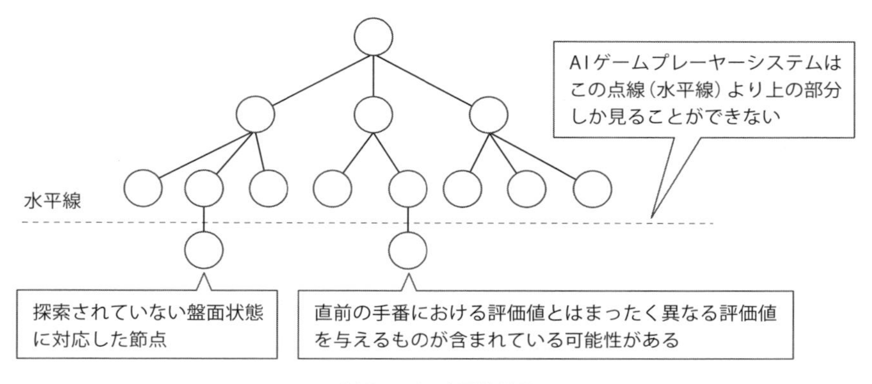

●図 11.6 水平線効果

ここまで、チェスやチェッカーを念頭に、探索と盤面評価に基づく AI ゲームプレーヤーの構成について説明しました。以上の説明は、囲碁や将棋のプレーヤーを作成する場合にも、基本的に共通です。ただし、チェスやチェッカー、囲碁および将棋は、探索すべき状態の数が著しく異なります。

たとえばチェスはチェッカーよりもゲームが複雑であり、探索すべきゲーム木の大きさが大きくなりますから、AI ゲームプレーヤーにとっては難しい問題となります。チェスと将棋を比べると、将棋のほうが盤面が広いことと、取った駒を再利用できるなどのルール上の特徴から、将棋のほうが探索すべき状態の数が大きくなります。

囲碁は盤面が将棋の 4 倍以上広いうえに、ルールが単純な分だけ着手の自由度が大きく、状態の数が極めて大きいと言われています。さらに囲碁は、後述するように、どちらのプレーヤーが優勢なのかを推定する盤面評価が難しいという性質があります。こうしたことから、AI プレーヤーの研究の歴史においては、チェッカー → チェス → 将棋 → 囲碁の順に、人間のプレーヤーの実力に AI プレーヤーが近づいていった経緯があります。

11.1.2 DeepBlue

第 2 章で述べたように、**DeepBlue** は IBM が開発し人間の世界チャンピオンを 1997 年に破った、チェス専用マシンです。DeepBlue は、ここまで述べた探索に代表されるソフトウェア技術だけでなく、探索を高速化するための専用ハードウェアも利用した、力ずくの探索に基づくチェスシステムです。

探索に基づく AI プレーヤーの能力を向上させるためには、水平線効果の影響をなるべく避けるためにも、できるだけ探索の範囲を広げる必要があります。そこでDeepBlue では高速化のために、チェスという問題に特化したハードウェアであるchess chip を新たに開発し、探索や評価を高速に実行しています。

DeepBlue の構成を**図 11.7** に示します。DeepBlue 自体、ひとつのシステム内に30 ノードのコンピュータシステムを有する並列コンピュータです。そのそれぞれのノードに 16 個の chess chip を組み込むことで、システム全体として 480 チップのchess chip を使って並列処理を行っています。

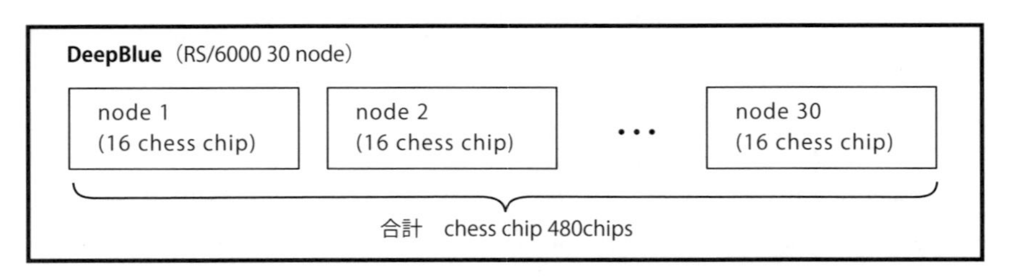

●図 11.7　DeepBlue の構成

このように、DeepBlue はソフトウェアとハードウェアの両方の技術を用いて、チェスという特殊な問題を効率よく扱うシステムとして構成されました。並列処理を活用した探索に基づく DeepBlue の方法は、人間がチェスをプレイする場合の情報処理方法とはまったく異なるものだと思われます。

人工知能、とくに第 12 章で述べる弱い AI の立場では、人工知能システムはその挙動が知的でありさえすればよいと考えます。逆に、挙動が知的でありさえすれば、人工知能システムの内部構造や処理機構が人間とまったく異なることについては、とくに問題にしません。この意味では、DeepBlue は典型的な人工知能システムであると言えるでしょう。

11.2 囲碁と将棋

第 2 章で紹介した AplhaGo は、AlphaGo 登場以前の AI ゲームプレーヤーのありかたを一変させた、非常に影響力の大きなシステムです。ここでは、AlphaGo 登場以前の AI 囲碁プレーヤーを概観したのち、AlphaGo およびその後の一連の研究成果について説明します。

11.2.1 AlphaGo 以前の AI 囲碁プレーヤー

チェスや将棋の場合と同様、AI 囲碁プレーヤーも探索技術を中心として構成します。囲碁がチェスや将棋と異なるのは、強い人間のプレーヤーにかなうような AI プレーヤーが出現するまで、長い時間がかかった点です。

AI 囲碁プレーヤーの研究が始まってから 21 世紀初頭ごろまでは、前節で説明したチェスやチェッカーのプレーヤーとほとんど同じ方法で AI 囲碁プレーヤーも実装されていました。すなわち、着手可能な手を可能な限り探索し、ある程度の探索範囲で打ち切り、得られた盤面の評価に基づいて着手を決定します。

ここで、囲碁はチェスや将棋と比べて、ルール上許されていて着手可能である探索範囲が非常に広いことが問題となります。つまり、この方法で囲碁のゲーム木を作成すると、枝分かれが非常に多い木が生成されます。結果として、調べなければならない分岐が増え、その分、手を深く探索することが難しくなります。

加えて、囲碁は盤面評価のヒューリスティックが作成しにくいという特徴があります。チェスや将棋では、駒の種類によってそれぞれ能力が異なるため、駒の価値がそれぞれ異なります。しかし、囲碁はどの石も同じ働きしかありません。また、チェスや将棋は極所的な優劣がそのままゲームの勝敗につながりやすいのですが、囲碁は盤面全体が評価対象であり、ある一部分の評価から盤面全体の優劣をつけにくいという特徴もあります。

盤面評価が難しいこと、つまり評価値の信頼性が低いことは、アルファベータ法による探索が正しく機能しないということを意味します。こうしたことから、AI 囲碁プレーヤーの実力は長い間向上しませんでした。

この状況を打ち破ったのは、**モンテカルロ木探索**（**Monte Carlo Tree Search**）です。モンテカルロ木探索では、ヒューリスティックによる盤面評価をせずに、モンテカルロ法、すなわちランダム探索による盤面評価を行います。

モンテカルロ法における、ある盤面に対するランダム探索による盤面評価とは、次のような手順による評価方法です。

(1) 以下を、ある盤面から始めて適当な回数繰り返す
  (1-1) ある盤面から始めて、着手可能な手を順にランダムに選び、勝負がつくまでゲームを進める
  (1-2) 上記 (1-1) によって勝つことができたら、得点 1 を得る。負けたら得点 0 とする

(2) 上記 (1) を繰り返し、合計得点を繰り返した回数で割ることで、勝率を計算する。勝率を盤面の評価値とする

上記 (1-1) では、ルール上許される手をランダムに選択することでゲームを進めます。このようにして勝負がつくまでゲームを進めることを**プレイアウト** (**playout**) と呼びます。プレイアウトではゲームの最低限のルールは守りますが、自分の手も相手の手もランダムに選ぶので、試合としてはでたらめな進行となります。しかし、ある盤面についてプレイアウトを繰り返すことで、その盤面が平均的にどの程度の評価値なのかを調べることが可能であると考えます。

図 11.8 に、ある盤面に対するランダム探索による盤面評価の例を示します。同図で、左の節点 a からプレイアウトを行うと 10 回中 8 回自分が勝ったとします。同様に、中央の節点 b では 5 回中 1 回勝利し、右の節点 c では 7 回中 2 回勝利したとします。この結果、左の節点 a の勝率が最も高いので、節点 a の評価値が最も高くなります。

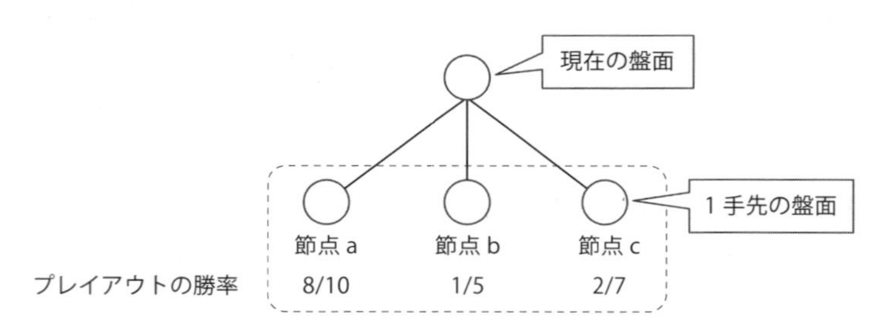

●**図 11.8**　ある盤面に対するランダム探索による盤面評価の例

モンテカルロ法による盤面評価を利用することで、ゲーム木を効率的に探索することが可能です。この方法が、モンテカルロ木探索です。モンテカルロ木探索では、プレイアウトによる盤面評価値を用いてゲーム木を探索します。

モンテカルロ木探索では、現在の盤面に対していくつかの候補手を設定し、それぞれに対して複数のプレイアウトを実行します。このとき、より評価値の高い節点に対して、より多くのプレイアウトを実行します。次に、あらかじめ設定した回数を超えてプレイアウトが実行された節点について、節点を展開することで次の手に対応した節点を設定します。この状況で、さらにそれぞれの設定についてプレイアウトを実行します。こうしてプレイアウトの評価値を用いて節点を展開して木を成

長させることで、精度の高い着手選択を実現します。

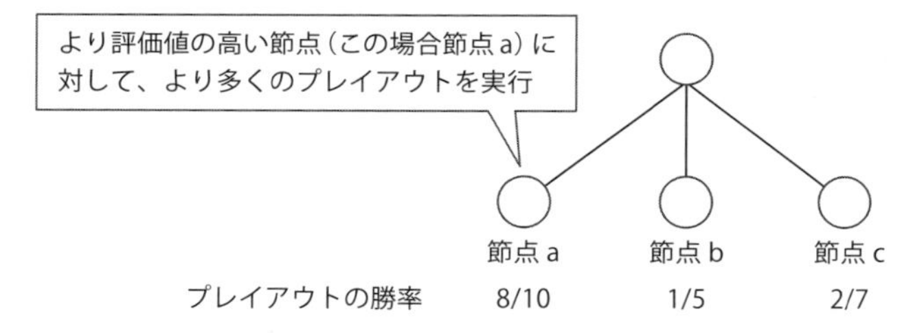

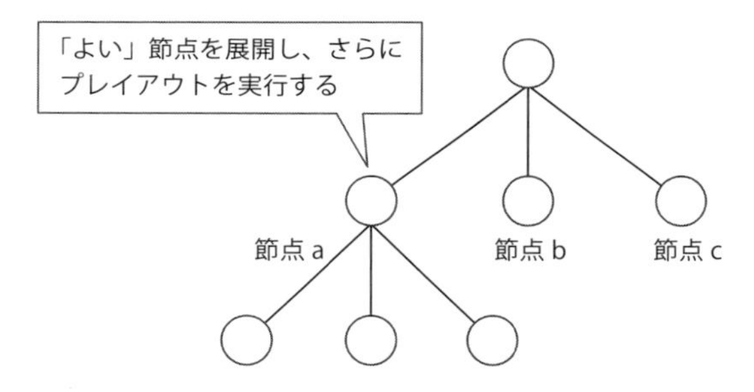

●図 11.9　モンテカルロ木探索

モンテカルロ木探索は、囲碁のようなヒューリスティックが構成しづらい問題についても、確率的探索により一定の性能を達成することが可能であることを実証したと言えるでしょう。このことは囲碁の AI プレーヤーを構成するためだけでなく、探索による問題解決一般に対してより広く新しい指針を与えたという意味から、重要なブレークスルーであったと考えられます。

11.2.2 AlphaGo、AlphaGoZero、AlphaZero

モンテカルロ木探索によるブレークスルーに続いて、深層学習をモンテカルロ木探索に適用して飛躍的な発展を遂げたのが **AlphaGo** です。AI 囲碁プレーヤーは、モンテカルロ木探索によってアマチュア高段者レベルまで発達しました。これに対して、深層学習を用いた AlphaGo は、最終的にはトップレベルのプロを下すほどの実力を獲得しました。

AlphaGoは、モンテカルロ木探索にディープニューラルネットワークを組み合わせたAI囲碁プレーヤーです。すなわち、次に選択すべき手を推定したり、ある盤面の形勢判断を行ったりするニューラルネットワークを作成し、これらを用いてモンテカルロ木探索の精度を向上させました。

AlphaGoでは、次の手を選択するニューラルネットワークを**ポリシーネットワーク**（**policy network**）と呼び、形勢判断を行うニューラルネットワークを**バリューネットワーク**（**value network**）と呼んでいます。

図11.10に示すように、AlphaGoは、まず人間の棋譜データを利用して教師あり学習を進めます。その後、強化学習に基づいてAlphaGo同士の対局による学習を進めます。教師あり学習では、過去の人間の対局に学んでネットワークを学習させ、AlphaGo同士の対局ではさらにそれを改良しています。

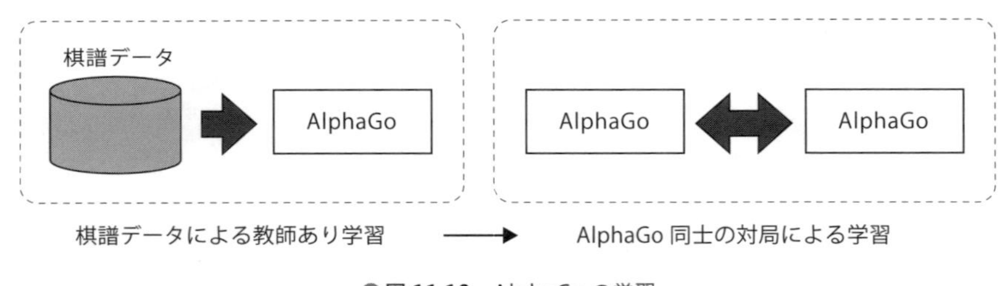

●図11.10　AlphaGoの学習

続いて出現したAlphaGoZeroでは、AlphaGoのニューラルネットワークを改良し、ポリシーネットワークとバリューネットワークを統合して強化しています。この結果、盤面の評価能力が向上し、モンテカルロ木探索における終局までのプレイアウトが不要となりました。

また、AlphaGoZeroでは、AlphaGoで利用していた人間の棋譜を利用せず、AlphaGoZero同士が対局することで学習を進めます。こうした枠組みにおいて、AlphaGoZeroは、AlphaGoを超える能力を獲得しています。

さらに、AlphaGoZeroの枠組みを利用して、囲碁以外のゲームも扱えるように一般化したのが**AlphaZero**です。AlphaZeroは、将棋やチェスについても、モンテカルロ木探索と深層学習を用い自己対戦によって知識を獲得するという枠組みが有効であることを示しました。

11.2.3　将棋と深層学習

将棋の AI プレーヤーの研究は、日本を中心として研究が進められています。これは主として、将棋というゲーム自体が日本以外ではあまり行われないことによるものと思われます。

将棋についても、ゲーム木探索を基本として、探索によって到達した節点をヒューリスティックで評価するという、チェスやチェッカーの手法が基本となっています。当初は盤面評価のためのヒューリスティックを手作業で作りこむ方法が試みられました。このため、将棋 AI プレーヤーの研究者にはアマチュアの高段者など、将棋についての深い知識を持つ者が多く見受けられました。

その後、機械学習を積極的に利用する bonanza という将棋 AI プレーヤーが出現し、研究の流れが機械学習主体に変わります。2010 年代以降は、深層学習を将棋 AI プレーヤーに利用するのが主流となっています。

11.3　さまざまな AI ゲームプレーヤー

11.3.1　Watson プロジェクト

チェスマシン DeepBlue のプロジェクトが終了したあと、IBM 社では次の挑戦課題として、早押しクイズにおいて人間に勝利するシステムの開発が選択されました。**Watson** の開発プロジェクトは、こうして 21 世紀初頭に開始されました。

早押しクイズの対象として、アメリカのクイズ番組であるジョパディ（Jeopardy!）が選ばれました。ジョパディは、自然言語文でヒントとなる説明文が与えられ、その説明文を表現する単語を素早く答えるという枠組みのクイズ番組です。

ヒントとなる説明文が単なる質問文であれば、ゲーム AI にとっては人間より早く答えを見つけることは困難ではありません。たとえば、「日本で一番高い山は？」と言われれば、データベース検索により「富士山」を見つけることは容易です。しかしクイズでは、直接的な質問文ではなく、たとえば「童謡にも歌われ、山頂は神社の私有地で、銚子や三原山からも望むことができ、周囲の湖に写り込んだ姿も有名な霊峰はなんですか？」などといった回りくどい表現が好んで用いられます。このため、単純な検索で答えにたどり着けるとは限りません。

チェスマシン DeepBlue の場合の取り組みと同様に、Watson における取り組み方法は、人間の思考過程を模倣するものではなく、力ずくの情報検索に基づくものであると言えるでしょう。**図 11.11** に Watson の処理過程を示します。

Watson は、入力として「部門名」と「ヒントの文」を自然言語の記号列として受け取ります。ここで部門名とは、ジョパディにおける出題分野名（カテゴリ名）です。Watson は入力を解析し、取り出した記号列を自機の持つデータベースと照合します。その結果、入力と共起関係の強いキーワードが、解答候補語として複数抽出されます。

次に Watson は、解答候補語と部門名およびヒントの文を組み合わせて、それらが一緒に出現する頻度をデータベースから抽出します。その結果、解答候補語に対して頻度に応じたスコアを与えることができます。このスコアを、正解らしさを表現する確信度と考え、最終的に解答語を決定して出力します。Watson は 2011 年に、人間と同じルールで人間のチャンピオンと対戦し、勝利しました。

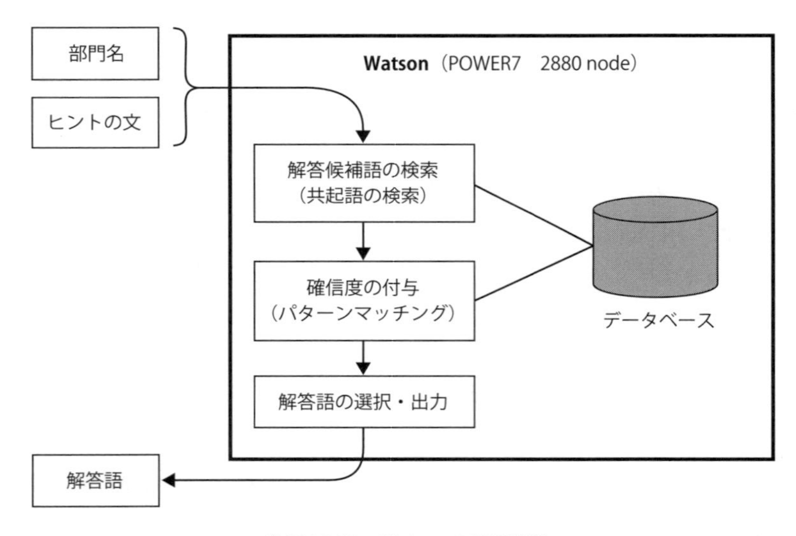

●**図 11.11**　Watson の処理過程

Watson プロジェクトによって培われた技術は、自然言語処理を中心とした AI 技術の産業応用に役立てられています。応用として、さまざまな分野の質問応答システムや対話システムへの応用をはじめとして、音声処理技術や画像処理技術との融合など、さまざまな人工知能システムの構築が進められています。

11.3.2 人工知能のコンピュータゲームへの応用

本章の最後に、人工知能技術のコンピュータゲームへの応用例を挙げたいと思います。ここで、人工知能技術を、人間や生物の知的挙動を真似て有用なプログラムを作成する技術であると捉えると、人工知能のコンピュータゲームへの応用はさまざまな局面で行われていると考えることができます。

ゲーム専用機やスマートフォンのゲームソフトでは、人間のプレーヤーを模倣した動きをするAIプレーヤーが広く利用されています。これらは、一種のソフトウェアエージェントであり、人工知能技術の応用であるとみなせます。これらのAIプレーヤーは一般に、**NPC（non-player character）**と呼ばれています。

プレーヤーとともに直接ゲームに参加するだけでなく、ゲーム環境やゲーム進行の設定に関与するゲームAIも広く用いられています。人工知能の技術を応用してゲームのパラメタを適切に調節することで、ゲームのバランスを保ち面白いゲームを実現するしくみがよく利用されます。

人工知能のコンピュータゲームへの応用における今後の展望として、従来は人工知能技術の適用が難しかったゲームに対する取り組みが挙げられます。例として、人狼ゲームのような、人間同士の会話を中心としたゲームについてのAIゲームプレーヤーに関する研究が行われています。

章末問題

かんたんなゲームについて、ゲーム木を全探索するプログラムを作成しましょう。ゲームとして、山崩しゲーム（ニムゲーム）を取り上げます。

山崩しゲームは、複数のおはじきを複数の山に分けて、そこから2人のプレーヤーが交互に適当な枚数だけおはじきを取り去ります。ただし、おはじきはあるひとつの山からしか取ることができず、複数の山から同時におはじきを取ることはできません。また、おはじきは必ず取らなければなりません。交互におはじきを取って、最後におはじきを取り去って山をすべてなくしたプレーヤーが勝ちとなります。

たとえば、おはじきの山がふたつで、それぞれの山におはじきが3個と2個置かれているとします（**図11.A**）。

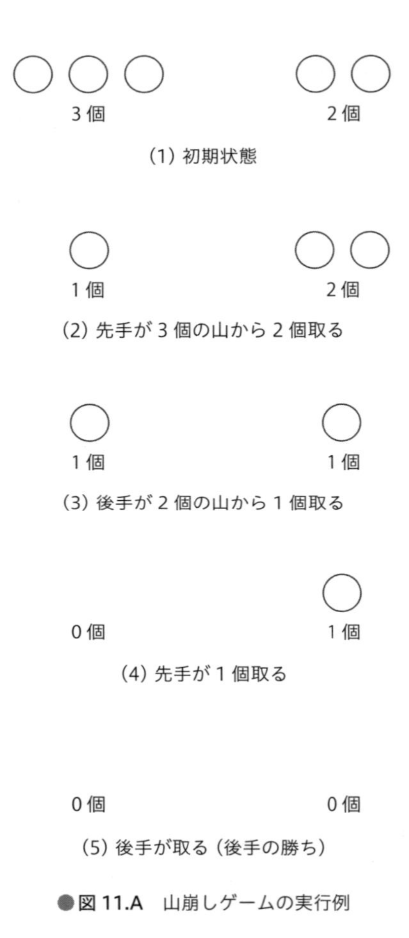

●**図 11.A**　山崩しゲームの実行例

このとき、先手のプレーヤーがたとえば 3 個の山から 2 個おはじきを取ったとします。続いて後手のプレーヤーは、2 個の山から 1 個だけおはじきを取ったとします。先手のプレーヤーはどちらかから 1 個おはじきを取るしかないので、この場合は後手の勝ちとなります。

山崩しゲームのゲーム木を考えます。根節点は、ゲームの初期状態に対応します。図 11.A の場合で考えると、3 個と 2 個の山がある状態です。これを、(3 2) と書くことにしましょう。また、適当な節点番号を⓪番から順に与えることにします。先手の手は、**図 11.B** に示すように 5 通りあります。それぞれの節点について、後手の手がさらに続きます。

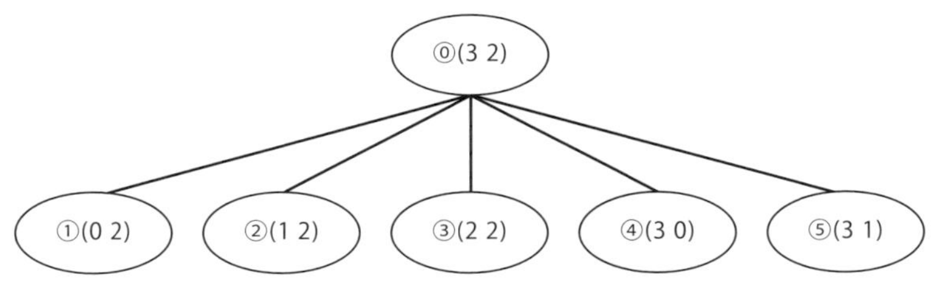

●図 11.B　山崩しゲームのゲーム木（一部）

このようなゲーム木の作成には、横型探索の手続きが有効です。横型探索では、次のようなアルゴリズムによって、節点を順に作成していきます。

横型探索によるゲーム木作成アルゴリズム

(1) 初期化
　オープンリストとクローズドリストを作成
　オープンリストに根節点を設定
(2) オープンリストが空になるまで以下を繰り返す
　オープンリストの先頭要素を expand() 関数で展開
(3) オープンリストとクローズドリストを出力

上記で、expand() 関数は次のような処理を行います。

expand() 関数

(e1) オープンリストの先頭要素を展開
(e2) 得られた節点を、オープンリストの最後尾に追加
(e3) オープンリストの先頭要素をクローズドリストの最後尾に追加
(e4) オープンリストの先頭要素を削除

上記アルゴリズムでは、データ構造としてオープンリストとクローズドリストというふたつのリストを利用しています。オープンリストは、展開対象となる節点を格納するリストです。またクローズドリストは、展開が終わった節点を記録しておくためのリストです。ここで、節点は、次のようなリストで表現することにしましょう。

節点を表現するリスト

［節点番号 , 親の節点番号 , 山の状態を表すリスト］

たとえば、図 11.B の節点①は、節点番号が 1 で親の節点が 0 であり、状態は (0 2) ですから、次のように表現されます。

```
[1, 0, [0, 2]]
```

同図の根節点⓪は、親の節点がありませんから、親の節点番号は自分の節点番号と同じ 0 としておきましょう。

```
[0, 0, [3, 2]]
```

別の例として、節点②の下に来る節点は、次のように表現されます。ここで、節点番号は仮に⑧、⑨、⑩としています。

```
[8, 2, [0, 2]]
[9, 2, [1, 0]]
[10, 2, [1, 1]]
```

以上のように、リストによる節点に関する情報は、ゲーム木の図形的な表現と一対一に対応しています。

横型探索によるゲーム木作成アルゴリズムの具体的な動作を説明します。今、初期状態として、図 11.B の根節点である⓪ (3 2) が与えられたとしましょう。アルゴリズム (1)「初期化」に従って、オープンリストとクローズドリストを次のように設定します。

```
openlist = [[0, 0 , [3, 2]]] # 初期状態がふたつの山 (3 2) の場合
closedlist = [ ]
```

次にアルゴリズム (2)「オープンリストが空になるまで以下を繰り返す」に従って、

オープンリストを調べます。ここでは、オープンリストには根節点が入っていますから、繰り返し処理に進みます。繰り返し処理では、「オープンリストの先頭要素をexpand() 関数で展開」します。そこで、オープンリストの唯一の要素である根節点を展開します。展開すると、図 11.B では①～⑤で示した、以下の 5 個の節点が作成されます。

```
[1, 0, [0, 2]]
[2, 0, [1, 2]]
[3, 0, [2, 2]]
[4, 0, [3, 0]]
[5, 0, [3, 1]]
```

展開結果の節点はオープンリストに格納し、展開の終わった根節点はオープンリストから取り除き、クローズドリストに移動します。これで 1 回目の展開が終了です。展開した結果、オープンリストとクローズドリストは次のようになります。

```
オープンリスト    [[1, 0, [0, 2]], [2, 0, [1, 2]], [3, 0, [2, 2]], [4, 0,
[3, 0]], [5, 0, [3, 1]]]
クローズドリスト  [[0, 0, [3, 2]]]
```

繰り返しの 2 回目では、オープンリストの先頭要素である [[1, 0, [0, 2]] が展開対象となります。展開すると、[6, 1, [0, 0]], と [7, 1, [0, 1]] の、ふたつの節点が生成されます。上記と同様に処理を進めると、2 回目の繰り返しの終了時点ではオープンリストとクローズドリストは次のようになります。

```
オープンリスト    [[2, 0, [1, 2]], [3, 0, [2, 2]], [4, 0, [3, 0]], [5, 0,
[3, 1]], [6, 1, [0, 0]], [7, 1, [0, 1]]]
クローズドリスト  [[0, 0, [3, 2]], [1, 0, [0, 2]]]
```

以下これを繰り返し、オープンリストが空になったら処理を終了します。終了時点では、クローズドリストにすべての節点の接続関係が格納されることになります。この情報を用いると、ゲーム木を構成することができます。上記の例では、終了時点のクローズドリストに含まれる節点の数は、根節点を含めて 86 個となります。

以上のような処理を行うプログラム nim.py の実行例を**図 11.C** に示します。同図では、節点の展開に従って、オープンリストとクローズドリストが書き換えられるようすが示されています。

```
1  C:¥Users¥odaka¥Documents¥>python nim.py
2  openlist  : [[0, 0, [3, 2]]]
3  closedlist: []
   初期状態
4  openlist  : [[1, 0, [0, 2]], [2, 0, [1, 2]], [3, 0, [2, 2]], [4, 0, [3,
   0]], [5, 0, [3, 1]]]
5  closedlist: [[0, 0, [3, 2]]]
   根節点展開後
6  openlist  : [[2, 0, [1, 2]], [3, 0, [2, 2]], [4, 0, [3, 0]], [5, 0, [3,
   1]], [6, 1, [0, 0]], [7, 1, [0, 1]]]
7  closedlist: [[0, 0, [3, 2]], [1, 0, [0, 2]]]
   節点①の展開後
8  openlist  : [[3, 0, [2, 2]], [4, 0, [3, 0]], [5, 0, [3, 1]], [6, 1, [0,
   0]], [7, 1, [0, 1]], [8, 2, [0, 2]], [9, 2, [1, 0]], [10, 2, [1, 1]]]
9  closedlist: [[0, 0, [3, 2]], [1, 0, [0, 2]], [2, 0, [1, 2]]]
   節点②の展開後
10 openlist  : [[4, 0, [3, 0]], [5, 0, [3, 1]], [6, 1, [0, 0]], [7, 1, [0,
   1]], [8, 2, [0, 2]], [9, 2, [1, 0]], [10, 2, [1, 1]], [11, 3, [0, 2]],
   [12, 3, [1, 2]], [13, 3, [2, 0]], [14, 3, [2, 1]]]
11 closedlist: [[0, 0, [3, 2]], [1, 0, [0, 2]], [2, 0, [1, 2]], [3, 0, [2,
   2]]]
   節点③の展開後
12 以下、出力が続く
```

●**図 11.C**　nim.py プログラムの実行例（一部）

章末問題　解答

nim.py プログラムのソースリストを**図 11.D** に示します。nim.py プログラムは、問題の説明で示した expand() 関数と、オープンリストおよびクローズドリストを出力する printlist() 関数を下請け関数として利用します。メイン実行部では、はじめに、オープンリストとクローズドリストを初期化し、初期状態をセットします。

この部分を変更すると、異なる初期設定に対する探索が可能です。探索の本体では、expand() 関数を使ってオープンリストを繰り返し展開し、オープンリストが空になったら探索を終了します。

```
1  # -*- coding: utf-8 -*-
2  """
3  nim.pyプログラム
4  ニムゲームを対象としたゲーム木生成プログラム
5  使いかた  c:¥>python nim.py
6  """
7  # 下請け関数の定義
8  # printlist()関数
9  def printlist():
10     """オープンリストとクローズドリストの出力"""
11     print("openlist  :" , openlist)
12     print("closedlist:" , closedlist)
13 # printlist()関数の終わり
14 
15 # expand()関数
16 def expand(openlist, closedlist):
17     """オープンリストの先頭要素を展開"""
18     # グローバル変数
19     global nodeno
20     # 先頭要素の取り出し
21     firstnode = openlist[0].copy()
22     # 展開
23     parentno = firstnode[0]
24     # それぞれの山を崩す
25     for i in range(len(firstnode[2])):
26         # i番目の山からおはじきを取ってj個残す
27         for j in range(firstnode[2][i]):
28             nodeno += 1 # 新しいノードの番号
29             newnode = [nodeno, parentno]
30             newnode.append(firstnode[2].copy())
31             newnode[2][i] = j
32             openlist.append(newnode.copy()) # オープンリストの最後尾に追加
33     # 展開対象ノードのクローズドリストへの追加
34     closedlist.append(firstnode.copy())
35     # 展開対象ノードのオープンリストからの削除
36     del openlist[0]
```

●図 11.D　nim.py プログラム（次ページに続く）

```
37  # expand()関数の終わり
38  
39  # メイン実行部
40  # 初期化
41  nodeno = 0 # ゲーム木に含まれる節点番号
42  #openlist = [[0 , 0 , [2 , 1]]] # 初期状態がふたつの山(2 1)の場合
43  openlist = [[0 , 0 , [3 , 2]]] # 初期状態がふたつの山(3 2)の場合
44  #openlist = [[0 , 0 , [3 , 2, 1]]] # 初期状態がみっつの山(3 2 1)の場合
45  closedlist = [ ]
46  printlist()
47  
48  # 探索の本体
49  while openlist:# オープンリストが空になるまで繰り返す
50      # オープンリストの先頭要素を展開
51      expand(openlist,closedlist)
52      printlist()
53  print("展開終了")
54  printlist()
55  # nim.pyの終わり
```

●図 11.D　nim.py プログラム

第12章

人工知能はどこに向かうのか

最終章である本章では、人工知能の今後の動向について考察するための手がかりとなる話題を取り上げます。

はじめに、第１章でも述べた「弱いAI」と「強いAI」について、思考実験である「中国語の部屋」を通して考察します。次に、人工知能の哲学的な側面を考える際のヒントとなる「フレーム問題」や「記号着地問題」を取り上げます。最後に、近年話題となっている「シンギュラリティ」について、人工知能研究と倫理の関係とともに概観します。

12.1 中国語の部屋 ——強いAIと弱いAI

第 1 章で述べたように、人工知能研究において、AI をどう考えるかにより「弱い AI」と「強い AI」というふたつの立場があります。

本書では人工知能技術を、人間などの生物の知的な振る舞いにヒントを得たソフトウェア技術であると考えています。これは弱い AI の立場です。これに対して強い AI の立場では、人工知能の目標は生物の知性を人工的に実現することであると考えます。

両者の違いを考えるための思考実験として、哲学者の**ジョン・サール（John Searle）**が示した**中国語の部屋（Chinese room）**があります。

中国語の部屋は、**図 12.1** に示すような、窓のない締め切った部屋です。部屋にはメモ用紙を通すことのできる小さな窓が開いており、この窓を通して、部屋の中にいる人と外にいる人の間でメモ用紙をやり取りすることができます。メモ用紙によるやり取り以外の情報交換、たとえば会話やジェスチャーなどで意図を使えることはできません。この状況で、メモ用紙によるやり取りで、会話を成立させることを考えます。

この状況において、メモ用紙に中国語で質問を書いて、部屋の外からメモ用紙を部屋の中に渡します。すると、その答えがメモ用紙に中国語で記載されて、部屋の窓から出てきます。部屋の外から見ると、メモのやり取りは中国語での会話となっており、部屋の中には中国語を理解する人間がいるように思えます。

ところが、この思考実験における設定では、部屋の中には中国語をまったく理解しない人間がいるだけです。部屋の中の人は、部屋に備え付けられている中国語の膨大な応答文例集を使ってメモを書き換えているだけだったのです。つまり、与えられた中国語のメモを読んで理解しているのではなく、単に漢字文字の形を手がかりに応答文例集を検索し、該当する項目に書かれた応答文を意味もわからず図形としてメモに書き込んでいるだけだったのです。

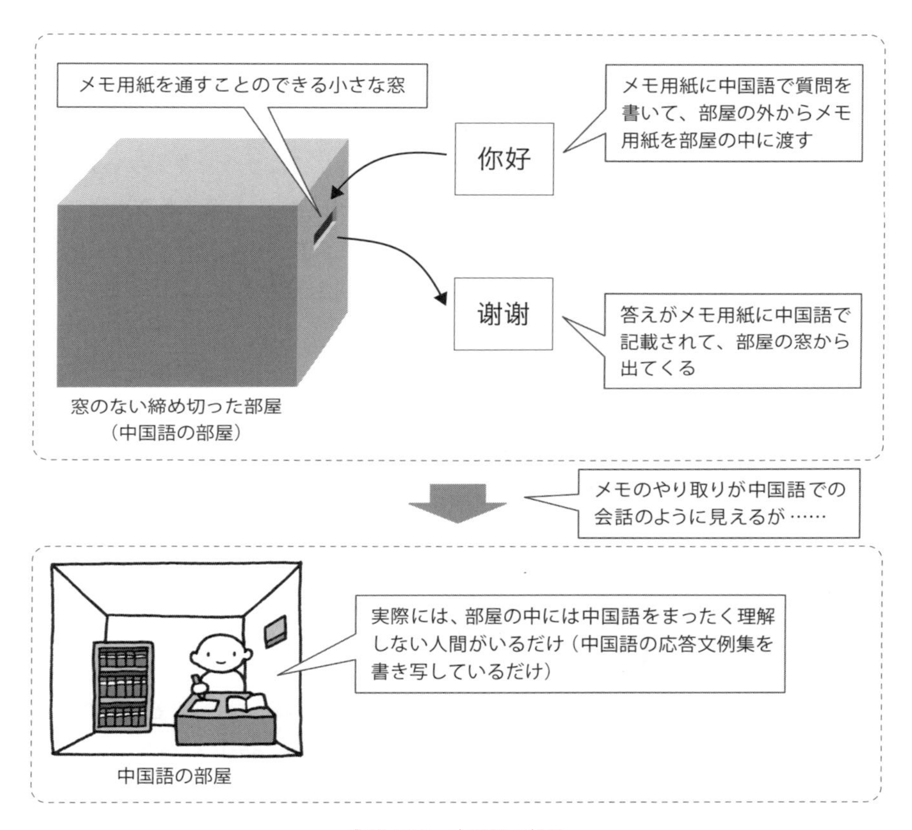

●図 12.1　中国語の部屋

中国語の部屋は、会話という高度な知的行動をあたかも行っているかのように見えるにも関わらず、実際には誰もその意味を理解していないという状況を与えます。ここで、部屋全体をコンピュータとみなし、部屋の中の人を CPU、膨大な中国語の応答文例集をメモリ上のデータと考えます。すると、中国語の部屋は、自然言語で応答するコンピュータシステムと同じことを行っていると考えることができます。サールは以上の設定において、たとえ自然な応答を行うコンピュータシステムができあがっても、人間が行っているような本質的理解を伴った知的活動をコンピュータが行うことはなく、結果として強い AI の実現はあり得ないとしています。

中国語の部屋は、第 2 章で説明したチューリングテストを拡張した思考実験であると言えます。チューリングテストの趣旨は、コンピュータの振る舞いが知的であれば、それを知性とみなすという主張です。これに対して中国語の部屋は、現在のコンピュータシステムの枠組みで稼働するコンピュータプログラムが人間の持つような知性を発現することはないとしています。

人工知能研究の歴史を考えると、これまでに行われてきた大部分の人工知能研究の目的は、生物の知能や知性をお手本とした、工学的に役に立つソフトウェアを作成する技術の獲得であるように思われます。これは弱い AI の立場であり、強い AI が実現可能であるかどうかには影響を受けません。このため、これまでのところ大多数の人工知能研究者は、強い AI の実現を直接の研究目標とすることはしませんでした。

しかし近年、汎用人工知能の実現について検討する動きが、人工知能研究者のなかでも見られるようになりました。汎用人工知能が目指すのは、これまでの人工知能技術の成果物と異なり、特定の領域に限らずに知的な挙動を取ることのできる人工知能技術です。汎用人工知能研究は、強い AI の研究と関連すると考えられます。そこで、強い AI に関連する話題の紹介をもう少し続けることにしましょう。

12.2 フレーム問題

汎用人工知能は、現実世界におけるさまざまな問題に柔軟に対処することを目指す技術です。その実現には、**フレーム問題**（**the frame problem**）を無視することはできません。

フレーム問題は、マッカーシーらによって提唱された、記号処理的人工知能と人間の持っている知能との違いに関する指摘です。マッカーシーらは、論理に基づく推論過程において、推論過程における時間の推移に従ってある前提条件が変化するかどうかを計算しようとすると、調べる対象が膨大になってしまい、計算の結論を導くことが不可能となってしまうことを指摘しました。

フレーム問題は、現実世界で行動する人工知能に必ずついて回る問題です。たとえば、一般の家庭で工業用ロボットアームを使って部屋の片づけをすることを考えてみましょう（**図 12.2**）。

「時間の推移とともに、ロボットアームの材質が変化しないか、
空気の粘性が変化しないか、ボールは飛んでこないか、……」
→計算が終わらず、動けなくなる

●図 12.2　ロボットアームのフレーム問題

ロボットアームは、てきぱきと部屋を片づけることができ、人間が近寄ると近接センサによって作業を一時停止します。これで問題ないはずだったのですが、部屋の中で遊んでいた子どもの投げたバスケットボールが上から降ってきてロボットアームにぶつかり、ロボットアームはひっくり返ってしまいました。ボールが上から降ってくることは前提条件になかったのです。

そこでボールを避けるようにプログラムを追加し、再び片づけを始めます。すると今度は、ロボットアームの視覚センサに洗濯物が飛んできてかかってしまい、認識にエラーを生じて動作が滅茶苦茶になってしまいます。これも想定外の出来事です。

次から次へと生じる問題に対し、これにも対処し、次の問題にも対処し、さらに、時間の推移とともにロボットアームの材質が変化しないかどうかや、空気の粘性が変化しないかどうかをチェックすることなど、およそ思いつく限りの対処を施します。その結果、ロボットアームのプログラムは膨大な規模となり、本来の片づけ作業ができなくなってしまいます。このように、工場のなかの決められた場所で決められた作業を繰り返す単一機能の人工知能システムと、現実世界のなかでさまざまな問題に対処しなければならない汎用人工知能システムでは、扱う問題の困難さが本質的に異なるのです。

フレーム問題は、現実世界でさまざまな問題をこなす人工知能システムを構築しようとすると考えざるを得なくなる問題です。単純な作業を行うロボットを現実世界で稼働させるひとつの方法として、身体性認知科学が挙げられます。しかし、身体性認知科学がフレーム問題を解決しているとは言えず、たとえば、サブサンプションアーキテクチャに基づく掃除ロボットが空間認識に失敗して、掃除をしている部屋から“脱走”してしまう事例が報告されています。

翻って、人間はフレーム問題を解決しているのかを考えます。人間が想定外の事象に対して完璧に対応が可能かと言えば、必ずしもそうは言えないでしょう。もし人間がフレーム問題を解決しているのであれば、交通事故や労働災害の多くは生じないと思われます。人間もフレーム問題から逃れられないからこそ、自動車が近づいていることに気づかなかったり、工作機械の誤操作で怪我をしてしまうのかもしれません。

12.3 記号着地問題

記号着地問題（**the symbol grounding problem**）は、記号で表された概念と現実世界とをどう対応させるかに関する問題です。第 4 章で述べたように、記号処理に基づく人工知能技術では、概念のラベルである記号の意味は他の記号との関連によって記述されます。記号同士の関係を記述する方法として、意味ネットワークやフレーム、あるいはプロダクションルールや述語などを用いることができます。いずれの方法でも、記号の意味は、他の記号との関係によって記述されます。

これに対して、記号で表された概念を人間がどう理解しているかを考えると、他の記号との関係だけでなく、現実世界での経験や五感に基づく感覚などの、記号で表現できない情報を含めたさまざまな関係のなかで、その概念を理解していると考えられます。この状態を、記号が着地していると捉え、人工知能システムにおける知識表現では記号が着地しないと指摘するのが記号着地問題です（**図 12.3**）。

たとえば、食べ物の嗜好を人工知能システムに問いかける場合を考えます。チャットボットなどの対話応答システムでは、食べ物の好き嫌いをあらかじめ記号的に仕込んでおけば、人間の問いかけに対してそれらしく応答することは可能でしょう。しかし、チャットボットシステムが記号着地的に、つまり“本当に”食べ物の好き嫌いを持つという状況を考えることは困難です。

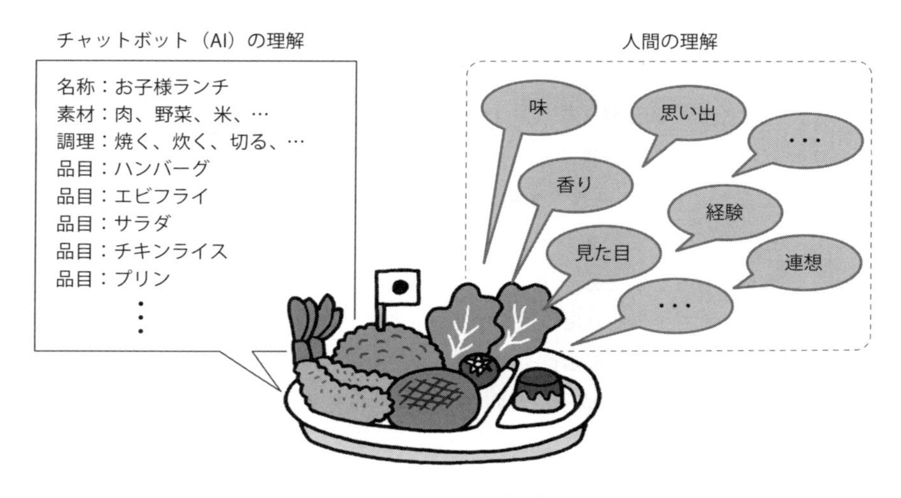

●図 12.3　記号着地問題

記号を着地させるためには、従来の記号処理的な人工知能でなく、現実世界のなかで人工知能システムを稼働させ、人間の持っているような感覚系と運動系による外界との相互作用が必要になりそうです。こうなると、これまで説明してきた人工知能システムとはまったく異なるシステムとなるでしょう。

12.4 シンギュラリティ

本書の最後に、**シンギュラリティ（技術的特異点、technological singularity）**と、人工知能研究における倫理の問題を取り上げます。

シンギュラリティとは、コンピュータ技術、とくに人工知能技術の発展により、機械の持つ知能が生物の知能を上回ったときに、なにが生じるのかが予測できないとする主張です。ここでシンギュラリティ（特異点）とは、本来、数学や物理学において、通常の方程式や法則が成り立たなくなる特殊な座標のことです。

シンギュラリティをいつ迎えることになるのかについての予想はさまざまであり、一般に広く知られている 2045 年は、そのひとつの例に過ぎません。また、そのときなにが起こるのかについてもさまざまな予想があります。

シンギュラリティに向かって、人工知能システムが人間の仕事を奪うことが社会的問題となるという指摘は専門家からも挙がっています。また、フィクションの世界では、シンギュラリティによって知性を得たことで、人類に反旗を翻す人工知能システムが頻繁に描かれています。

本書の立場では、シンギュラリティを迎えたとしても、それだけでなにかが起こるとは考えられません。本書でこれまで紹介してきた人工知能技術は、すべて弱いAIの立場に基づく技術であり、生物の持つ知能そのものを再現するわけではなく、あくまで生物の知的な活動をシミュレートすることで有用なソフトウェアを実現しているに過ぎません。したがって、これらの技術の延長線上には、機械が生物と同様な知性を獲得するような発展はあり得ません。

弱いAIの成果物は、自動車や芝刈り機、あるいはミシンやガスコンロのような、人工知能以外の工学技術の成果物と同様の危険性は有するでしょう。しかし、それ以上に危険なものにはなりそうにありません。

しかし、汎用人工知能のようなまったく新しい技術が発展すれば、弱いAIの場合とはまったく異なる状況が生じないとは言えません。このときに問題となるのは、人工知能研究と倫理の関係です。汎用人工知能の技術は今のところ存在しませんが、そもそも、そのような研究を行うべきかどうかを考える必要があるかもしれません。そこで現在、人工知能研究と倫理の問題がクローズアップされています。

こうした状況に対して、日本の人工知能学会は2017年に倫理指針を発表しています。このなかでは、人工知能研究は人類への貢献を旨とし、社会に対して責任を持って誠実に研究を進めるべきであるとしています。さらに、人工知能システム自体も、そのような倫理指針を遵守すべきであるとしています。

以上のように、現在のところ人工知能研究は主として弱いAIの立場からなされており、その延長線上に未知の重大な危機があるとは考えにくいと思われます。しかし、今後の人工知能研究の動向によってはまったく新しい状況が生じる可能性もあります。したがって、現在、人工知能技術とその研究についての倫理についてあらかじめ考える必要がある段階に来ていると言えるでしょう。

参考文献

第 1 章および全般

（1）人工知能学会 編「人工知能学大事典」共立出版（2017）
人工知能領域全般をカバーする大事典

（2）S. Russell「Artificial Intelligence: A Modern Approach Third Edition」Pearson Education Limited（2016）
1000 ページを超えるボリュームの、学部講義向け教科書

第 2 章

（1）A. M. Turing「COMPUTING MACHINERY AND INTELLIGENCE」MIND, Vol.59. No.236, pp. 433-460（1950）
チューリングテストに関する原論文。下記 URL からダウンロード可能
https://academic.oup.com/mind/article/LIX/236/433/986238

（2）A PROPOSAL FOR THE DARTMOUTH SUMMER RESEARCH PROJECT ON ARTIFICIAL INTELLIGENCE
ダートマス会議の趣意書。下記 URL からダウンロード可能
http://www-formal.stanford.edu/jmc/history/dartmouth/dartmouth.html

（3）J. Weizenbaum「ELIZA - A Computer Program for the Study of Natural Language Communication between Man and Machine」Communications of the ACM, Vol.9, No.1（1966）
ELIZA についての原論文

（4）SHRDLU
http://hci.stanford.edu/~winograd/shrdlu/
SHRDLU に関する Web サイト

（5）B. Buchanan［著］, E. Shortliffe［編］「Rule-Based Expert Systems: The MYCIN Experiments of the Stanford Heuristic Programming Project」
http://www.aaaipress.org/Classic/Buchanan/buchanan.html
MYCIN に関する Web 資料

(6) D. Silver et al.「Mastering the game of Go without human knowledge」Nature, Vol.550, pp.354-359 (2017)
AlphaGoZero に関する論文
(7) http://image-net.org/challenges/talks_2017/ILSVRC2017_overview.pdf
ILSVRC における画像認識技術の推移を説明した PDF

第 3 章・第 5 章・第 6 章

(1) I. Goodfellow and Y. Bengio「Deep Learning」MIT Press (2016)
http://www.deeplearningbook.org/
深層学習の原理と応用に関する教科書
(2) 麻生 英樹 他「深層学習 Deep Learning（監修：人工知能学会）」近代科学社 (2015)
人工知能学会誌に掲載された、深層学習を紹介する解説記事をまとめた書籍
(3) 岡谷 貴之「深層学習（機械学習プロフェッショナルシリーズ）」講談社 (2015)
CNN、RNN、LSTM などに言及した書籍
(4) 斎藤 康毅「ゼロから作る Deep Learning ―Python で学ぶディープラーニングの理論と実装」オライリージャパン (2016)
深層学習アルゴリズムの実装を詳解した書籍
(5) C.M. ビショップ「パターン認識と機械学習　ベイズ理論による統計的予測」シュプリンガー・ジャパン (2008)
機械学習の理論的側面を扱った教科書
(6) 小高 知宏「機械学習と深層学習 ―C 言語によるシミュレーション―」オーム社 (2016)
機械学習のアルゴリズムと C 言語による実装についての入門書
(7) 小高 知宏「機械学習と深層学習 ―Python によるシミュレーション―」オーム社 (2018)
上記 (6) の Python 版
(8) S. Hochreiter and J. Shmidhuber「LONG SHORT-TERM MEMORY」NERURAL COMPUTATION Vol.9, No.8, pp. 1735-1780 (1997)
LSTM を最初に提案した論文

(9) T. コホネン「自己組織化マップ」シュプリンガー・フェアラーク東京 (1996)
自己組織化マップの提案者自身による著作

第4章

(1) P. Henry Winston「Artificial Intelligence」Addison Wesley; 3版 (1992)
発刊当時までの人工知能技術を集大成した教科書

第7章

(1) 棟朝 雅晴「遺伝的アルゴリズム：その理論と先端的手法」森北出版 (2015)
遺伝的アルゴリズムについての、入手しやすい書籍
(2) 伊庭 斉志「Cによる探索プログラミング―基礎から遺伝的アルゴリズムまで」オーム社 (2008)
遺伝的アルゴリズムについての、入手しやすい入門的書籍
(3) アジス・アブラハム、クリナ・グローサン、ヴィトリーノ・ラモス [編] 栗原 聡、福井 健一 [訳]「群知能とデータマイニング」東京電機大学出版局 (2012)
群知能についての、入手しやすい入門的書籍

第8章

(1) MeCab: Yet Another Part-of-Speech and Morphological Analyzer
http://taku910.github.io/mecab/
形態素解析ツール MeCab の Web サイト
(2) 河原 達也 [編著]「音声認識システム」オーム社 (2016)
統計的言語処理や深層学習の応用も扱った、音声認識に関する教科書
(3) 広瀬 啓吉「音声・言語処理」コロナ社 (2015)
自然言語処理と音声処理についての教科書
(4) チャールズ・J. フィルモア、田中 春美 [訳]、船城 道雄 [訳]「格文法の原理―言語の意味と構造」三省堂 (1975)
提唱者のフィルモア自身による格文法に関する解説書
(5) C. Manning and H. Schuetze「Foundations of Statistical Natural Language Processing」The MIT Press (1999)
統計的自然言語処理に関する網羅的な書籍

第 9 章

（1）画像情報教育振興協会「ディジタル画像処理 改訂新版」画像情報教育振興協会（2015）
画像処理技術を体系的に解説した教科書

第 10 章

（1）Joel L. Schiff［著］、梅尾 博司 他［訳］「セルオートマトン」共立出版（2011）
セル・オートマトンに関する、広い視点からの入門書
（2）S. Wolfram「A New Kind of Science」Wolfram Media Inc（2002）
セル・オートマトンを中心とした科学のあり方を語る、1200ページを超える大著
（3）R.Pfeife、Chlistian Scheier［著］、細田 耕、石黒 章夫 他［訳］「知の創成：—身体性認知科学への招待」共立出版（2001）
身体性認知科学に関する入門書

第 11 章

（1）松原 仁［編著］「コンピュータ将棋の進歩 6 —プロ棋士に並ぶ」共立出版（2012）
深層学習導入以前の将棋 AI プレーヤーに関する資料
（2）美添 一樹、山下 宏、松原 仁［編］「コンピュータ囲碁 —モンテカルロ法の理論と実践—」共立出版（2012）
AlphaGo 以前の囲碁 AI プレーヤーに関する資料
（3）M. Campbell, A. Hoane Jr. and F. Hsu「Deep Blue」Artificial Intelligence Vol.134, pp. 57–83（2002）
DeepBlue の構成に関する資料
（4）スティーヴン・ベイカー「IBM 奇跡の“ワトソン”プロジェクト」早川書房（2011）
Watson 開発の過程を描いたドキュメンタリー。書名の印象と異なり、技術的側面にも触れている

第 12 章

（1）J. Searle「Minds, brains, and programs」Behavioral and Brain Sciences Vol.3, No.3, pp. 417-457（1980）
中国語の部屋についての原論文

(2) J. McCarthy and P. Hayes「SOME PHILOSOPHICAL PROBLEMS FROM THE STANDPOINT OF ARTIFICIAL INTELLIGENCE」Machine Intelligence, Edinburgh University Press (1969)
フレーム問題を提唱した原論文。以下から参照可能
http://www-formal.stanford.edu/jmc/mcchay69/mcchay69.html

(3) 人工知能学会 倫理委員会
http://ai-elsi.org/
人工知能学会倫理委員会の設立趣旨や、人工知能学会の倫理指針などを掲載

索引

■ 数字
1-of-N 表現 182
1 点交叉 147
2 点交叉 147

■ A
A.M.Turing 24
ABC 22
ACO 157
acoustic model 187
activation function 103
AFSA 158
agent 9, 212
AGI 28
AI 2
AlphaGo 36, 247
AlphaGoZero 36, 248
AlphaZero 36, 248
Ant Colony Optimization 157
Arthur L. Samuel 33
Artificial Fish Swarm Algorithm 158
Artificial General Intelligence 28
Artificial Intelligence 2
artificial neural network 29, 100
artificial neuron 29
Atanasoff-Berry Computer 22
attribute 73
auto encoder 127
average Hash 201
averaging filter 193

■ B
backpropagation 31, 108
backward reasoning 88
bag-of-words 表現 183
batch learning 61
big data 16, 38
Boltzmann machine 115
bottom-up 172

■ C
CA 212
case grammar 176
CBIR 201
CBOW 184
CEC 131
cellular automaton 23, 212
Charles J. Fillmore 176
Chinese room 260
closed world assumption 92
CNN 123
collocation 183
compiler 40
constant error carrousel 131
Content Based Image Retrieval 201
context-free grammar 175
context-sensitive grammar 175
Continuous Bag-Of-Words 184
convolution 124
convolution layer 124
Convolutional Neural Network 37, 123
corpus 177
corpus-based speech synthesis 188

■ D
David E. Rumelhart 31
decision tree 72
deductive learning 51
deep case 176
deep learning 5, 38, 122

deep neural network 38
DeepBlue 34, 243
DENDRAL 28
dimensionality reduction 127
discourse understanding 166
Discriminator 133
distributed representation 185
do リンク 83

■ E
EDSAC 22
EDVAC 23
ELIZA 26
embodied cognitive science 222
ENIAC 22
ensemble learning 68
evaluation function 239
evolutionary computation 6, 142
expert system 15, 28, 93

■ F
forget gate 131
forward reasoning 87
frame 85
Frank Rosenblatt 30

■ G
GA 145
game tree 236
GAN 59, 132
generalization 65
Generative Adversarial Network 132
Generator 133
Genetic Algorithm 6, 145
Genetic Programming 145
genotype 143
GP 145
grammar 169

■ H
has リンク 83
heuristic function 239
Hopfield network 114
horizon effect 242

■ I
idf 178
image recognition 9
inductive learning 51
inference engine 93
inheritance 83
Internet of Things 38
inverse document frequency 178
IoT 38, 123
is-a リンク 83

■ J
John McCarthy 25
John Searle 260
John von Neumann 23
Joseph Weizenbaum 26

■ K
k nearest neighbor method 69
K-fold cross validation 64
Kernel Trick 78
knowledge 50
knowledge base 93
knowledge engineering 94
knowledge representation 82
k 近傍法 69
K 分割交差検証 64

■ L
language model 187
Laplacian filter 194
learning 50
learning data set 52

LISP 42
locus 146
Long Short-Term Memory 114, 130
LSTM 114, 130

■ M
machine learning 4, 50
machine translation 12, 179
Marvin Minsky 25
median filter 193
mini batch learning 62
minimax method 239
Monte Carlo method 225
Monte Carlo Tree Search 245
morphological analysis 166
motion control 17
motion planning 17
MYCIN 28

■ N
n-gram 177
natural language processing 8
neural network 5
No Free Lunch Theorem 53
Noam Chomsky 169
non-player character 251
nonterminal symbol 169
NPC 251

■ O
OCR 198
one-hot ベクトル 182
online learning 62
open world assumption 92
OPS5 94
optical flow 196
output function 103
overfitting 65

■ P
Particle Swarm Optimization 7, 152
peephole connections 131
perceptron 30, 105
perceptual hash 201
pHash 201
phenotype 143
phrase structure grammar 169
pixel 192
playout 246
policy network 248
pooling layer 124
predicate 89
production rule 86
production system 86
Prolog 43
PSO 152
Python 43

■ Q
Q learning 226
Q value 226
Q 学習 226
Q 値 226

■ R
ramp function 104
random forest 76
rank selection 150
rectified linear unit 104
recurrent neural network 111
regular expression 175
regular grammar 175
regularization 67
reinforcement learning 17, 57
ReLU 104
RETE アルゴリズム 94
reward 58
rewrite rule 169

robot vision 16
robotics 221
roulette wheel selection 149

■ S
search 12, 236
Self-Organizing Map 115
semantic analysis 166, 176
semantic network 82
semi supervised learning 59
SHRDLU 27
sigmoid function 103
simple GA 151
Simultaneous Localization and Mapping 222
single point crossover 147
Skip-Gram 184
SLAM 222
slot 85
Sobel filter 194
softmax function 104
software agent 12
SOM 115
speech recognition 10, 186
speech synthesis 10, 188
start symbol 169
statistical natural language processing 177
statistical parametric speech synthesis 188
step function 103
strong AI 18
subsumption architecture 223
supervised learning 56
support vector machine 77
surface case 176
SVM 77
Swarm Intelligence 7, 152
syntax analysis 166
syntax tree 171

■ T
TBIR 201
technological singularity 265
template matching 197
term frequency 178
terminal symbol 169
Terry Winograd 27
testing data set 60
Text Based Image Retrieval 201
texture analysis 196
tf 178
tf-idf 法 178
the frame problem 262
the symbol grounding problem 264
top-down 172
tournament selection 150
training data set 52, 55
transfer function 103
Turing machine 24
Turing test 24

■ U
unsupervised learning 57

■ V
value network 248
voice recognition 186
voice synthesis 188

■ W
Walter J. Pitts 29
Warren S. McCulloch 29
Watson 249
weak AI 18
Word2vec 183
working memory 93

■あ
アーサー・サミュエル……33
アラン・チューリング……24
蟻コロニー最適化法……157
アルファベータ法……239
アンサンブル学習……68

■い
一様交叉……147
遺伝子型……143
遺伝子座……146
遺伝的アルゴリズム……6, 145
遺伝的プログラミング……145, 151
ε-greedy法……229
意味解析……166, 176
意味ネットワーク……82

■う
ウィノグラード……27
ウォーレン・マカロック……29
ウォルター・ピッツ……29
後ろ向き推論……88
運動計画……17
運動制御……17

■え
エージェント……9, 212
エキスパートシステム……15, 28, 93
枝……237
枝刈り……241
エヌグラム……177
エリート保存戦略……151
演繹的学習……51

■お
オッカムの剃刀……52
オプティカルフロー……196
重み……30, 103
音響モデル……187
音声合成……10, 188
音声認識……10, 186
オンライン学習……62

■か
カーネルトリック……78
開世界仮説……92
開始記号……169
顔照合……200
顔認証技術……14, 200
過学習……65
書き換え規則……169
学習……50
学習データセット……4, 52, 55
格文法……176
画素……192
画像認識……9, 193
画像理解……193
活性化関数……30, 103
かな漢字変換……41

■き
機械学習……4, 33, 50
機械翻訳……12, 179
記号着地問題……264
技術的特異点……265
帰納的学習……51
強化学習……17, 57
共起関係……183
教師あり学習……56
教師なし学習……57

■く
句構造文法……169
クローラー……12, 220
群知能……7, 152
訓練データセット……52

■け

継承 83
形態素解析 166
ゲーム木 236
結合荷重 30, 103
決定木 72
言語モデル 187
検査データセット 60

■こ

構文解析 166
構文木 171
コーパス 177
コーパスベース音声合成 188
誤差逆伝播 108
根 236
コンパイラ 40

■さ

サブサンプションアーキテクチャ 223
サポートベクター 78
サポートベクターマシン 77

■し

しきい値 103
シグモイド関数 103
次元削減 127
自己組織化マップ 115
自己符号化器 127
自然言語処理 8
終端記号 169
述語 89
出力関数 30, 103
出力層 106
ジョン・サール 260
ジョン・マッカーシー 25
進化的計算 6, 142
シンギュラリティ 265
人工魚群アルゴリズム 158
人工知能 2
人工ニューラルネット 29
人工ニューラルネットワーク 100
人工ニューロン 29, 102
人工ニューロンの学習 105
深層格 176
深層学習 5, 122
身体性認知科学 222

■す

水平線効果 242
推論エンジン 93
ステップ関数 103
スマートスピーカー 11
スロット 85

■せ

正規化線形関数 104
正規表現 175
正規文法 175
正則化 67
節点 237
セル・オートマトン 23, 212
センサネットワーク 123
選択 142, 149

■そ

ソーベルフィルタ 194
属性 73
ソフトウェアエージェント 12, 212, 219
ソフトマックス関数 104, 126

■た

大規模データ 122
畳み込み演算 124
畳み込み層 124
畳み込みニューラルネット 37, 123
多点交叉 147
探索 12, 33, 236

単純 GA 151
談話理解 166

■ち
知識 50
知識工学 94
知識表現 33, 82
知識ベース 93
中間層 106
中国語の部屋 260
チューリングテスト 24
チューリングマシン 24
チョムスキー 169

■つ
強い AI 18, 260

■て
ディープニューラルネットワーク 5, 38
ディープラーニング 38, 122
敵対的生成ネットワーク 132
テクスチャ解析 196
テストデータセット 61
手続き型言語 43
デビッド・ラメルハート 31
伝達関数 30, 103
テンプレートマッチング 197

■と
統計的自然言語処理 177
統計的パラメトリック音声合成 188
トーナメント選択 150
突然変異 142, 148
トップダウン 172

■に
ニューラルネット 100
ニューラルネットワーク 5, 100
ニューラルネットワークの学習 101
入力層 105

■ね
ネットワーク接続型ヒューマンインタフェースシステム 11

■の
ノード 82
ノーフリーランチ定理 53
覗き穴結合 131

■は
パーセプトロン 30, 105
葉節点 237
発火 86
バックプロパゲーション 31, 108
バッチ学習 61
バリューネットワーク 248
汎化 65
半教師あり学習 59
判断木 72
汎用人工知能 28

■ひ
ピクセル 192
非終端記号 169
ビッグデータ 16, 38, 122
ヒューリスティック関数 239
評価関数 239
表現型 143
表層格 176

■ふ
フィルモア 176
プーリング処理 205
プーリング層 124
フォン・ノイマン 23
フランク・ローゼンブラット 30
プレイアウト 246

フレーム 85, 192
フレーム問題 262
プロダクションシステム 86
プロダクションルール 86
分散表現 185
文法 169
文脈依存文法 175
文脈自由文法 175

■へ

平均化フィルタ 193
閉世界仮説 92

■ほ

忘却ゲート 131
報酬 58
ホップフィールドネットワーク 114
ボトムアップ 172
ポリシーネットワーク 248
ボルツマンマシン 115

■ま

マーヴィン・ミンスキー 25
マージン最大化 77
前向き推論 87
マルチタスク学習 59

■み

ミニバッチ学習 62
ミニマックス法 239

■め

メディアンフィルタ 193

■も

文字認識 198
モンテカルロ木探索 245
モンテカルロ法 225

■よ

弱いAI 18, 260

■ら

ラプラシアンフィルタ 194, 204
ラベル 56
ランク選択 150
ランダムフォレスト 76
ランプ関数 104

■り

リカレントニューラルネット 111
粒子群最適化法 7, 152
領域抽出 196
リンク 82

■る

ルーレット選択 149

■ろ

ロボット 212
ロボットビジョン 16
ロボティックス 221

■わ

ワーキングメモリ 93
ワイゼンバウム 26
分かち書き 168

〈著者略歴〉

小高知宏（おだか　ともひろ）

1983年　早稲田大学理工学部　卒業
1990年　早稲田大学大学院理工学研究科後期課程　修了、工学博士
　　　　九州大学医学部附属病院　助手
1993年　福井大学工学部情報工学科　助教授
1999年　福井大学工学部知能システム工学科　助教授
2004年　福井大学大学院　教授
　　　　現在に至る

〈主な著書〉

『これならできる！　C プログラミング入門』、『TCP/IP で学ぶコンピュータネットワークの基礎（第2版）』、『TCP/IP で学ぶネットワークシステム』、『計算機システム』（以上、森北出版）

『人工知能システムの構成』（近代科学社、共著）

『TCP/IP ソケットプログラミング　C 言語編』（監訳）、『基礎からわかる TCP/IP アナライザ作成とパケット解析（第2版）』、『C による数値計算とシミュレーション』、『機械学習と深層学習　C 言語によるシミュレーション』、『強化学習と深層学習　C 言語によるシミュレーション』、『Python による数値計算とシミュレーション』、『機械学習と深層学習　Python によるシミュレーション』（以上、オーム社）

基礎から学ぶ人工知能の教科書

2019年 9月25日　第1版第1刷発行
2024年11月30日　第1版第8刷発行

著　者　小高知宏
発行者　村上和夫
発行所　株式会社 オーム社
　　　　郵便番号　101-8460
　　　　東京都千代田区神田錦町 3-1
　　　　電話　03(3233)0641(代表)
　　　　URL　https://www.ohmsha.co.jp/

組版　トップスタジオ　　印刷・製本　三美印刷
ISBN978-4-274-22426-3　Printed in Japan